高等学校研究生教材

现代质量工程

扈延光 编著

北京航空航天大学出版社

内容简介

本书以质量工程技术方法为重点，在吸收国内外最新研究和应用成果的基础上，系统地阐述了现代质量工程的基本理论、原理和方法。全书共11章，分别为质量概论、全面质量管理、质量管理标准、质量管理体系、质量审核与认证、质量信息工程、质量功能展开(QFD)、并行工程、健壮性设计、质量控制与统计过程控制和质量检验与抽样检验技术。

本书适用于质量与可靠性工程、工业工程、工程系统工程和管理工程等专业本科生或研究生教学，亦可供企业工程技术人员、质量管理人员或科研部门的研究人员自学之用。

图书在版编目(CIP)数据

现代质量工程/扈延光编著. —北京：北京航空航天大学出版社，2008.9

ISBN 978-7-81124-177-8

Ⅰ.现… Ⅱ.扈… Ⅲ.质量管理—高等学校—教材 Ⅳ.F273.2

中国版本图书馆CIP数据核字(2007)第150344号

现代质量工程

扈延光 编著

责任编辑 陈守平

*

北京航空航天大学出版社出版发行

北京市海淀区学院路37号(100083) 发行部电话：010-82317024 传真：010-82328026

http://www.buaapress.com.cn E-mail:bhpress@263.net

涿州市新华印刷有限公司印装 各地书店经销

*

开本：787×1 092 1/16 印张：16.5 字数：422千字

2008年9月第1版 2008年9月第1次印刷 印数：4 000册

ISBN 978-7-81124-177-8 定价：29.80元

前　言

武器装备产品和服务质量体现了一个国家科学技术发展的水平，反映了国民素质的高低，关乎企业的生存和发展，综合体现了国民经济发展水平和国防实力。树立现代质量观，应用现代质量工程技术，不断提高产品质量，已成为国民经济和国防科技发展中的重要问题。质量是一个永恒的话题，对于军工战线的广大职工来说，“军工产品，质量第一”早已深入人心。质量不仅仅是质量及可靠性工作人员的事情，也是所有人员共同的事业，因此掌握现代质量工程知识和方法不仅是质量与可靠性工作人员的需要，也是所有工程技术人员应具备的知识和技能。本书正是为满足这一需求而编写的。

本书的编著体现了质量管理和质量技术并重的思想，在内容上基本涵盖了质量管理工程、质量设计和控制工程以及质量检验工程等基础技术和方法。全书以质量管理和工程方法为主线，在结构上力求体现现代质量工程的系统性、先进性、完整性和实用性，在内容组织上希望能够全面反映现代质量管理和工程技术方法的最新成果及发展趋势。

全书共11章。第1章主要介绍了质量相关基本概念、术语、质量特性、质量形成过程及影响质量的因素等；第2章介绍了质量管理的发展概况，详细阐述了全面质量管理的基本理论、管理原则和程序方法；第3章介绍了质量管理国际标准的概念和国军标的主要内容；第4章介绍了质量管理体系的建设及运行方法；第5章论述了质量认证与质量审核的基本概念、程序及方法；第6章介绍了质量信息工程；第7章介绍了质量功能展开(QFD)的基本概念、理论、程序和方法；第8章介绍了并行工程的概念及运作方式；第9章介绍了健壮性设计的基本概念、理论及方法；第10章介绍了质量控制及统计过程控制技术；第11章介绍了质量检验与抽样检验技术的基本概念、原理和方法。

本书参考了已出版的国内外相关优秀教材及著作，吸纳了其中的精华，参考了有关标准、论文及研究报告等，并结合作者多年来的教学实践和工程实践经验，认真编著而成。该书适用于质量与可靠性工程等专业的本科生、研究生教学，也可供相关学科、专业教学使用，亦可供相关工业企业工程技术人员、质量管理人员、可靠性工作人员和科研部门的研究人员等自学之用。本书在编写过程中得到了单位领导王自力教授、康锐教授、赵宇教授、姜同敏教授、曾声奎教授和同事们的大力支持和热情帮助，在此对他们及参考文献中的原作者表示衷心的感谢。

现代质量工程(modern quality engineering)涉及知识面广泛，又是一门处于发展中的交叉性的边缘科学，由于作者水平有限，书中不妥和错漏之处恳请读者批评指正。

编　者

2007年4月

目　　录

第 1 章　质量概论 …… 1

1.1　质量概述 …… 1
1.1.1　质量的重要性 …… 1
1.1.2　质量的定义 …… 4
1.1.3　质量概念图 …… 6
1.2　产品与产品质量 …… 7
1.2.1　产品的概念 …… 7
1.2.2　产品质量的概念 …… 8
1.3　质量特性 …… 9
1.3.1　硬件类产品的质量特性 …… 10
1.3.2　服务类产品的质量特性 …… 11
1.3.3　软件类产品的质量特性 …… 11
1.3.4　军工产品的质量特性 …… 12
1.4　质量形成 …… 13
1.4.1　质量形成的四个阶段 …… 13
1.4.2　朱兰质量螺旋 …… 13
1.4.3　质量环 …… 14
1.4.4　朱兰三步曲 …… 15
1.5　影响质量的因素 …… 16
1.5.1　影响产品质量的 9M 因素 …… 16
1.5.2　影响工序质量的 4M1E 因素 …… 17
1.6　质量术语 …… 19
1.6.1　质　量 …… 20
1.6.2　质量管理 …… 21
1.6.3　质量方针 …… 21
1.6.4　质量目标 …… 21
1.6.5　质量策划 …… 21
1.6.6　质量控制 …… 21
1.6.7　质量保证 …… 22
1.6.8　持续改进 …… 22
复习思考题 …… 22

第 2 章　全面质量管理 …… 23

2.1　质量管理发展简史 …… 23

2.1.1 质量检验阶段…… 23
2.1.2 统计质量控制阶段…… 24
2.1.3 全面质量管理阶段…… 25
2.2 中国质量管理的发展…… 27
2.3 国防科技工业质量管理工作回顾…… 28
2.3.1 从检验把关起步…… 28
2.3.2 质量工作的起伏…… 29
2.3.3 走向法治…… 30
2.3.4 与国际接轨…… 31
2.3.5 质量管理新开端…… 32
2.4 全面质量管理概述…… 32
2.4.1 全面质量管理的概念…… 32
2.4.2 全面质量管理的特点…… 33
2.4.3 全面质量管理的系统观点…… 35
2.5 全面质量管理的基础工作…… 36
2.5.1 标准化工作…… 36
2.5.2 计量工作…… 36
2.5.3 质量信息工作…… 37
2.5.4 质量教育工作…… 37
2.5.5 质量责任制…… 37
2.5.6 质量管理小组…… 38
2.6 全面质量管理的基本原则…… 38
2.6.1 质量第一的原则…… 38
2.6.2 用户至上的原则…… 39
2.6.3 以人为本的原则…… 39
2.6.4 预防为主的原则…… 39
2.6.5 用数据说话的原则…… 40
2.6.6 持续改进的原则…… 40
2.6.7 协作的原则…… 40
2.6.8 质量经济性原则…… 40
2.6.9 系统方法的原则…… 41
2.6.10 管理与技术并重的原则…… 41
2.7 全面质量管理的基本方法…… 42
2.7.1 系统工程的方法…… 42
2.7.2 统计分析的方法…… 42
2.7.3 闭环反馈的方法…… 42
2.8 全面质量管理的基本程序…… 43
2.8.1 PDCA 管理循环…… 43
2.8.2 PDCA 循环的特点…… 44
复习思考题…… 46

第3章 质量管理标准 …… 47

3.1 质量管理国际标准 ISO 9000 族标准 …… 47
3.1.1 ISO 9000 标准的产生及制定 …… 47
3.1.2 1994 版 ISO 9000 族标准的产生 …… 49
3.1.3 2000 版 ISO 9000 族标准的产生 …… 50
3.1.4 2000 版 ISO 9000 标准的组成 …… 53
3.1.5 2000 版 ISO 9000 族标准的特点 …… 54
3.1.6 2000 版 ISO 9000 族标准的八项管理原则 …… 54
3.2 ISO 9000 族标准在中国的采用 …… 55
3.2.1 标准的采用原则 …… 55
3.2.2 国家标准(GB/T)的制定与发展 …… 55
3.2.3 GJB/Z 9000—96 系列标准的制定 …… 56
3.3 GJB/Z 9000A 系列标准 …… 57
3.3.1 GJB/Z 9000A 系列标准产生及发展 …… 57
3.3.2 GJB/Z 9000A 系列标准编制的原则 …… 57
3.3.3 GJB/Z 9000A 系列标准的主要内容 …… 58
3.4 GJB/Z 9000A 十项质量管理原则 …… 60
3.4.1 以顾客为关注焦点 …… 60
3.4.2 领导作用 …… 61
3.4.3 全员参与 …… 61
3.4.4 过程方法 …… 62
3.4.5 管理的系统方法 …… 62
3.4.6 持续改进 …… 63
3.4.7 基于事实的决策方法 …… 63
3.4.8 与供方互利的关系 …… 63
3.4.9 预防为主 …… 64
3.4.10 一次成功 …… 64
3.5 TQM 与 ISO 9000 族标准的关系 …… 65
3.5.1 TQM 与 ISO 9000 族标准的不同点 …… 65
3.5.2 TQM 与 ISO 9000 族标准的一致性 …… 66
复习思考题 …… 68

第4章 质量管理体系 …… 69

4.1 质量管理体系基础 …… 69
4.1.1 质量管理体系的理论说明 …… 69
4.1.2 质量管理体系要求与产品要求 …… 69
4.1.3 质量管理体系方法 …… 70
4.1.4 过程方法 …… 70
4.2 质量管理体系的建立与运行 …… 71

4.2.1 基本概念……………………………………………………………… 71
4.2.2 质量管理体系要求………………………………………………………… 72
4.2.3 质量管理体系适用情况……………………………………………………… 72
4.2.4 建立质量管理体系的推动方式……………………………………………… 73
4.2.5 质量管理体系策划与设计…………………………………………………… 74
4.2.6 管理评审……………………………………………………………… 77
4.3 质量管理体系文件………………………………………………………… 78
4.3.1 质量管理体系文件的作用和结构…………………………………………… 78
4.3.2 质量手册……………………………………………………………… 79
4.3.3 程序文件……………………………………………………………… 84
4.3.4 质量计划……………………………………………………………… 85
4.3.5 质量记录……………………………………………………………… 86
复习思考题 ……………………………………………………………… 87

第5章 质量审核与认证 ………………………………………………… 88

5.1 质量审核概述………………………………………………………… 88
5.1.1 质量审核的基本概念………………………………………………… 88
5.1.2 质量管理体系审核的基本概念……………………………………… 89
5.1.3 质量管理体系审核的特点…………………………………………… 90
5.1.4 质量管理体系审核的作用…………………………………………… 91
5.2 产品审核和过程审核………………………………………………… 92
5.2.1 产品质量审核……………………………………………………… 92
5.2.2 过程质量审核……………………………………………………… 93
5.3 质量审核的时机……………………………………………………… 94
5.3.1 产品确定审核时机的一般原则……………………………………… 94
5.3.2 大型工程和复杂产品的审核时机…………………………………… 94
5.3.3 过程审核的时机…………………………………………………… 94
5.3.4 三种典型审核的关系………………………………………………… 95
5.4 质量管理体系审核过程……………………………………………… 95
5.4.1 审核的准备………………………………………………………… 95
5.4.2 现场审核…………………………………………………………… 97
5.4.3 审核过程的控制…………………………………………………… 98
5.4.4 不合格项的确定和不合格报告的编写……………………………… 99
5.4.5 纠正措施的跟踪与认证后的监督 ………………………………… 101
5.5 纠正措施 ………………………………………………………… 103
5.5.1 基本概念 ………………………………………………………… 103
5.5.2 在何种情况下应采取纠正措施 …………………………………… 103
5.5.3 关于预防措施 …………………………………………………… 104
5.6 质量认证的产生与发展 …………………………………………… 104
5.7 质量认证 ………………………………………………………… 106

5.7.1 质量认证 …… 106
5.7.2 认证的目的 …… 106
5.7.3 质量认证的作用 …… 106
5.7.4 质量认证的特点 …… 107
5.7.5 认证的对象 …… 107
5.7.6 认证的依据 …… 107
5.7.7 认证的主体 …… 107
5.7.8 认证的性质 …… 108
5.7.9 认证的证明方式 …… 108
5.8 质量认证制度与类型 …… 108
5.8.1 质量认证制度 …… 108
5.8.2 质量认证类型 …… 108
5.9 质量认证程序 …… 109
5.9.1 质量认证过程 …… 109
5.9.2 合格评定 …… 111
5.10 产品认证和质量管理体系认证的关系 …… 111
5.10.1 产品认证与体系认证的关系 …… 111
5.10.2 证明的方式和证明使用的区别 …… 112
5.10.3 强制性认证和自愿性认证 …… 112
5.11 质量认证的选择 …… 112
5.11.1 产品认证和体系认证的选择 …… 112
5.11.2 认证机构的选择 …… 113
复习思考题 …… 113

第6章 质量信息工程 …… 114

6.1 信息概述 …… 114
6.1.1 信息概念 …… 114
6.1.2 信息定义 …… 114
6.1.3 信息载体 …… 115
6.1.4 物流与信息流 …… 116
6.1.5 信息与管理 …… 116
6.2 质量与可靠性信息概述 …… 117
6.2.1 质量与可靠性信息的概念 …… 117
6.2.2 质量与可靠性信息基本术语 …… 117
6.2.3 质量与可靠性信息的分类及内容 …… 118
6.2.4 质量与可靠性信息的特征 …… 120
6.2.5 质量与可靠性信息的重要性 …… 121
6.3 质量与可靠性信息工作程序 …… 122
6.3.1 信息收集 …… 122
6.3.2 信息处理 …… 125

6.3.3 信息的储存 …… 127
6.3.4 信息的反馈和传递 …… 127
6.4 质量与可靠性信息系统 …… 129
6.4.1 管理信息系统的概念 …… 129
6.4.2 质量与可靠性信息系统概念 …… 130
6.4.3 型号质量与可靠性信息系统 …… 130
6.5 型号质量与可靠性信息系统的建设 …… 131
6.5.1 型号质量与可靠性信息系统的功能 …… 131
6.5.2 型号质量与可靠性信息系统的目的 …… 131
6.5.3 型号质量与可靠性信息系统的属性 …… 132
6.5.4 型号质量与可靠性信息系统建设的时机及要求 …… 132
6.5.5 型号质量与可靠性信息系统建设的内容 …… 133
6.5.6 型号质量与可靠性信息系统建设的程序 …… 133
6.5.7 质量与可靠性信息系统建设的系统工程方法 …… 135
6.6 故障报告分析及纠正措施系统(FRACAS) …… 137
6.6.1 FRACAS的目的 …… 137
6.6.2 FRACAS工作要求 …… 137
6.6.3 FRACAS的组织机构与职责 …… 138
6.6.4 故障信息和故障件的传递流程 …… 138
6.6.5 故障纠正 …… 141
6.6.6 故障件的标识与控制 …… 142
6.6.7 文件资料的编制 …… 142
6.6.8 FRACAS与质量和可靠性信息系统的关系 …… 143
6.6.9 FRACAS与FME(C)A的关系 …… 143
复习思考题 …… 143

第7章 质量功能展开 …… 144

7.1 QFD概述 …… 144
7.1.1 QFD的定义 …… 144
7.1.2 QFD作用 …… 144
7.1.3 QFD与并行工程 …… 145
7.2 QFD基本原理 …… 145
7.2.1 质量屋建造 …… 145
7.2.2 QFD矩阵展开原理 …… 147
7.2.3 QFD矩阵的分析与评价方法 …… 148
7.3 QFD应用程序 …… 151
7.3.1 确定应用QFD的对象 …… 151
7.3.2 成立综合QFD小组 …… 152
7.3.3 顾客需求分析 …… 152
7.3.4 确定工程措施，开展关键技术攻关 …… 154

7.3.5　绘制质量特性展开表与质量表 …… 155
7.3.6　进行质量策划,绘制功能展开表 …… 156
7.3.7　建造全面质量屋 …… 156
7.3.8　关键过程优化设计与控制 …… 157
7.3.9　质量屋的动态持续改进 …… 157
复习思考题 …… 157

第8章　并行工程 …… 158

8.1　并行工程概述 …… 158
8.1.1　并行工程的定义 …… 158
8.1.2　并行工程的内涵 …… 159
8.1.3　并行工程的特点 …… 159
8.2　并行工程的产生及发展 …… 160
8.2.1　国外并行工程的发展概述 …… 160
8.2.2　国内并行工程的发展及应用概述 …… 162
8.3　并行工程的运行特性 …… 163
8.3.1　并行特性 …… 163
8.3.2　整体特性 …… 165
8.3.3　协同特性 …… 165
8.3.4　集成特性 …… 165
8.4　并行工程的效果 …… 165
8.5　并行工程的实施要素 …… 168
8.5.1　把用户需求转化为完整的产品和过程要求的规范化方法 …… 168
8.5.2　研制过程的并行综合方法 …… 168
8.5.3　多学科多专业的综合产品研制机构 …… 168
8.5.4　综合计算机辅助工程环境 …… 168
8.6　并行工程的运作方式 …… 168
8.6.1　并行工程的组织方式 …… 168
8.6.2　确定产品与过程要求的规范化运作方式 …… 170
8.6.3　研制过程的并行运作方式 …… 171
8.6.4　并行工程的运作环境 …… 172
8.7　并行工程中的质量管理 …… 172
8.7.1　并行工程与全面质量管理 …… 172
8.7.2　并行工程与2000版质量标准 …… 173
8.8　并行工程中的RMS管理 …… 174
8.8.1　并行工程中RMS的作用和地位 …… 174
8.8.2　将RMS综合进并行工程中的要素 …… 174
8.8.3　传统工程与专门工程的并行研制框架 …… 175
8.9　并行工程的应用案例 …… 175
8.9.1　并行工程在教八飞机研制中应用试点 …… 175

8.9.2 并行工程在S-92直升机尾梁研制的应用 …… 176
复习思考题…… 177

第9章 健壮性设计…… 178

9.1 健壮性设计概述 …… 178
9.1.1 健壮性设计的发展历程 …… 178
9.1.2 减少波动设计思想 …… 178
9.2 健壮设计的基本原理 …… 179
9.2.1 基本概念与术语 …… 179
9.2.2 健壮设计原理 …… 180
9.2.3 健壮设计基本程序 …… 181
9.3 健壮指标定义及计算公式 …… 183
9.3.1 信噪比 …… 183
9.3.2 灵敏度 …… 187
9.4 健壮设计的一般程序 …… 187
9.4.1 静态特性健壮设计程序 …… 187
9.4.2 动态特性健壮设计的一般程序 …… 188
9.5 静态特性参数设计实例 …… 188
9.5.1 静态特性健壮设计的一般过程 …… 188
9.5.2 问题的提出 …… 189
9.5.3 参数设计 …… 189
复习思考题…… 196

第10章 质量控制与统计过程控制 …… 197

10.1 质量控制概述…… 197
10.1.1 质量控制的定义…… 197
10.1.2 质量控制的发展…… 197
10.1.3 质量控制的基本原则…… 198
10.2 过程能力分析…… 199
10.2.1 过程质量控制的概念…… 199
10.2.2 过程能力分析…… 199
10.2.3 过程能力指数…… 200
10.2.4 过程能力调查…… 204
10.3 统计过程控制理论…… 206
10.3.1 SPC的发展历程 …… 206
10.3.2 质量的统计规律性…… 208
10.3.3 统计过程控制的基本原理…… 210
10.3.4 控制图的类型及用途…… 211
10.3.5 控制图的作用…… 213
10.3.6 控制图监控的统计学理论解释…… 214

10.3.7　两类错误与 3σ 准则 …… 214
10.3.8　控制图的观察判断与分析 …… 215
10.3.9　统计过程控制的应用程序 …… 218
复习思考题 …… 220

第 11 章　质量检验与抽样检验技术 …… 221

11.1　质量检验概述 …… 221
11.1.1　质量检验的概念 …… 221
11.1.2　质量检验的作用 …… 221
11.1.3　质量检验的职能 …… 222
11.1.4　质量检验的分类 …… 222
11.1.5　质量检验计划和实施 …… 223
11.2　生产过程质量检验 …… 227
11.2.1　生产操作的质量检验 …… 227
11.2.2　外协件和外购器材的质量检验 …… 228
11.2.3　外购器材保证的质量检验 …… 228
11.2.4　工序质量检验 …… 229
11.2.5　成品质量检验 …… 230
11.2.6　批生产质量检验 …… 231
11.3　抽样检验基本概念 …… 232
11.3.1　抽样检验概述 …… 232
11.3.2　抽样检验的分类 …… 235
11.4　抽样检验的基本原理 …… 240
11.4.1　基本原理 …… 240
11.4.2　批接收概率及其计算方法 …… 241
11.4.3　抽样检验的基本事实 …… 242
11.5　抽样检验方案 …… 243
11.5.1　计数标准型一次抽样方案 …… 243
11.5.2　计数调整型抽样方案 …… 245
复习思考题 …… 248
参考文献 …… 249

第1章 质量概论

1.1 质量概述

随着科学技术的进步以及世界经济全球一体化的快速发展，特别是随着我国改革开放的深入以及社会主义市场经济体系的不断完善，我国的经济发展保持了较高的增长速度，取得了举世瞩目的成绩。随着人民生活水平不断改善，顾客对产品和服务等的质量要求也日益提高，质量观念和质量意识也随之发生了巨大的变化，逐渐从狭义质量向广义质量发展，逐渐形成了"大质量观"。

在军事领域，武器装备作为一种特殊的产品，它的质量更是一个国家科学技术和经济实力的集中体现。现代科学技术的迅猛发展，引起经济和军事的巨大变革。未来军事的发展以高科技为特点，以高质量为标志，因此提高武器装备的质量已成为武器装备发展的核心。为了提高武器装备的质量，必须加强质量管理；为了研制生产出高质量的装备，必须广泛应用质量工程技术方法。在军工企业，"军工产品，质量第一"已经成为每个人信守的理念，武器装备的发展正经历由数量型增长向质量型增长的转变。可以说，未来的战争既是技术的战争，更是装备质量的战争。

1.1.1 质量的重要性

20世纪是生产力的世纪，而21世纪是质量的世纪，质量必将成为新世纪的主题。事实越来越证明美国著名质量管理学家朱兰(J. M. Julan)博士的这一论断的正确性。任何国家的产品和服务，必须达到世界级质量水平，如果达不到世界级质量水准，就难以在国际竞争中取胜，甚至难以在国内站稳脚跟。

随着科学技术的快速发展、新技术的不断涌现，顾客对产品的质量会提出更多、更新及更严的要求；尤其是在买方市场的情况下，顾客对产品和服务质量的要求会更加挑剔；同时，生产厂家和商家的产品职责和服务职责也日益加重，社会对产品和服务在诸如环境保护、卫生、资源利用等方面的要求也愈多、愈严。国际上的质量竞争日趋激烈，人们已经认识到，产品的竞争是一场不用枪炮的战争，这场战争的主要武器就是产品质量。

总体来说，质量的重要性主要表现在以下几个方面：

① 质量是构成社会财富的物质内容，没有质量就没有数量，也就没有经济价值。所以，企业的生产经营活动必须坚持质量第一，坚持产品的经济价值和使用价值的统一。

② 质量是社会科学技术和文化水平的综合反映。要想提高我国的产品质量，必须从提高全民族的素质入手。而民族的素质，除了民族的精神、民族的优良传统外，主要取决于这个民族的科学技术和文化水平。纵观现代产品，无论是从设计、制造和使用，还是从其更新换代和

发展，无一不是集中了现代科学技术、科学管理和文化发展的最新成果。

③ 质量是产品打入国际市场的前提条件。人们常说，产品质量是产品进入现代国际市场的“通行证”、“敲门砖”。企业要想使产品打入国际市场，参加国际大循环，其前提条件就是要有过硬的产品质量、适宜的价格和约定的交货期。

④ 质量是企业的生命。产品质量好坏，决定着企业有无市场，决定着企业经济效益的高低，决定着企业能否在激烈的市场竞争中生存和发展。“以质量求生存，以品种求发展”已成为广大企业发展的战略目标。

⑤ 质量是人民生活的保障。产品质量与人们的工作、生活息息相关，一旦产品质量出了问题，轻则造成经济损失，重则会导致人员伤亡等不幸。因产品质量、工程质量、工作质量和服务质量不良而造成的燃烧、爆炸、建筑物倒塌、毒气泄漏及机毁人亡等恶性事故，给人们造成的灾难，更是令人触目惊心。这些血的沉痛教训，在现实生活中屡见不鲜。

⑥ 质量是国防实力的体现。武器装备直接用于国防建设，武器装备质量的好坏，既反映了军工企业设计和生产的水平以及我国军品开发的基础，同时也反映了部队的战斗力，体现了国防实力。武器装备质量直接关系到部队战斗力的形成和作战效能，尤其是在现代条件，特别是在高技术条件下的战争中，装备质量关系到战争的胜负，关系到指战员、战士和人民群众的生命安全，甚至关系到国家的存亡。现代战争的教训已经明确告诉人们，军工产品不仅要讲数量，更重要的是要讲质量。从我国社会主义市场经济发展的趋势来说，各军工企业也要参与市场竞争，其竞争的有利工具仍然是产品的质量与可靠性。因此，军工企业只有加强质量管理，提高产品的质量和可靠性水平，才能在不断激烈竞争的市场中求得生存和发展。从世界发展形势来说，随着世界新格局的形成，军工企业就必须要不断提高质量意识，转变质量观念，不断提高质量管理水平，只有这样才能生产出高质量和高可靠性的武器装备，从而提高部队的战斗力和增强国防实力。

1. 民用产品质量的重要性

(1) 市场竞争的残酷性

我国正在全面建设社会主义市场经济体制，从全社会整体上看，市场经济的充分竞争使得社会总体的产品质量、服务质量、工作质量水平不断提高，广大消费者最终受益。但是对于一个具体的企业来说，这种竞争是具有某种程度的残酷性的。贯彻现代质量观，实施全面质量管理，不断提高本企业产品和服务的质量，是企业赢得市场竞争的必由之路。

(2) 用户需求的多变性

民用产品的用户广泛，需求多变，能否满足用户需求，是企业赢得市场、不断发展的重要基础。实施全面质量管理，不断提供满足市场需求的产品和服务，是企业不断发展的重要基础。

(3) 企业利润的最大性

在社会法律和道德的约束下，企业必然要追逐最大的利润，而优良的产品质量和服务质量是降低企业产品研制和生产成本、缩短新产品开发周期、加快市场开发和获取最大利润的有效手段。

(4) 企业发展的战略性

国内外成功企业的实践表明，企业的发展和壮大大都经历过产品价格竞争、售后服务竞争、产品质量竞争和企业品牌竞争这四个阶段。实施全面质量管理，进行质量文化建设，是实施企业品牌战略的重要组成部分。在我国加入世界贸易组织(World Trade Organization, WTO)后,质量管理对企业发展的战略意义更加重要。

2. 军工产品质量的重要性

(1) 军事实力的竞争性

武器装备建设是一个国家军事实力的重要组成部分。构成武器装备质量的性能、寿命、可靠性、安全性、维修性、测试性、保障性、适应性及经济性等各种属性的最佳组合,决定了武器装备具有优良的质量,才能保证其充分发挥出作战能力和保障能力。对武器装备的全寿命过程实施全面质量管理是武器装备获得优良质量的有效途径,是国际军事实力竞争的必然要求。

(2) 军事技术的复杂性

人类科学技术发展史表明,大多数先进科学技术首先应用于军事领域,因此武器装备的技术先进性和技术复杂性大大领先于其他领域产品。技术的先进性和复杂性决定了影响武器装备质量的要素和环节增多,这些要素和环节之间的相互关系复杂,只有实施全面质量管理,才能保证武器装备达到优良的质量水平。当前我国正在利用信息技术等先进科学技术实现武器装备建设的跨越式发展,更显现出军工产品质量的重要性。

(3) 使用环境的严酷性

武器装备作战需求多变,使用强度大,使用环境恶劣,要求能适应各种地理和气象条件,如果其质量低劣,必然难以满足复杂的作战和训练任务要求,进而影响其作战能力的发挥。因此,实施全面质量管理是保证武器装备具有良好环境适应性的重要途径。

(4) 使用时间的持久性

由于技术和经费的原因,武器装备的服役时间长、更新换代慢,其质量水平决定了长期使用中作战能力和保障能力水平。因此为了获得武器装备持续的作战能力和保障能力,必须在武器装备研制中实施全面质量管理。

(5) 巨额投资的风险性

武器装备的研制和保障费用高昂,研制周期长,一旦失败将对政治、经济和军事造成巨大影响。实施全面质量管理是实现武器装备研制"一次成功"的重要保证。所谓"一次成功"是指武器装备的研制质量是建立在对组成产品的各零部组件、各分系统以至全系统的精心设计、精心试制和严格充分的验证基础上,达到全系统集成时首次就成功。在我国综合国力还不十分强大的现实情况下,更应该珍惜每一分投资,实施严格的质量管理,避免低级的质量错误造成巨大的损失,千方百计降低武器装备研制的风险。

(6) 质量形势的严峻性

由于我国全面贯彻现代质量观的时间不长,对质量属性中各种特性的认识和重视程度不同,因此长期以来重视武器装备的性能,而忽视其寿命、可靠性、维修性等其他特性,使得武器装备在研制和使用中的质量事故时有发生,质量形势依然严峻。因此,更应该重视和加强全面质量管理。

质量既然如此重要,因此必须正确地理解质量和产品质量的内涵,增强质量意识,掌握质量和产品质量的概念和实质。这样,不仅对质量管理的深入发展,而且对企业的经营决策,提高经济效益,都有着十分重要的意义。

1.1.2 质量的定义

“质量”一词人们并不陌生，在日常生活经常看到、听到和提到产品质量、服务质量、工作质量、生活质量、学习质量和空气质量等。可见，质量已经与人们的日常生活和工作密不可分。

什么是质量?

质量是现代质量管理学中最基本的概念，也是最难以定义的概念之一，在不同的历史时期有着不同的内涵。它不同于物理学意义上的质量，也不同于哲学意义上的“质”与“量”的组合。质量(quality)一词在我国台湾和港澳地区一般翻译为“品质”，在我国大陆的质量管理学教科书中也有人翻译为“品质”；质量是我国的习惯用法。

国外的质量管理组织或一些著名的质量管理专家曾为质量做出过如下定义。

① 可劳斯比(Crosby)：质量是符合要求和规格。这是质量管理历史中符合标准 (fitness standard)时期所提倡的观念。根据这一定义，在这里必须对要求和规格明确指出，必须能够连续进行衡量和控制才能确定产品或服务符合要求和规格，不符合规格就是质量不好，所谓质量问题也就是不符合要求和规格的问题。这是符合性质量的概念。

所谓符合性质量就是指产品符合现行标准的程度，这种“符合”的程度反映了产品质量的一致性。这是长期以来人们对质量的定义。但是，“规格”和“标准”有先进和落后之分，过去认为是先进的，现在可能是落后的。落后的标准即使百分之百的符合，也不能认为是质量好的产品。因此，“规格”和“标准”不可能将顾客的各种需求和期望都规定出来，特别是隐含的需求与期望。

② 朱兰(J. M. Juran)：质量就是适用性(fitness for use)。他认为任何组织的基本任务就是提供能满足用户要求的产品。这是适用性质量的概念。

所谓适用性质量就是指产品适用顾客需要的程度。这是从使用角度来定义产品的质量，即产品的质量就是产品的“适用性”。

质量从“符合性”发展到“适用性”，表明人们逐渐认识到应该把顾客的需求放在首位。

③ 田口(Taguchi)：质量是指产品出厂后对社会造成的损失大小，包括由于产品质量变异对顾客造成的损失以及对社会造成的损害。这是 20 世纪 60 年代日本著名质量工程学家田口玄一博士首先提出的波动性质量的概念。

按照田口博士的定义，产品的质量就是指产品上市后给社会造成的损失大小。田口博士还进一步说明，这里的“社会”主要指顾客及其相关方；这里的“损失”主要是指产品质量波动所造成的损失大小，它可以用质量损失函数来进行描述和计算。按照田口博士的观点，不仅不合格品会造成损失，即使合格品也会造成损失，只不过是损失大小不同而已，只要产品没有达到理想功能均会造成损失。

田口博士的质量观，一方面不仅将顾客的利益放在首位，而且可以用质量损失函数这把尺子来度量不同类型产品的质量；另一方面，田口博士还指明了质量改进的方向就是不断减少产品的质量波动。但是，波动性质量的概念仍然有其局限性，这是因为通常对硬件产品或流程性材料较易度量其质量损失，但对软件特别是服务，其质量损失难以计算。

④ 戴明(W. E. Deming)：质量是低成本下的可预测的吻合度和可靠性并符合市场需求。这种观点把质量与成本联系起来，即一定的质量要与相应的成本相适应的。

⑤ 质量管理国际标准 ISO 9000：质量是一组固有特性满足要求的程度。在质量的概念图中解释为产品、体系或过程的一组固有特性具有满足顾客和其他相关方要求的能力。

质量管理国际标准 ISO 9000 中给出的质量定义已经从最初用于产品，逐渐延伸到服务、过程、体系和组织，以及以上任意项的组合。这是广义质量的概念。

从以上有关质量的定义可以看出，随着经济的发展和社会的进步，人们对质量的需求不断提高，质量的概念也随着不断地深化和发展，具有代表性的质量概念主要有：符合性质量、适用性质量、波动性质量和广义质量。

对于质量管理国际标准中给出的广义质量定义应注意以下几个方面的含义。

① 质量可使用形容词如差、好或优秀来修饰。

② 该定义直接用产品、体系或过程来代替旧定义中的“实体”，避免了一个不易理解的“实体”概念，又可直观地反映不仅是指产品质量，也可以是某项活动或过程的工作质量，还可以是指涉及人的素质、设备的能力及管理水平的体系运行的质量。

③ 在 ISO 8402 定义中给出的“明确和隐含的需要”，在新版 ISO 9000 中新的定义中更明确地反映为“顾客和其他相关方的明示的、习惯上隐含的或必须履行的需求或期望”，直接指出对质量的要求除考虑满足顾客的需要外，还应考虑组织自身利益、提供原材料零部件等的供方的利益和社会的利益等多种需求，例如需考虑安全性、环境保护或节约能源等外部的强制要求。

④ ISO 9000 中的新定义与旧定义相比，有两点明显的改进：

第一，质量反映为“满足要求的能力”，而不是反映为“特性总和”。与要求相比较，特性是固有的。满足要求的程度才反映为质量的好坏。因此，新定义更科学。

第二，明确提出“固有特性”的概念，就是指在某事或某物中本来就有的，尤其是那种永久的特性。固有特性是产品、过程或体系的一部分(例如：螺栓的直径，机器的功率、转速、生产率，打电话的接通时间等技术特性)，而人为赋予的特性(如产品的价格)不是固有特性，不反映在产品的质量范畴中，这使质量的概念更为明确。

⑤ 应注意质量的“动态性”，质量要求不是固定不变的，随着技术的发展、生活水平的提高，人们对产品、过程或体系会提出新的质量要求。因此，应定期评定质量要求，修订规范，不断开发新产品、改进老产品，以满足已变化着的质量要求。

⑥ 应注意质量的“相对性”。不同国家、不同地区因自然环境条件、技术发达的程度、消费水平和风俗习惯等的不同，会对产品提出不同的要求，产品应具有对环境的适应性，对不同国家及不同地区应提供具有不同性能的产品，以满足相应用户“明确或隐含的需求”。例如，销往欧洲地区的彩电要符合欧洲的电视制式、电压及电压的波动范围等质量要求，而与内销的彩电不同。

⑦ 在比较两个产品或体系质量的优劣时，应注意在同一“等级”的基础上进行。等级高并不意味着质量一定好，等级低也并不意味着质量一定差，应注意“等级”的含义。

质量本身并不表达产品满足要求的程度，即优良程度，也不是个定量的概念，而是一个集合名词。因此，在谈到质量时，应在“质量”一词前面加修饰词，如设计质量、工艺质量、服务质量、生活质量与空气质量等。

⑧ 相关方一般应包括顾客、员工、所有者、分供方及社会等方面。

1.1.3 质量概念图

质量管理学是一门科学。学习一门学问的主要目的就是要建立完整的关于该学科的基本理论知识体系，而其中最为重要的是理解和掌握其基本的概念和术语。在术语学中各术语之间不是相互独立的，概念术语之间存在着相互联系。质量管理标准中使用术语概念图来描述术语之间的相互联系，通过概念图来加深对术语的理解。这也为学习这门课程提供了一种好的方法。

在术语学中，概念之间的关系建立在某类特性的分层结构上。因此，一个概念的最简单表述由命名其种类和表述其与上一层次或同层次其他概念不同的特性所构成。

表述概念之间的关系主要有三种形式：

(1) 属种关系

在层次结构中，下层概念继承了上层概念的所有属性，并包含有将其区别于上层和同层概念的特性的表述。如：春、夏、秋、冬与季节的关系。

通过一个没有箭头的扇形或树形图表述属种关系，如图 1.1 所示。

(2) 从属关系

在层次结构中，下层概念形成了上层概念的组成部分，如：春、夏、秋、冬可被定义为年的一部分。比较而言，定义晴天（夏天可能出现的一个特性）为一年的一部分是不恰当的。

通过一个没有箭头的耙形图绘出从属关系，如图 1.2 所示。

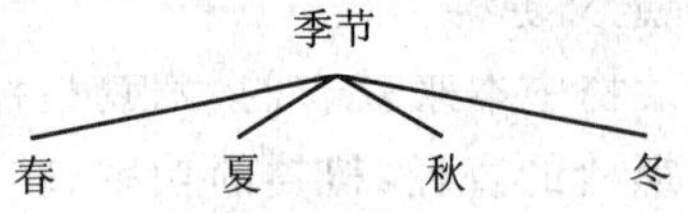

图 1.1 属种关系

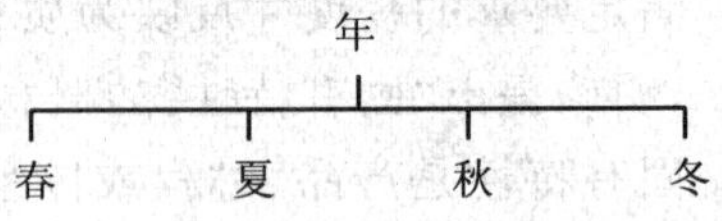

图 1.2 从属关系

(3) 关联关系

在某一概念体系中，关联关系不能像属种关系和从属关系那样提供简单的表述，但是它有助于识别概念体系中的一个概念与另一个概念之间的关系。如：原因与结果、活动与场所、工具与功能以及材料与产品。

通过一条在两端带有箭头的线绘出关联关系。如阳光与夏天的关系可以用图 1.3 描述。

图 1.3 关联关系

有关质量的概念图如图 1.4 所示。为了便于学习有关质量的概念图和掌握有关质量的概念术语，下面对该图作进一步的解释。

(1) 产品、过程和体系

“体系”是由“过程”网络所组成，它要使各过程相互协调、配合地运行，更强调系统性、协调性。“过程”的结果产生“产品”（包括软件、硬件、半成品、成品和最终产品等），该“过程”是广义的，包括设计过程、生产过程、采购过程、内审过程和培训过程等，因此，其“产品”也是广义的，可包括知识等无形产品。“产品”、“过程”、“体系”存在直接的关系，“产品”质量取决于“过程”质量和“体系”运行质量。

(2) 要求、质量要求和等级

从通用的“要求”引申出特定的“质量要求”，应该注意质量要求是对固有特性的要求，它反映产品的内在质量，而人为赋予的特性(如产品的价格)不是其固有特性，不属质量范畴。在规定“质量要求”时，必须明确其“等级”，如宾馆的星级，不同的“等级”应有不同的“质量要求”。

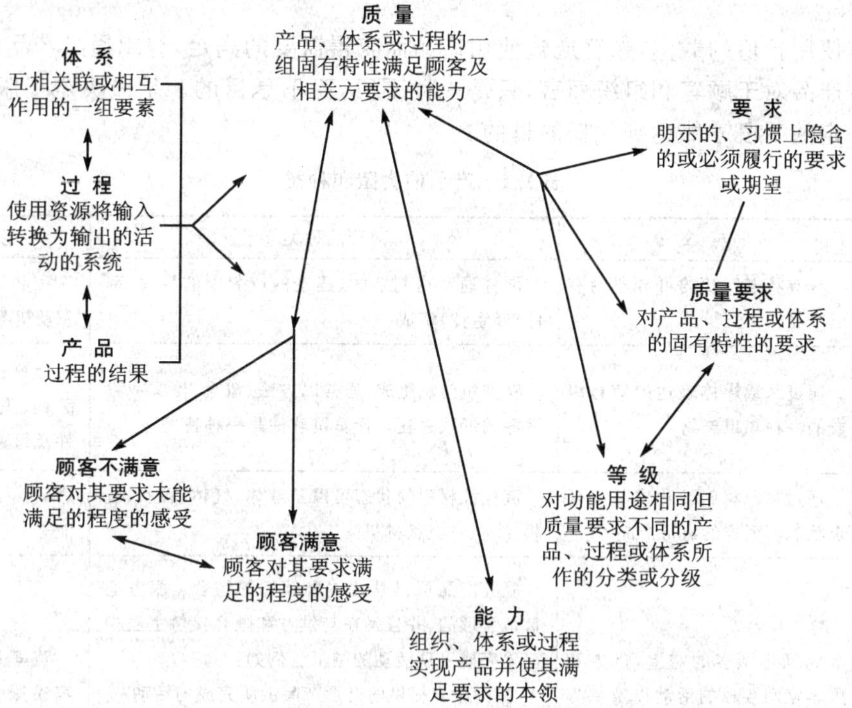

图 1.4　有关质量的概念图

(3) 质量与相关术语

“质量”是“顾客”对“产品”、“过程”或“体系”进行评价的主要指标，评价的依据是“要求”，如果满足要求，则“顾客满意”，反之，则“顾客不满意”。“质量要求”应具体反映为一组固有“特性”(例如，性能指标、可靠性指标、速度、时间、安全性指标、服务态度、舒适和美观等)，以便能进行衡量。任何产品(或过程、体系)都客观存在一组固有特性，只有能满足“质量要求”的，才是质量好的产品，才能使“顾客满意”，因此，“质量”是产品(或过程、体系)的一组固有特性满足“要求”的“能力”。在对功能用途相同的“产品”(或过程、体系)进行“质量”比较时，应注意在同一“等级”水平进行比较。

1.2　产品与产品质量

1.2.1　产品的概念

质量管理国际标准《质量管理体系—基础和术语》中将产品(product)定义为过程的结果。

而过程(process)是指使用资源将输入转化为输出的活动系统的运作。

产品是活动或过程所产生的结果,没有活动或过程就不会有产品。但该结果可能是人们所期望的结果,即满足顾客某种特定需要的东西,也可能是人们所不期望的结果,如污染等。

① 产品是一个广义的概念,包括硬件、软件、流程性材料和服务四种通用产品类型,如表1.1所列。

产品是使用价值的载体,顾客通过使用产品而获得需要的满足,组织通过产品向顾客提供使用价值。产品对于顾客和组织而言,只是一种手段,而不是目的。手段决定于服务目的,但只有通过一定的手段才能达到预期的目的。

表1.1 产品的类型和种类

产品类型	定 义	产品种类	实 例
硬 件	具有特定形状的可分离的有形产品	硬件通常由制造的、建造的或装配的零件、部件(或组件)组成	飞机、舰船、坦克、发动机与机械零件等
软 件	通过承载媒体表达的信息组成的一种知识产物	软件由信息组成,通常以方法、概念、论文或程序等的形式存在。计算机软件是一种特例	计算机程序、字典、辞典、发动机控制软件及驾驶员手册等
流程性材料	通过将原材料转化成某一预定状态所形成的有形产品	流程性材料的状态可以是液体、气体、粒状、块状、线状或板状材料	燃料、润滑油和冷却液等
服 务	为满足顾客的需要,供方和顾客之间接触的活动以及供方内部活动所产生的结果	服务产品可以是硬件和软件的组合。服务通常是无形的,并且是在与供方和顾客接触上至少需要完成一项活动的结果。例如: • 在为顾客提供的有形产品上所完成的活动 • 在为顾客提供的无形产品上所完成的活动 • 无形产品的交付 • 为顾客创造氛围	汽车维修、饭店或宾馆服务、机场服务以及学校服务等

② 产品可分为有形产品和无形产品。

- 有形产品:如飞机、坦克、火箭、导弹、舰船、汽车及火车等;
- 无形产品:如概念、理论、知识、计算机软件、使用手册、维护手册、操作说明和某项服务等。

③ 许多产品是由不同类型的产品构成,服务、软件、硬件和流程性材料的区分取决于其主导成分。也就是说产品可以是以上四种类型产品的任意组合,一般是两种或两种以上产品类型的组合。大多数提供硬件、软件或流程性材料的组织,同时还要提供相应的服务。如"飞机"是由硬件(如机体结构、发动机等)、流程性材料(如燃料等)、软件(发动机控制软件、仪表控制软件、飞行员手册等)和服务(如售后服务、技术培训等)所构成。

1.2.2 产品质量的概念

产品质量有狭义和广义之分。狭义的产品质量是指产品能否符合规定的规格和技术条件,是否达到了产品质量标准。如性能、寿命、外观、安全性和可靠性等。广义的产品质量,除上述狭义产品质量的涵义之外，还要加上从用户的观点出发直到让用户满意的生产和销售服务全过程的质量，另外还包括成本、交货期的质量和数量(生产量、库存量和销售量)；不但要讲制造质量，还要讲设计质量和使用质量。所以广义的产品质量可形象地用以下公式来描述：

广义的产品质量＝性能＋寿命＋外观＋安全性＋可靠性＋价格＋交货期＋服务

对上述广义的产品质量的概念加以延伸，还涉及工程质量、工作质量等概念。在生产制造过程中，操作者、原材料、设备、工艺方法和环境五个方面的因素同时对产品质量起综合影响作用，这种同时起作用和影响的过程可抽象地称为工程。生产制造过程的质量主要表现为工程质量。工程质量就是工程的好坏，影响产品质量的过程有设计过程、生产制造过程(包括基本生产过程、辅助生产过程)和使用维修过程等环节。工程质量的高低直接决定着产品质量的好坏。

工作质量是指企业的生产经营、技术、组织以及思想政治工作等与产品质量有关的各项工作水平，是指它们对达到产品质量要求和提高产品质量的保证程度的高低。

工作质量的高低可以通过本企业各个部门和各个岗位的工作效率、工作成果、产品质量和企业的经济效益来衡量。企业可以通过建立岗位责任制、工作标准，以及规定产品废品率(或合格率)等指标对工作质量定出具体的标准。

产品质量取决于工程质量的好坏，工程质量好，产品质量自然会好。而工程质量又决定于人、原材料、设备、方法和环境五大方面各种因素的有关工作，这些有关的工作(还包括产品售前、售中和售后的服务工作)也都有质量问题，即工作质量。因此，对产品质量的问题，绝不能就事论事，也不是仅靠单纯抓产品质量所能解决的。正因为这样，抓质量，不仅要抓产品质量，更要抓工程质量和工作质量。要保证产品质量，必须保证工程质量；要保证工程质量，必须保证工作质量，这就是现代综合质量观念在质量工作中的具体体现。

1.3 质量特性

在质量管理国际标准《质量管理体系—基础和术语》中给出的特性(character)是指可区分的特征。该特征可以是固有的或赋予的，可以是定性的或定量的，并且各种类别的特性的质量特征不同。

一般来说，对于不同类别的特性，主要包括如下几个方面：

① 物理的(如：机械的、电的、化学的或生物学的特性)；

② 感官的(如：嗅觉、触觉、味觉、视觉或听觉)；

③ 行为的(如：礼貌、诚实或正直)；

④ 时间的(如：准时性、可靠性或可用性)；

⑤ 人体工效的(如：生理的特性或有关人身安全的特性)；

⑥ 功能的(如：飞机的最高速度)。

质量特性(quality character)是指产品、过程或体系与要求有关的固有特性。理解质量特性必须注意以下两个方面：

①“固有的”就是指在某事或某物中本来就有的，尤其是那种永久的特性。

② 赋予产品、过程或体系的特性(如：产品的价格，产品的所有者)不是它们的质量特性。

对于不同类型的产品来说，描述其质量特性的内容也不相同。

1.3.1 硬件类产品的质量特性

对于硬件和流程性材料类型的产品，产品的质量特性大致可归纳为以下方面：

(1) 性能

性能是产品为满足使用目的而需要具备的技术特性，主要指其功能特性。如机床的转速和功率、电视机的清晰度以及战斗机的作战距离等。

(2) 安全性

安全性反映了产品在储存、流通和使用过程中不产生人员伤亡、财产损失和环境污染事故的能力。

(3) 保密性

保密性反映了产品在使用和维修过程中，其核心技术和关键功能不被窃取和毁坏的能力。

(4) 可靠性

可靠性是产品在规定的使用时间内和规定的使用条件下，完成规定任务的能力。如电视机的平均无故障工作时间。

(5) 耐久性(寿命)

耐久性是指在规定的使用与维修条件下，产品可工作的极限状态的持续时间。持续时间一般用使用寿命和储存寿命度量。耐久性也可以作为可靠性的一种特殊情况来考虑。

(6) 维修性

维修性是指产品在规定的条件下和规定的时间内，按规定的程序和方法进行维修时，保持或恢复到规定状态的能力。

(7) 测试性

测试性是指产品自身或与其测试设备一起能够及时而准确地确定其状态(可工作、不可工作或性能下降)，并隔离其内部故障的能力。如计算机系统的自检测能力。

(8) 保障性(服务性)

保障性是指产品的设计特性与计划的保障资源满足产品使用与维修保障要求的能力。保障性可分为使用保障性和维修保障性两个方面，前者针对产品的正常使用，后者针对产品的故障维修。

(9) 环境适应性

环境适应性反映了产品适应外界环境条件的能力。其中的环境条件包括自然环境、诱发环境和人工环境等。如对硬件产品，环境条件可以是温度、湿度、振动、冲击、噪声、灰尘以及电磁干扰等；对于软件产品，环境条件可以是操作系统、计算机系统等。

(10) 需求适应性(柔性)

需求适应性反映了产品适应用户需求随时间变化的能力。用户需求的变化可以包括对上述各种属性要求的变化，如使用模式的变化(功能性)、使用环境的变化(环境适应性)和使用时间的变化(耐久性)等。

(11) 人机工效性

人机工效性反映了产品在使用和维修过程中，适应操作者人体测量因素(如体重、身高、臂长及手的尺寸等)、感觉因素(如视觉、听觉、触觉及味觉等)、生理因素(温度、湿度、振动及噪声等)和心理因素(喜欢、烦恼及厌恶等)的能力。

(12) 经济性

经济性反映了产品合理的寿命周期费用,如论证费用、设计费用、制造费用、使用费用和报废处置费用等。

(13) 时间性

时间性反映了在规定时间内满足顾客对产品交货期和数量要求的能力,以及满足顾客需要随时间变化而变化的能力。

1.3.2　服务类产品的质量特性

对于服务类型的产品,其质量特性大致可以归纳为以下六个方面:

(1) 功能性

功能性反映了某项服务所发挥的效能和作用。

(2) 经济性

经济性反映了顾客为得到不同的服务所需费用的合理程度。

(3) 安全性

安全性反映了为了在服务过程中保证顾客的生命不受到危害,健康和精神不受到伤害,货物不受到损失的能力。

(4) 时间性

时间性反映了服务在时间上能够满足顾客需求的能力。时间性还包括及时、准时和省时三个方面的要求。

(5) 舒适性

舒适性反映了在满足功能性、经济性、安全性和时间性等方面质量特性的情况下,服务过程的舒适程度。

(6) 文明性

文明性反映了顾客在接受服务过程中精神需求的满足程度。

服务作为一种产品,其特征和硬件类产品不同。服务业提供给用户和消费者的不是有形的产品,而是无形的服务。对于服务类产品质量特征的论述其重点是以下方面:

① 心理上的质量特性;

② 伦理上的质量特性;

③ 时间上的质量特性。

1.3.3　软件类产品的质量特性

对于软件类型的产品,其质量特性大致可归纳为功能性、可靠性、易使用性、效率、可维修性、可移植性、保密性和经济性等方面。

对于四类不同的产品,除了上述构成各类产品的质量特征以外,通常还要注意构成质量的以下要素:设计新颖、外感质量好、新鲜感、有丰富的文化情感内涵、适当的价格、适用、维修便宜、不易随时间发生变化、安全、无害、使用方便、可生产性和容易报废等。

可见,质量特性要由“过程”或“活动”来保证。质量特性是通过在设计、研制、生产制造、销售服务或服务前、服务中、服务后的全过程中实现并得到保证的。也就是说,这些质量特性受到了过程或过程中各项活动的影响,过程中各项活动的质量决定了特性,从而决定了产品质量。

1.3.4 军工产品的质量特性

军工产品复杂而先进的技术,研制、生产的投资巨大且使用保障的费用较高,用于军事目的这一特殊用途等特点,决定了军工产品质量的重要性。军工产品多是复杂大系统,不仅包括硬件产品,也包括软件及服务等类型,一般是四类产品的集合构成。因此,其质量特性也包含了以上四类产品的各个方面。尤其应当注意的是军工产品除满足功能、性能要求外,还必须满足包括可靠性、维修性、安全性和保障性等特性的要求。

(1) 可靠性

可靠性是指军工产品在规定的条件下和规定的时间内,完成规定功能的能力。可靠性的概率度量亦称可靠度。可靠度的一种度量方法为:对于可修复产品,是在规定的时间内,无故障持续时间区间长度等于或大于规定值的个数与无故障持续时间区间总个数之比;对于不修复产品,是在规定的时间内,能完成规定功能的产品数与投入工作的产品数之比。可靠性要求是对武器装备在服役期间保持其功能、性能,而不出故障的一种能力的要求。

(2) 维修性

维修性是指军工产品在规定的条件下和规定的时间内,按规定的程序和方法进行维修时,保持或恢复到规定状态的能力。维修性的概率度量亦称维修度。维修性要求是对装备出故障后能尽快恢复到正常状态的一种能力要求,是对装备中断完成任务的一种限制要求。

(3) 安全性

安全性是指不导致人员伤亡、危害健康及环境,不给设备或财产造成破坏或损失的能力。安全性要求是对装备在使用中可能造成人身伤亡或设备损坏的严重事故出现概率的限制要求。

(4) 保障性

保障性是指系统的设计特性和计划的保障资源能满足平时战备及战时使用要求的能力。为了达到保障性要求,设计过程要考虑综合保障、规划资源要求和配置,以尽可能提高保障能力,降低保障费用。

此外,应充分重视武器装备的测试性、安全性和环境适应性等;同时,还应重视提高售后服务质量的时间性、经济性、舒适性和文明性等。

对于军工产品而言,不仅要重视其固有特性,也要重视其赋予特性,如产品的价格、交货期等,军工产品的这些经济性、时间性等特性对武器装备战斗力的形成会产生重大影响。

提高军工产品的可靠性、维修性、安全性和保障性,将极大提高装备的作战能力,增强生存能力,提高部署机动性,减少维修人力,降低使用保障费用。一个好的装备不仅要具备所需要的性能(固有能力),而且还要能长期保存这种性能,使用中无故障或少故障;发生故障则好修理,使功能迅速得到恢复;同时还要使用安全、易于保障等。

1.4 质量形成

质量形成于产品生产全过程，这里的“生产”是指社会化大生产，包括研制出场调研、产品开发、设计试制、生产技术准备、采购、生产制造、检验、销售和售后服务等过程全寿命周期的各个阶段。这一理论观点彻底清除了理论界曾提出的“产品质量是设计出来的”、“产品质量是制造出来的”、“产品质量是管理出来的”等片面说法，揭示了质量形成的真谛。产品寿命周期中任一单独过程都不可能制造出需要的质量，产品质量与寿命周期的全部过程有关。

1.4.1 质量形成的四个阶段

概括地说，整个质量形成的过程大致可划分为四个阶段。

第一阶段：由确定需求的结果所形成的质量要求——需求分析。在识别和确定明确的和隐含的需要之后，为了生产，首先要把需要转化为质量要求。质量要求是一组定性或定量产品质量特性的规定要求，一般用产品应具有的功能参数表示，如产品的性能、适用性、可靠性、维修性、安全性、环境、经济性和美学等，关键是要使质量要求恰到好处地、全面地反映需求。

第二阶段：由产品设计的结果所形成的质量。设计阶段要把质量要求转化为生产者可以生产的产品，即要转化为生产者可以测定的代用特性，也就是产品的技术规范和标准。

第三阶段：由与产品设计符合性的结果所形成的质量。由制造所形成的产品质量，是产品对设计的技术规范符合程度的特性综合，这样经过制造又进行了一次特性转化。

第四阶段：由产品保障的结果所形成的质量——可修性。如有的产品其性能达到了顾客需求，但当出现故障时，其维修和备件供应困难，则说明产品的全部特性中反应满足需求的能力还相当不足。

1.4.2 朱兰质量螺旋

美国质量管理专家朱兰(J. M. Juran)于20世纪60年代后期，首次提出的质量螺旋向人们揭示了产品质量有一个产生、形成和实现的过程，反映了产品质量形成的规律。这条质量螺旋曲线因此被称为“朱兰螺旋曲线”，如图1.5所示。该曲线描述了产品质量的产生、形成和实现的过程，这个过程又称为“螺旋形上升过程”。也可以说质量形成是一个过程体系，包括一系列循序进行的工作或活动，即包含若干个环节，环节之间一环扣一环，这些环节互相制约，互相依存，互相促进，不断循

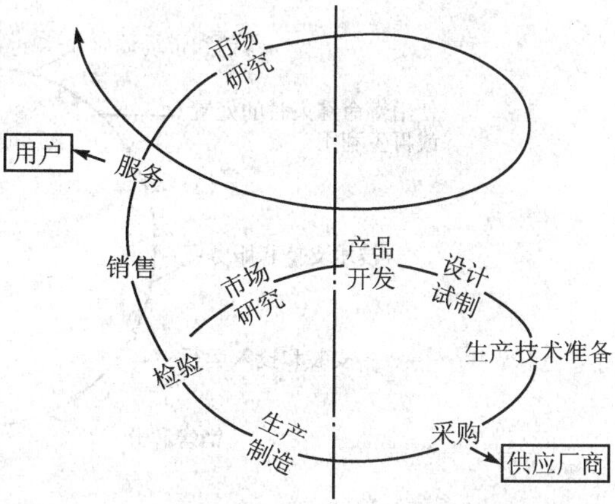

图1.5 朱兰螺旋曲线

环，周而复始。每经过一次循环，就意味着产品质量的一次提高。

图 1.5 所示朱兰螺旋曲线也简称为朱兰螺旋线。

该螺旋线有以下特点：

① 在螺旋上升过程中，包括一系列的环节，这些环节一环扣一环，互相依存，互相促进，不断循环，否则提高产品质量的目的就不能达到。

②从螺旋上升过程也可看出，质量职能活动不都是在企业范围内进行的，它还涉及企业以外的供应单位，如商店、用户等；即使在企业范围内活动，也并不集中在质量管理部门，而是由企业内各有关部门共同承担。因此质量管理的任务之一，就是把分散在企业各部门的质量职能有机地结合起来，进行有效的组织、协调、监督和检查，从而保证和提高产品质量。

③ 螺旋每经过一次循环，就意味着产品的质量提高一次，循环不断，产品质量也就不断提高。从该意义上讲，产品质量的提高是无止境的。

④ 要完成产品质量形成的全过程，就必须将上述各个环节的质量管理活动落实到各个部门及相关单位和人员，要对产品质量实行全过程管理。

1.4.3 质量环

产品的质量是在一系列过程中得到实现和保证的，即质量特性受质量形成各过程中各项活动的影响。过程中各项活动的质量决定了质量特性，从而决定了产品质量。随着质量管理理论和实践的发展，经过长期的研究和总结，国际标准化组织在 ISO 9004《质量管理和质量体系要素指南》中，提出了与朱兰相似的一个概念就是质量环，如图 1.6 所示。质量环是从认识市场需要直到评定能否满足这些需要为止的各个阶段中，影响产品或服务质量的相互作用活动的理论模式。也就是说，它是指从了解和掌握用户对产品质量要求和期望开始，在质量实现的产品寿命周期内，将影响产品或服务质量的各项活动划分为若干个环节的一种理论模式。质量环是指导企业建立质量体系的理论基础和基本依据。

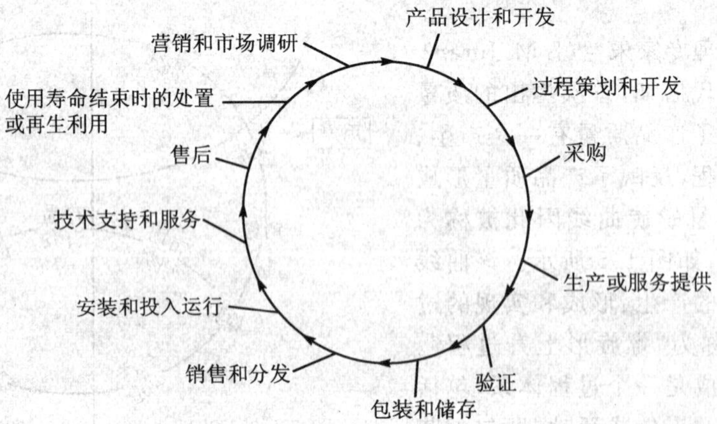

图 1.6 质量环

1.4.4　朱兰三步曲

从产品质量形成过程看，质量管理要贯穿于设计、制造、销售和服务等环节的全过程；从管理的角度来看，要搞好质量管理，一般必须抓住计划—控制—改进三个主要环节，即质量计划、质量控制和质量改进。这一管理模式是朱兰博士于 1987 年提出的，故称“朱兰三步曲”，每一“步”都要按照固定的执行程序来实现。

(1) 质量计划

这是一个为实现质量目标做准备的过程，其最终结果是按照质量计划开展质量活动。该过程主要内容有：

① 必须从外部和内部认识顾客；

② 确定顾客的要求；

③ 开发出能满足顾客需要的产品(包括服务在内)；

④ 制订能满足顾客需求的质量目标，并以最低综合成本来实现；

⑤ 开发出能生产所需产品的生产程序；

⑥ 验证这个程序的能力，证明它在实施中能达到质量目标。

(2) 质量控制

这是在经营中达到质量目标的过程，其最终结果是按照质量计划开展经营活动。该过程主要内容有：

① 选择控制对象；

② 选择测量单位；

③ 规定测量方法；

④ 确定质量目标；

⑤ 测定实际质量特性；

⑥ 通过实践与标准的比较找出差异；

⑦ 根据差异采取措施。

(3) 质量改进

这是一个突破计划，并达到前所未有的质量水平的过程，其最终结果是以明显优于计划性能的质量水平进行经营活动。该过程主要内容有：

① 证明改进的需要；

② 确定改进的对象；

③ 实施改进，并对这些改进项目加以指导；

④ 组织诊断，寻找原因；

⑤ 提出改进方法；

⑥ 证明这些改进方法有效；

⑦ 提供控制手段，以保持其有效性。

1.5 影响质量的因素

影响质量的内外因素在西方的质量管理界存在多种说法，主要是指影响产品质量的因素和影响工序质量的因素。

1.5.1 影响产品质量的9M因素

现代质量管理学专家菲根的姆认为，影响质量的基本因素有九个方面或称之为“9M”，即市场(market)、资金(money)、管理(management)、人(man)、激励(motivation)、材料(material)、机器和机械化(machine and mechanization)、现代信息方式(modern information method)和产品规格要求(mounting product requirement)。以上每一个方面对当代产品工业生产或服务的质量都有影响，而影响的程度因产品或服务的具体情况不同而异。

(1) 市场(market)

市场上提供的新产品和改进产品的数量在持续不断地增长，其中很多产品不仅指产品本身，而且还指制造产品所用的材料和工艺方法又都是新技术发展的结果。当代企业要认真识别消费者的欲望和需求，以便作为发展新产品的根据。消费者所购买的每种产品都各有用途，他们希望有更多更好的产品来满足自己的需要。市场的范围日益扩大，而其所提供的产品或服务则更为专业化、细分化。对于很多企业来说，市场是全国性的甚至是全球性的，因此企业必须具有高度的灵活性，以便能够迅速改变经营方向。

(2) 资金(money)

伴随世界经济波动而来的在许多领域中竞争性的加剧，一直在削减边际利润。同时，由于自动化和机械化的要求又迫使企业拿出大笔的资金用于新设备和新工艺。这些因素增加了工厂的投资，因为如果生产中的废品和返修品多，那么就可能增加质量成本，造成大量的亏损。与维持和改进质量有关的质量成本已达到空前高度，这又促使经营管理人员把注意力集中于质量成本领域，因为这个领域是增加利润的薄弱环节之一。

(3) 管理(management)

质量职责一直是由若干专业人员承担的，管理人员和产品工程师曾经对产品质量承担职责。现在，营销部门必须对产品的设计提出适应消费者需求的规格要求；工程技术部门负责设计能满足这些要求的产品；制造部门必须研究和制订工艺，使加工工序的能力适应于符合技术规格要求的产品；质量管理部门必须安排整个生产过程的质量检测方法以确保最终成品符合质量要求；售后服务质量日益成为整个“产品质量包”中的一项重要内容。这就加重了上层管理部门的责任，尤其是当出现产品质量偏离质量标准时，合理分配职责采取措施的难度大了。

(4) 人(man)

知识经济和技术革命的迅速发展，加强了对具有专业知识职工的需求。在知识领域中，专业化无论是在深度还是在广度方面都是必要的。专业化有其优点，但是它的不足之处是使完整的产品质量职责细分成若干零碎的片段。同时，这种情况又产生了对系统工程师的需求，因为这样的人才能够综合所有专业化的领域去设计、建立和运转各种各样的体系，保证达到预期的目标。企业经营体系的很多方面已经成为现代质量管理部门注意的焦点。

(5) 激励(motivation)

产品质量复杂性的提高进一步强化了每一位职工对质量作出贡献的重要意义。对人类动机研究的结果显示,除了金钱报酬以外,当今的工人要求强化工作上的成就感,以及承认他们对实现公司目标所作出的贡献,这就突出了质量教育和提高质量意识的必要性。

(6) 材料(material)

出于对生产成本和质量要求的考虑,工程师一直在设法使材料的加工比以往任何时候都更接近于公差界限,并使用大量的所谓稀有金属和合成材料。因此,材料的规格要求更加严格,材料的品种更加多样化。通常对这些材料都必须进行快速、精确的化学和物理测试。

(7) 机器和机械化(machines and mechanization)

在竞争激烈的市场上,公司要降低成本和提高产量以满足顾客的要求,就必须采用越来越复杂的制造加工设备,并且也越来越依赖所投入的材料的质量,维护机器设备使之随时得到充分利用已逐渐成为提高产品质量的一个关键因素。这个论断对于各种各样的制造加工来说,都是正确的。公司越是利用机械化来降低成本,那么提高工人和机器的利用效率以及切实降低成本就越是提高产品质量的关键因素。

(8) 现代信息方式(modern information method)

信息技术的迅速发展使人们有可能按以前无法想象的规模收集、储存、检索和处理信息。这一强有力的新信息技术为在制造加工过程甚至在售后服务过程实行有效控制提供了手段。而新的、不断改进的数据处理方法又为管理部门提供更为有用的、准确的和及时的预测性信息,为制订指导企业质量战略决策和未来发展提供了依据。

(9) 产品规格要求(mounting product requirement)

工程设计复杂性的提高,相应地要求对制造加工过程实施更为严格的控制,从前被忽视的“小问题”,现在却有很大的潜在的重要意义。电子产品装配区的灰尘,数字控制机床安装位置的地板震动等等,“这些小事”对现代生产来说都是危险的。

产品复杂性的提高,以及对产品性能的更高规格要求,都突出了产品安全性和可靠性的重要意义。必须注意并确保不使降低元件或系统可靠性的任何因素(已知的和未知的)进入设计和控制过程,只有在这样控制的条件下,才有可能确保产品质量设计的可靠性。

需要说明的是,以上的九个因素并不总是起着作用的。对不同行业、不同产品起主要作用的影响因素,也往往是不同的。只有通过仔细分析,才能归结出主要因素,并着手对之进行管理控制。

1.5.2　影响工序质量的 4M1E 因素

影响工序质量的因素,是指人(man)、机器(machine)、材料(material)、方法(method)和环境(environment)(简称人、机、料、法和环或 4M1E)。4M1E 就是取自这五个因素的第一个字母。对于工序的最终成果质量而言,上述各因素都是一个变量,可以用数量来表示其对质量的影响。

这五个因素对不同的行业和不同的工序及质量的影响程度有着显著的差别,即总有起决定作用和占支配地位的因素,称为主导因素。

(1) 人(man)的因素

任何生产过程都离不开人的操作,即使是先进的自动化设备,也需要人去操作和管理。对于操作人员占支配地位的手工操作工序来说,有手工焊接、人工喷漆、手工包装、手工制造、检验、校正和电子调谐以及人工排字等。造成操作误差的主要原因有质量意识差,操作时粗心大意;不遵守操作规程;操作技能低和技术不熟练等。

防误和控制措施有:

- 强化质量意识,提高责任心和一丝不苟的工作作风,并建立质量责任制;
- 加强岗位专业技能培训,严格遵守操作规程;
- 加强三检,建立质量监控机制;
- 改进工艺方法,减轻对操作人员注意力的依赖程度;
- 加强专职检验,适当增加检验的频次;
- 广泛开展质量控制小组活动,促进自我提高和自我改进能力。

(2) 机器(machine)的因素

机器设备是保证工序生产出符合规格要求的产品的重要条件之一,尤其是自动化程度较高、有定位装置的设备,它们对于确保工序质量起着决定性作用。对于一般通用机器设备来说,机器设备自动化程度的保持性、稳定性和性能的可靠性,配合件、传动件的间隙,定位装置、定量装置的准确性和可靠性等都直接影响工序质量特性的波动幅度。

消除异常因素的方法一般采取:

- 加强设备的维护和保养,定期检测机器设备的关键精度和性能项目,并建立设备关键部位日点检制度,对工序质量控制点的设备进行重点管理;
- 采用首件检验,核实定位或定时装置的调整量;
- 尽可能配置定位数据的自动显示和自动记录装置,以减少对工人调整工作可靠性的依赖。

(3) 材料(material)的因素

根据行业不同、产品不同和工序不同,原材料的类别也不相同。对于加工工序而言,原材料可以是矿石、原油、羊毛和棉花,也可以是成品、半成品,例如,钢板、钢材、毛巾、面粉、纸张、油墨以及化学试剂等。对于生产成品的装配来说,原材料可以是配套零部件、标准件、元器件或电机等。对于汽车和机械产品的装配,化工产品的合成,食品配方制作等,都首先以提供原材料、零部件和元器件为前提。

原材料的化学成分和物理性能,配套件、元器件和零部件的外观和内在质量,食品工业原料的质地(有毒、有害及杀虫药的残余量等)等对生产成品的品质都起着主导作用。

主要控制措施是:

- 在合同中明确规定质量要求;
- 加强原材料的进厂检验和厂内自制零部件的工序和成品检验;
- 合理选择供应厂商;
- 搞好协作厂间的协作关系;
- 督促、帮助供应厂商的质量控制和质量保证工作。

(4) 工艺方法(method)的因素

工艺方法,是指工艺流程的安排、工序之间的衔接、工序加工手段的选择和工序加工指导文件的编制。工艺方法对工序质量的影响主要来自两个方面，即制订的加工方法、选择的工艺参数和工艺装备等的正确性和合理性以及贯彻、执行工艺方法的严肃性。对于成型加工、定程加工的工序来说，例如冲压、冲孔、定长度切削、造型等，工装模具的设计和制作，成型刀具刃具的制造和刃磨，都直接对工序质量起决定性作用。此外，化学工业的投料时间、速度、温度和压力，机械加工的切削速度、切削深度和走刀量等工艺参数的选择，工序的编排和衔接，工装模具的制造、鉴定和保管，计量器具的选用、鉴定和保管等也严重地影响工序质量。

工艺方法的防误和控制措施是：

- 保证定位装置的准确性，严格首件检验，并保证定位中心准确，防止加工特性值分布中心偏离公差中心；
- 加强专业技术培训，使操作人员熟悉定位装置的安装和调整方法，尽可能配置显示定位数据装置；
- 加强定型刀具或刃具的刃磨与管理，实行强制更换制度；
- 积极推行控制图管理，以便及时采取措施调整；
- 严肃工艺纪律，对贯彻执行操作规程进行检查和监督；
- 加强工具工装和计量器具管理，切实做好工装模具和计量器具的周期鉴定工作。

(5) 环境(environment)的因素

环境是指生产现场的温度、湿度、噪声、振动、照明、室内净化和现场污染程度等。由于生产产品的工序不同，环境条件的内容也不同。电子产品对室内净化有要求；食品药品工艺过程对清洁卫生和现场污染程度有要求；精密加工对室温有要求；印刷行业对纸张存放湿度变化有要求；温度、湿度和噪声对纺织行业的产品质量以及工人操作的情绪都具有直接影响。

控制措施是做好生产现场 6S 管理，搞好文明生产，为持久地生产优质产品创造良好的工作环境。所谓 6S 管理是指如下方面。

- 整理(sort)：将工作场所中的所有物品区分为必要的与不必要的，必要的物品留下，不必要的彻底清除；
- 整顿(straighten)：必要的物品分门别类按照规定定置、定量摆放整齐，并加标识；
- 清洁(shine)：清除工作场所内的脏污，保持工作场所干净亮丽；
- 素养(sustain & civilization)：人人养成良好习惯，依规定行事，具有团队意识和积极进取的精神；
- 安全(safety)：贯彻“安全第一、预防为主”的方针，在工作中必须确保人身、设备及设施安全，严守国家秘密；
- 规范(standardize)：将其他 5S 实施的做法制度化、规范化并贯彻执行及保持成果。

1.6 质量术语

在质量管理国际标准《质量管理体系—基础和术语》中质量管理是指导和控制一个组织的与质量有关的相互协调的活动。这些活动包括建立质量方针和质量目标、质量策划、质量控制、质量保证和质量改进。

“质量管理是企业管理的纲”是朱镕基 1994 年在中国质量管理协会第五次年会上提出的

论断。这一正确的论断更加突出了质量的重要性和质量管理的重要地位。

质量管理和其他管理如人事管理、财务管理、物资管理及生产管理等一样，只是企业所有管理职能之一。

有关质量管理的详细内容将在第 2 章论述，在本节为了更好地理解有关质量管理的概念，仅给出有关管理的概念图，如图 1.7 所示。

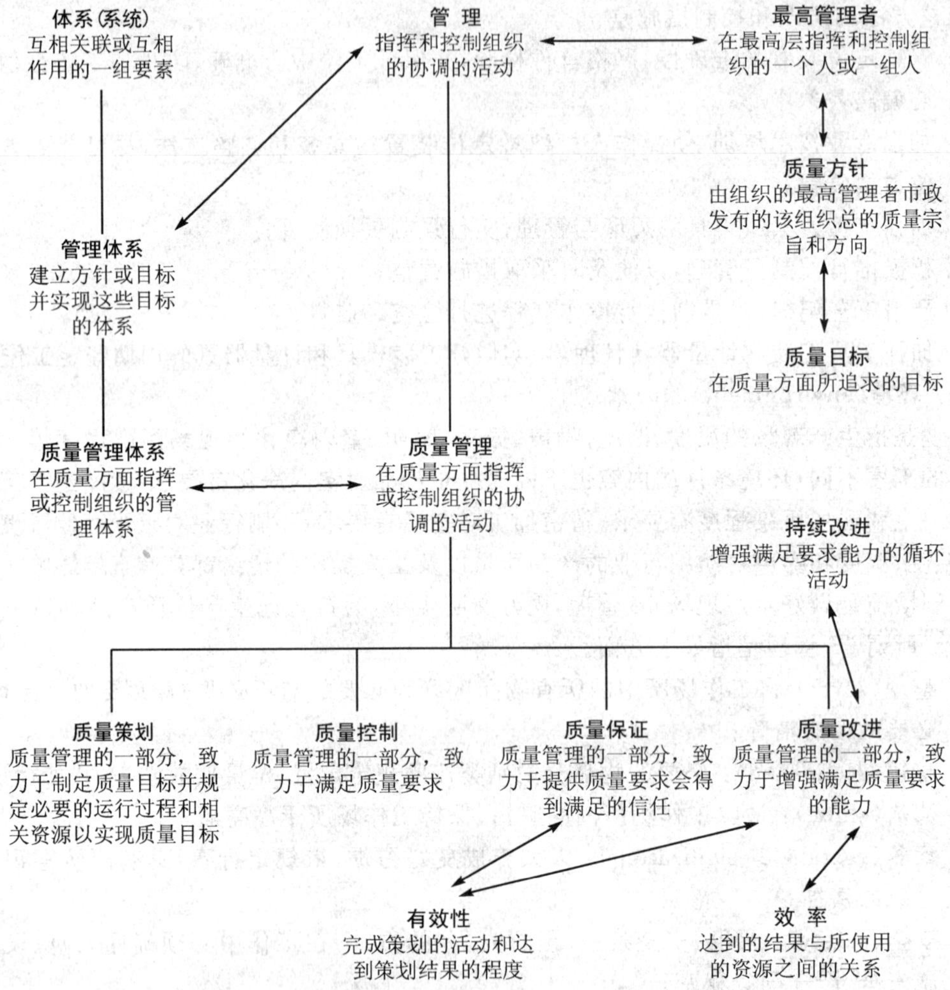

图 1.7 管理概念图

在质量概念图 1.4 和管理概念图 1.7 中，主要包括了以下有关质量的重要术语：

1.6.1 质 量

质量(quality)是指一组固有特性满足要求的程度。在质量的概念图中解释为产品、体系或过程的一组固有特性具有满足顾客和其他相关方要求的能力。

1.6.2 质量管理

质量管理(quality management)是指在质量方面指挥和控制组织的协调的活动。通常包括制定质量方针和质量目标，以及质量策划、质量控制、质量保证和质量改进。

1.6.3 质量方针

质量方针(quality policy)是指由组织的最高管理者正式发布的该组织总的质量宗旨和方向。

① 通常质量方针与组织的总方针相一致并为制定质量目标提供框架。

② 制定质量方针的基础是质量管理原则。

质量方针应当易于被管理人员理解和记忆并符合实际，全体员工应该熟悉本企业质量方针的关键信息和关键词语。为此，应把这些关键词语广为宣传，印在公司的文件上、文具上或名片上。质量方针也是企业高层领导对组织的全体人员以及顾客的承诺。

1.6.4 质量目标

质量目标(quality objective)是指与质量有关的，所追求的或作为目的的事物。

① 质量目标应建立在组织的质量方针基础上。

② 在组织内的不同层次规定质量目标。在作业层次，质量目标应当是定量的，以便于实施和检查；质量目标既要先进，又要可行；质量目标要逐层进行分解，加以细化，具体落实。

③ 质量目标有时可用不同的术语表示，如：quality target，quality aim，quality goal。

1.6.5 质量策划

质量策划(quality planning)致力于设定质量目标并规定必要的作业过程和分配相关资源，以实现质量目标。此外，还要规定验收准则。

质量策划的关键是制订质量目标并设法使之实现。组织无论对于老产品的改进还是新产品的开发均必须进行质量策划，确定研制什么样的产品、具有什么样的性能和达到什么样的水平，并提出明确的质量目标，规定必要的作业过程，提供必要的人员和设备等资源，落实相应的管理职责，最后形成书面的文件即质量策划。

1.6.6 质量控制

质量控制(quality control)是致力于达到质量要求的工作。质量控制包括设计控制、过程控制、包装贮存和搬运以及售后服务等的控制。设计控制就是使所设计开发的产品能确保满足用户或顾客的要求(明确的和隐含的)。过程控制是设计后的活动，包括制造、安装调试等的控制。过程控制还包括生产设备的定期校准。对于那些不能通过随后的检验或试验完全验证的特殊过程,需进行持续的过程监控。包装、运输、储存过程控制的目标,在于防止产品交付给顾客的过程中受损害和变质。产品必须在受控的状态下开发和生产,这个要求也应该应用到产品维修和其他售后服务中。

1.6.7 质量保证

质量保证(quality assurance)致力于对达到质量要求提供信任,目标在于达到满足顾客要求之目的。质量保证是通过贯彻国际质量标准而实现的。质量保证的关键是提供信任。保证质量、满足要求是质量保证的基础和前提,质量管理体系的建立和有效运行是提供信任的重要手段。

质量保证要求,即顾客对供方质量管理体系的要求往往需要证实,以使顾客有足够的信任。证实的方法有:供方的合格声明;提供形成文件的基本证据(如质量手册,第三方的型式检验报告);提供由其他顾客认定的证据;顾客亲自审核;由第三方进行审核;提供经国家认可的认证机构出具的认证证据。

质量保证有内部质量保证和外部质量保证之分,内部质量保证是组织向自己的管理者提供信任;外部质量保证是组织向顾客或其他相关方提供信任。

1.6.8 持续改进

持续改进(continual improvement)是指增强满足要求的能力的循环活动。质量的持续改进的关键在于要有纠正和预防措施,以保证管理体系持续有效,并符合内部(如质量计划和目标)和外部要求。要求可以是任何方面的,如有效性、效率或可追溯性等。质量改进的对象可能涉及组织的质量管理体系、过程和产品,组织应注意识别需改进的项目和关键质量要求,考虑改进所需的过程,以增强组织体系或过程实现产品并使其满足要求的能力。不合格产品的控制、统计技术的应用、内部审核以及纠正和预防措施结合在一起,构成了持续改进体系的基础。

质量改进要综合运用专业技术和现代质量工程方法。质量管理新、老七种工具,各种统计技术,6S管理及6σ管理等均是行之有效的质量改进工具。此外,群众性的质量控制小组活动是质量改进的基层组织形式。

复习思考题

1-1 什么是质量?简述质量概念及含义。

1-2 产品一般分为哪几种类型?给出其定义及实例。

1-3 军工产品质量包括哪些重要特性?

1-4 简述影响产品及工序质量的因素。

1-5 产品质量的形成一般包括哪几个阶段?

1-6 提高产品质量对社会进步及国民经济发展有何重要意义?

1-7 提高军工产品和服务质量有何重要意义?

第2章　全面质量管理

质量管理是企业管理的纲，是现代企业管理的中心环节，是现代管理科学的一个重要组成部分，是企业生存和发展的基础。质量管理学是研究和揭示质量形成和实现过程的客观规律的科学。全面质量管理是质量管理学的最新发展阶段，本章介绍了质量管理的发展历史，阐述了全面质量管理的基本内容，介绍全面质量管理的基础工作、工作原则、工作方法和工作程序等，并展望了质量管理学的发展趋势。

质量管理国际标准 ISO 9000:2000《质量管理体系—基础和术语》中给出的质量管理的定义是在质量方面指挥和控制组织的协调的活动。通常包括制定质量方针和质量目标以及质量策划、质量控制、质量保证和质量改进。

质量管理和其他管理如人事管理、财务管理、物资管理及生产管理等一样，只是企业所有管理职能之一。全面质量管理（total quality management，TQM）则是质量管理的最高境界，它将企业所有管理纳入了质量管理的范畴，是企业管理的核心。它是由全面质量控制（total quality control，TQC）发展而来，是在 20 世纪 60 年代由日本发起，被世界各国普遍采用的先进的质量管理方法，其质量管理的范围不仅指产品质量本身，而且包含质量管理的各个方面，也就是把质量管理从生产制造扩大到方案论证、设计、研制、生产准备、采购、制造、包装、运输、交付和服务等各个环节，其质量既包括了产品的质量，也包括工序质量、工作质量和管理质量等等，是一种涵盖全员、全面和全过程的“三全”的质量管理控制体系。

2.1　质量管理发展简史

质量管理学作为一门科学，其形成和发展自有其内在的规律性和推动力。质量管理学是随着社会生产力的发展和科学技术的进步而产生和发展的，社会对质量的需求是其发展的原动力。

根据质量管理学在工业发达国家实践和发展的特点，历史地考察全面质量管理的形成，质量管理学的发展大致经历了三个发展阶段，如图 2.1 所示。

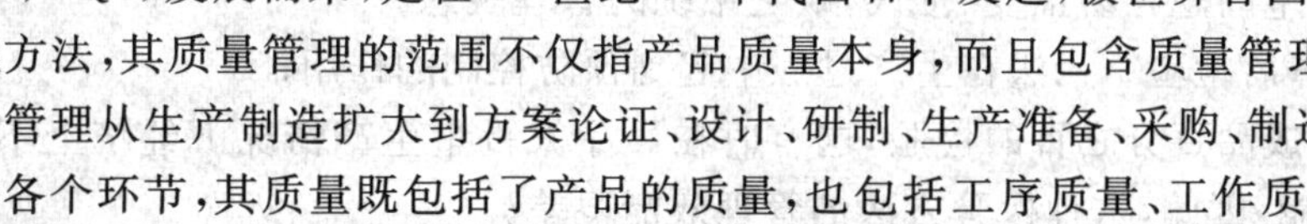

图 2.1　质量管理发展历程

2.1.1　质量检验阶段

产品质量检验的思想并不是在 20 世纪才出现的，几个世纪以前就已经存在。20 世纪以前,主要依靠手工操作者即工匠的手艺和经验,凭感觉严格把关和检验,有人称它为“操作者的质量控制”。

20世纪初期,美国泰勒(F. W. Taylor)提出了科学管理理论,强调企业在保证质量方面的作用,于是执行质量管理的责任就由操作者转移给工长,有人称它为“工长的质量管理”。

随着生产规模的扩大和技术的发展,质量检验作为一种管理职能从生产过程中分离出来,建立了专职质量检验制度。大多数企业都设置专职的检验部门并直属厂长经理,负责企业各生产单位的产品检验工作,有人称它为“检验员的质量管理”。

质量检验人员根据技术标准,利用各种测试手段,对零部件和成品进行检查,做出合格或不合格的判断,不允许不合格品进入下一道工序或出厂。它的管理方式是严格把关,进行百分之百的检验。

质量检验的专业化及其重要性至今仍不可忽视,特别是在军工产品的研制过程中,由于其系统复杂、技术含量高、质量与可靠性要求高、多型号和批量少的特点,为保障军品研制质量,检验工作仍然必须做好。

从20世纪初期到20世纪40年代基本属于这个阶段,该阶段的主要特点是事后检验。这种事后检验,对于防止不合格品出厂,保护用户利益与保证产品质量起到了重要作用,但是这种事后检验在产品研制过程中很难起到预防控制作用。其存在的主要弱点为:

① 出现质量问题容易扯皮、推诿,缺乏系统的管理观念;

② 属于“事后检验”,无法在生产过程中起到预防控制的作用;

③ 要求对成品百分之百的检验,这有时在民品大批量生产情况下经济上不合理,有时在技术上也不可能,因此,这种检验方法的管理效能很差。

2.1.2 统计质量控制阶段

单纯质量检验虽然能够淘汰不合格品,但它不能防止不合格品的产生,不能杜绝不合格品造成的浪费。为了克服以上缺点,20世纪二三十年代,缺陷预防的概念被提出。缺陷预防强调用数理统计进行事前预防,通过控制工序质量来保证产品质量,从而导致了质量控制理论的诞生。

这一阶段是从20世纪40年代至50年代末。谈到这一阶段就不能不提到美国的贝尔(Bell)电话实验室。当时他们成立了两个著名的课题组,一个是由休哈特(W. A. Shewhart)领导的过程控制组,另一个是由道奇(H. F. Dodge)领导的产品控制组。休哈特于二三十年代提出了统计过程控制(SPC)理论并首先提出了进行过程控制的工具——控制图,为质量控制理论奠定了基础。而道奇则与30年代提出了抽样检验理论,这构成了质量检验理论的重要内容。这两项研究成果意义重大,影响深远。

由于在20世纪40年代至50年代,质量管理强调“用数据说话”,强调应用统计方法进行质量管理,故将这一发展阶段称之为统计质量控制(statistical quality control,SQC)阶段。

统计质量控制阶段的主要特点是:

① 质量管理的许多职能,已由专职的检验人员逐渐转由专业的质量控制工程师和技术人员承担。

② 质量管理由事后检验把关,发展到对生产过程进行控制;由通过检验剔除不合格品,发

展到预防不合格品的产生。

③ 无论是对产品的抽样检查，还是对生产过程的质量控制，都广泛地采用数理统计的分析方法。

统计质量控制的方法也有其缺点。这一阶段过分强调了统计质量控制方法，而忽视了组织、计划和管理等工作，给人们的印象是质量管理就是数理统计方法的应用。对多数人来说，数理统计方法太深奥，只有少数质量管理专家才能掌握，这在一定程度上影响统计质量控制方法的普及、推广和应用。

统计方法的应用减少了不合格品，降低了生产费用。但是随着科学技术的发展和生产规模的不断扩大，产品结构日趋复杂，品种日益增多，影响产品质量的因素多种多样，单纯依靠统计方法不可能解决一切质量管理问题，随着大规模系统的涌现与系统科学的发展，质量管理也向系统工程的方向发展。

2.1.3　全面质量管理阶段

这一阶段是从 20 世纪 60 年代开始至今。50 年代以后，生产力迅速发展，科学技术日新月异，人造卫星、应用第三代集成电路的电子计算机等大规模系统相继问世，并相应出现了强调全局观点的系统科学。质量管理发展到 20 世纪 60 年代，进入了全面质量管理的阶段。主要是由于：

① 实践证明产品质量的形成不仅与制造过程有关，而且与设计、生产制造、工艺、采购、安装、调试、销售、服务和使用等过程有关，因而只强调数理统计方法的统计质量管理，在保证与提高产品的质量上已经显得不够充分。

② 随着大量精密、复杂系统的出现，对产品的质量要求更高了，从只注重产品的一般性能，对产品提出了可靠性、安全性、维修性和经济性等的要求。

③ 系统工程的科学得到了很快的发展，在生产技术和企业管理活动中广泛应用系统分析的方法，要求用系统的观点来分析质量问题和质量管理问题。

④ 管理的科学理论，特别是行为科学的理论有了很大的发展，认为只重视数理统计方法是不够的，应该更好重视人的因素，重视人的质量意识，充分调动企业全体人员在提高产品质量方面的积极性和创造性。

⑤ 保护消费者利益的运动蓬勃发展，出现了产品责任制度，这迫使制造和销售厂商必须更好地注意产品质量，从而要求加强质量保证活动。

⑥ 市场的竞争越来越激烈，质量成为争夺市场、开拓市场和占领市场的关键。

基于上述原因，美国通用电气公司质量总经理菲根鲍姆(A. V. Feigenbaum)于 1961 年首先在《全面质量管理》一书中提出了全面质量管理的概念。他指出："全面质量管理是为了能够在最经济的水平上，并考虑到充分满足顾客要求的前提下进行生产和提供服务，并能把各业务部门在设计质量、维护质量和提高质量的活动构成为一体化的一种有效体系。"

菲根鲍姆主张，应改变单纯强调数理统计方法的倾向，力求广泛应用组织管理的技术与方法。在保证产品质量的前提下，应讲求经济性，努力降低质量成本。要对产品质量形成的全过程进行管理，即不仅要控制产品制造过程的质量，而且要控制设计、试验、安装、调试、售后服务与使用过程的质量。

这一理论起源于美国,但真正发挥实效却是在日本等国家。日本引进美国的统计质量管理与全面质量管理的理论和方法后,结合日本国情,又吸收了中国的工人参加管理,干部、技术人员与工人三结合等经验,丰富、完善及发展了全面质量管理,并从单一工序控制发展成为质量保证体系。

总之,自菲根鲍姆提出全面质量管理的理论之后,全面质量管理的观念逐步被世界各国所接受,而且世界各国的质量管理专家、学者在统计质量控制的基础上,广泛吸收各种现代学科的理论,把技术管理、行政管理和现代经营管理方法结合起来,形成了一整套全面质量管理的理论和方法,使质量管理发展到一个新的阶段即全面质量管理阶段。

从质量管理的发展历程来看,各阶段并不是完全相对独立的,而是交叉并存的。三个发展阶段的特点和理论基础如表 2.1 所列。

表 2.1　质量管理发展各阶段特点与理论基础

阶段名称	质量检验阶段（20 世纪初—30 年代）	统计质量管理（20 世纪 40—50 年代）	全面质量管理（20 世纪 60 年代至今）
阶段特点	质量检验制专业化,实施事后把关:预先制定产品的技术要求和加工精度要求,检验人员按要求利用各种测试手段对零部件和成品进行检查,做出合格与不合格的判断,不允许不合格品进入下一道工序或出厂	利用数学工具,实施缺陷预防:从单纯依靠质量检验的事后把关,发展到工序质量控制,突出了缺陷预防的质量控制作用;在质量控制中引入统计数学方法,强调一切用数据说话,即定量的质量管理	现代质量观的建立:强调质量不仅限于产品质量,还包括服务质量和工作质量等;质量特性不限于功能性,还要包括可靠性、维修性和经济性等;质量不限于生产过程,应包括产品全寿命周期各阶段;质量不仅是管理者、检验者的事务,而是企业全体人员的共同事务,质量第一,人人有责
理论与技术基础	美国泰勒提出的科学管理理论为质量检验专业化奠定了基础;在大量生产条件下的产品互换性要求基础上产生的公差配合理论为制定产品加工精度的检验标准奠定了基础	在 20 世纪 20～30 年代,英国数学家费希尔(R. A. Fisher)提出的方差分析与实验设计理论,美国贝尔实验室休哈特提出的统计过程控制理论及过程控制工具——控制图和美国贝尔实验室道奇(H. F. Dodge)和罗米格(H. G. Roming)提出的抽样检验理论均为缺陷预防提供了重要的理论基础	在 20 世纪 50 年代产生的系统科学理论,使质量管理走上了系统工程的道路;质量功能展开技术的出现,使用户需求转换成产品设计和工艺要求有了科学的方法;可靠性、维修性和健壮性理论和技术使提高产品设计质量有了系统的科学方法;运筹学使追求服务质量的完美有了理论基础
意义	质量检验专业化具有重要的历史意义和现实意义	事后检验到缺陷预防是质量管理观念的一大飞跃	质量管理的全局性、系统性和综合性奠定了现代质量观

从质量管理科学的发展历程可以看出,质量管理的时间、空间观念在不断变化,其深度、广度和过程都在不断发展。每一次产品质量观念的飞跃都伴随着科学技术的革命和变革。进入 21 世纪后,质量管理将进入一个新的发展阶段,质量将受到政治、经济、科技、文化及自然环境的制约而同步发展,质量管理系统将作为一个子系统而在更大的社会系统中发展。质量管理将向社会质量管理(social quality management,SQM)和全球质量管理(global quality management,GQM)的新阶段迈进。

2.2　中国质量管理的发展

我国从 50 年代起，直到 1977 年止，所实行的质量管理制度，基本上是单纯的质量检验制度。这种质量检验制度在当时的计划经济和商品短缺的经济条件下，对保证产品质量、促进国民经济的发展发挥了重要作用。

1978 年以后，特别是党的十一届三中全会以后，以北京内燃机总厂为试点的机械工业系统开始推行全面质量管理，取得了初步成效。同期，在中国公交企业推行全面质量管理，群众性的质量管理小组(QC)在各个企业普遍开展。质量管理小组是由生产一线工人自愿组织起来以解决产品质量关键问题和薄弱环节的群众性组织，是工人参加质量管理工作的一种形式。它的活动内容主要是以提高产品质量为中心，有重点地解决某些质量疑难问题，开展质量攻关活动，学习质量管理知识，交流质量管理经验，并对企业质量管理工作中存在的问题进行调查，提出改进措施。由于质量管理小组在生产活动中对产品质量有着明显的保证作用，因此备受企业领导和工人群众的欢迎，它的发展势不可挡，从 1978 年—1980 年的两年时间里，全国就有近 20 万个小组，参加的职工约 3 000 多万人。如此雄厚的群众基础，为全面质量管理在中国的推行奠定了坚实的基础。

在国家有关部门的领导下，为推进全面质量管理活动的发展，相关部门制订和颁布质量标准，建立健全了质量管理体系和质量指标体系两大质量保证体系，并颁布了质量管理的政策。还于 1979 年开始了第一次“质量月”活动，同年成立了全国性质量管理学术团体——中国质量管理协会。在中国质协统一组织下，全国各地区、各部门有组织地开展了全面质量管理活动，协助和指导企业制定质量管理标准，建立质量目标和质量检验制度等。通过一系列的探索和实践，我国质量管理到达了一个新的水平。

ISO 9000 族标准得到了大多数工业发达国家的认可，说明了 ISO 9000 族标准具有广泛的适用性和指导性，在国际贸易中发挥了重要作用。为了参与国际竞争，促进国内外贸易的发展，按照等效采用 ISO 9000 系列国际标准的原则，我国在 1988 年正式发布了 GB/T 10300—88 系列国家标准。为了进一步与国际惯例接轨，国家技术监督局于 1992 年 10 月决定等同采用质量管理和质量保证标准，颁布了 GB/T 19000 系列标准。1994 年 12 月 24 日，国家技术监督局颁布了 GB/T 19000 族标准，使之更科学、实用和具有可操作性。2000 年 12 月在 2000 版 ISO 9000 国际标准发布后不久，国家质量技术监督局就发布了 GB/T 19000—2000 系列质量管理国家标准。随后国防科工委和总装备部也各自发布了 2000 版国防工业质量管理体系标准，用于指导军工企业开展质量管理和质量认证工作。

近年来，世界范围内人们对质量管理的关注热情越来越高，质量管理的理论和方法也在不断发展和进步。我国对质量的认识及在质量管理方面也发生了巨大的变化，通过实施全面质量管理和 ISO 9000 认证工作，大幅度提高了产品的质量水平，取得了举世瞩目的成就。

2.3 国防科技工业质量管理工作回顾

我国国防科技工业质量管理工作基本上遵循着质量管理发展的客观规律，并伴随着国防科技工业的发展形成了自己的发展历史，既有丰富的实践经验，也有需汲取的惨痛教训，可供在以后的工作中借鉴。

2.3.1 从检验把关起步

国防科技工业质量管理工作起步于新中国成立以前的革命根据地。革命根据地的军工企业刚刚开始时，虽然没有专设的检验机构，但对铸造、锻造和机械加工零件，除工人自检及班组长抽检外，每个工序都有专人负责检验，严格把关。1940 年 4 月，彭德怀副总司令指示工厂要实行企业管理，各工厂制定了包括检验制度在内的各项管理制度。在军工检验制度中，规定了产品质量检验工作由厂长、所长直接领导，军工部的检验工作由工程科负责，各厂、所的检验工作由工务机关担任，晋察冀的兵工厂还制定和实施了产品质量个人负责制。1947 年，在兵工厂产生了专职检验机构，即质量检验组，并在修订的检验制度中规定要挑选政治条件好、责任心强、细心、耐心、肯钻研和技术水平高的同志担任检验员，对产品质量严格检查，可修品立即返修，不可修的坚决报废，及时反映与纠正各种偏向。以后，又专项制定了质量检验组办事细则，对木型、毛坯、半成品和成品以及修配品、特殊工具等的检验，废次品的处理等都做了详尽而明确的规定。为了进一步调动检验人员的积极性，提高检验工作质量，1949 年 5 月，相关部门制定颁发了“完成部与检验股包工办法”，规定检验部门的职工在计件工资以外，增加了“质量奖”、“检查奖”等几种办法来保证产品质量。这一办法的制定和实施，对提高检验工作质量，保证产品质量，起到了积极的促进作用。

新中国建立以后，随着形势的变化和抗美援朝战争的爆发，武器的生产任务大量增加，产品的复杂程度也随之增高，现行的质量检验工作已不能满足要求。主要表现在以下两个方面：一是检验机构不健全，有些还没有完全独立。据对当时兵器工业 29 个工厂的统计，有 21 个厂建立了质量检验机构，其中只有 5 个厂的检验组织直属厂长领导，还有 8 个厂没有建立检验机构。二是检验制度不完善，检验人员的职责不够明确，检验人员素质不高，有的还不能独立掌握质量标准和行使把关职能，加之产品型号杂乱，式样落后，规格不一，因而使产品质量得不到保证。为此，1950 年 1 月，东北人民政府工业部作出《关于保证产品质量，建立严格检查制度的决定》，要求各企业迅速建立健全检验机构；一切产品必须经过检查合格后才能出厂；各企业的检验组织应受上级检查部门与企业负责人的双重领导。1951 年 4 月，在中央人民政府颁发的“兵工总局组织条例(草案)”中要求：各局、各区及各工厂都要建立检验机构，使技术检验监督工作具有法定的执行单位。中央军委和政务院颁发的《关于航空工业建设的决定》中专门写了一条“为提高产品质量，航空工业局和空军司令部应分别成立检验机构和验收机构”。1950—1952 年，各军工企业都先后建立了独立的检验机构，在采用前苏联的管理模式和工作经验的基础上，制定了相应的管理制度。1953 年原第二机械工业部设立了质量检查司，先后制定了《检验科工作条例》、《新产品试制条例》等法规性文件，1954 年原航空工业局下达了“严格执行十二条检验工作技术条令”的命令，这些文件和技术条令的建立和贯彻，大大改变了质量管理无章可循的局面。在此基础上建立起来的检验工作制度开始从控制最终成品质量延伸到生产过程的控制，严格了质量责任制。

从试制制式产品开始，国防科技工业逐步形成了质量技术监督制度。1952 年 5 月，中央决定试制第一批 18 种陆军制式武器(其中 15 种是前苏联制式产品)。在试制生产中，检验部门派员参加试制委员会，参与各项试验和研究分析，提出控制质量方案和预防措施，协助拟定各项技术规程，并对工艺装备、加工设备和生产环境等进行监督，试行了“质量事故分析通知书”，对废品进行严格管理等，保证了制式产品试制生产的顺利进行。从 1954 年开始，国防科技工业企业逐步加强了标准化和计量、理化等各项技术基础工作，到 1957 年，各企业已建立起从生产准备、原材料投入到产品出厂的一整套技术检验监督制度，初步形成了技术检验监督的工作体系。

2.3.2　质量工作的起伏

1958 年，我国开始了“大跃进”运动，质量工作受到了严重冲击。质量检验被认为是不相信群众，对群众实行“管、卡、压”的手段，因而取消了对质量检验工作统一负责的总检验师职务，检验机构下放到车间甚至工段、班组，原来行之有效的“首检三检”、“工序检验”由工人自己承担，许多技术管理和检验工作的制度或明令废除或名存实亡，其结果是产品质量严重下降，质量事故屡有发生，给国家造成了巨大的损失。在大跃进群众运动中，航空工业领导机关迫于当时的主、客观形势，向所属企事业单位发出了不要再提“质量第一”的口号的通知。到了 1960 年，大批飞机、发动机、仪表、电器和附件都发生了质量问题，空、海军部队连续发生了由于制造质量而造成等级的飞行事故，厂内的大量返修排故实际上已导致生产瘫痪，用户对产品失去了信任感和安全感。

在问题成堆，多生产就意味着多浪费，可能造成更大损失的形势下，国防工业系统开始进行整顿。1960 年 12 月，中央军委主持召开了国防工业系统三级干部会议。这次会议提出用“一刀两断”的精神整顿质量、整顿队伍和整顿纪律，要求对产品重新组织优质过关，开展了以整顿领导干部思想作风、整顿产品质量为中心的质量整风运动，使产品质量低劣、大量返修和成批报废的状况得到了根本好转。

国防工业三级干部会议后，被冲掉的规章制度得到了恢复和发展，全行业的质量状况得到稳定和提高。航空工业经过三年的艰苦努力，各厂才又陆续生产出合格的飞机、发动机。1962 年，《国防部第五研究院暂行条例(草案)》发布，其强调要按研制程序办事，充分做好地面试验，要求全体航天从业人员具有“三严”作风，树立“严格的要求，严肃的态度，严密的方法”。为了保证和提高导弹的质量与可靠性，按照钱学森同志的倡议，航天工业组建了专家工作组，培训质量管理干部，推行、应用统计质量控制方法和可靠性技术，并在原七机部组建了“质量控制研究所”。

但是，1966 年开始的文化大革命使国防科技工业，尤其是航空工业和兵器工业的质量管理工作受到了严重摧残。质量检验成了被“砸烂”的对象，当时的“斗、批、改”和“革命大批判”把反映复杂生产过程和与技术要求相适应的规章制度当做修正主义的产物，对产品质量的控制被认为是束缚群众运动的绊脚石。各基层单位普遍把集中领导的检验体制下放到车间、班组，或者干脆取消了检验机构，让检验人员下放劳动，从工厂到车间、班组很大程度上取消了质量检验把关作用，形成材料进厂不复验、出库不验单据、零件加工不检验以及质量指标不考核的局面，产品质量处于失控状态；据航空工业统计，仅1969年至1971年三年发生的质量事故就高达125起。

这种严重的事态使周总理焦虑万分。周总理看到空军上报的一个航空发动机工厂由于不执行检验制度造成的质量问题时严肃批评说：怎么能对自己同志的生命这样不负责任呢？一个军事工厂搞成这样怎么行？检验是不能放松的，改革不合理的规章制度，合理的还是要保留，一概取消是不尊重科学的。他要求检验制度马上恢复。1971年底，周总理委托叶剑英元帅主持召开了航空产品质量座谈会，周总理、叶剑英和李先念等领导一道听取了沈阳飞机制造公司、黎明发动机公司的质量汇报，并作了重要指示。这次座谈会之后，各企事业单位紧急行动起来，采取思想发动、充分暴露、系统整改和检查总结等具体措施，初步纠正了取消检验和合理规章制度的不正常状况，产品质量开始好转。但是，1974年1月的"批林批孔"运动又一次使企业管理陷入混乱。1975年初，邓小平同志主持国务院和中央军委日常工作，坚持整顿的方针，旗帜鲜明地指出："质量第一是个重大政策"。1975年7月，中央召开了国防工业重点企业会议，专题研究了整顿企业的问题。邓小平、叶剑英和李先念同志到会做了重要指示。针对国防工业的整顿问题，邓小平同志指出："一定要坚持质量第一。这个问题很重要，特别是军工产品。在战场上关键时刻有几发炮弹打不响，就可能影响整个战斗。现在的军工产品是现代化的武器，更要注意这个问题。我最近看了一些材料，说有多少国防工厂完成产值多少，产品质量好的和比较好的达到百分之九十五以上。你们切不可满足于这些数目字，这个话以后少讲为好。说产品质量大多数是好的，这不解决问题，有时恰恰在百分之一甚至在百分之零点五里面，关键产品、关键零件出了问题。国防工办要注意这个问题。现在飞行事故多，当然这里面有部队训练不好、飞行员素质差、地面指挥水平低等问题。但是也要研究飞机质量方面的问题，有相当一部分事故，是由于那个百分之一甚至百分之零点五里头的零部件出了问题。在检查的时候，就是那个百分之零点五没有检查到。我们有几次科学试验没有成功，经过检查，并不是技术没有过关，而是那百分之一甚至百分之零点五的零部件质量没有过关，就是那么一点点没有达到要求。质量问题与建立规章制度有关。没有必要的责任制度，质量难于保证，这方面要很好地整顿。"这次整顿，虽然时间不长，却取得了较好的成效。但由于"四人帮"刮起了"反击右倾翻案风"，使整顿工作又受到了严重干扰。质量反复的问题一直持续到1976年，由于"四人帮"的垮台才从根本上扭转了局势。

2.3.3 走向法治

1978年7月30日，国务院、中央军委批转国防工办《关于发动群众彻底整顿产品质量的请示报告》遵照国务院、中央军委的批示，军工企业进行了全面的质量整顿，大体上用了三年时间，在岗位责任制、检验机构、原材料和配套产品、设计图纸和工艺文件、工艺纪律、工艺装备、机床设计、不合格品管理、质量原始记录以及职工培训等十个方面开展十查十整，并逐个组织了整顿验收和复查，基本上改变了十年内乱造成的混乱状态，扭转了军工产品质量失控的被动局面。

在整顿质量的基础上，1979年军工企业从教育培训入手，经过试点，逐步推行全面质量管理，在开展群众性的质量管理小组活动，加强质量控制，以工作质量保证产品质量，以及创优质产品等方面，进行了有益的尝试。1983 年 11 月 9 日，在推行全面质量管理的基础上，借鉴美国的经验，国防科工委颁发了《军工产品质量控制暂行条例》，对研制、生产全过程提出了实行全面、有效的质量控制要求。1987 年 5 月 25 日国务院、中央军委批准，同年 6 月 5 日原国防科工委发布了《军工产品质量管理条例》，使国防科技工业质量管理开始了从人治走向法治的征途。

20 世纪 80 年代中至 90 年代初，国防科技工业系统的质量工作是以贯彻《军工产品质量管理条例》(简称《条例》)，实行质保体系考核为主线展开的。《条例》是国防工业质量法规、经验的总结，根据“一次成功，系统管理，预防为主，实行法治”的指导思想，系统地规范了型号研制、制造过程的质量保证和质量管理活动，其中研制过程质量保证要求主要是总结了航天工业经验。通过《条例》的宣传贯彻，培养了队伍，加强了质保组织，促进了质量责任制的落实和设计、制造过程的改进，完善了质量监督，建设了文件化的质量体系，提高了质量保证能力。

《条例》规定承担研制任务的单位要编制可靠性大纲，运用可靠性维修性分析技术，加强质量与可靠性信息管理，这也极大地推动了国防科技工业可靠性工作的开展。随后，于 1987 年 9 月发布了 GJB 368—87《装备维修性通用规范》，于 1988 年 3 月发布了 GJB 450—88《装备研制与生产的可靠性通用大纲》，这些标准的发布与实施，促进了武器装备可靠性工程和管理的规范化、标准化。

根据《条例》的规定，从 1988 年开始，对军工产品承制单位的质量保证体系进行了考核。经过近五年的努力，共考核 809 个单位，其中 804 个单位获得了《军工产品承制单位质量保证体系合格证书》。对军工产品承制单位质量保证体系普遍进行考核，强有力地推动了《条例》的深入贯彻落实，提高了军工企事业单位的管理素质，增强了产品质量的保证能力。这也为随后实施质量体系认证制度准备了条件。

2.3.4　与国际接轨

随着科学技术和世界范围的经济、贸易交往迅速发展，质量成为一个永恒的、跨越国界的主题。按照国际质量管理体系标准建立质量体系，以促进经济和社会发展已受到普遍重视。为了适应军工质量管理面临的新形势，进一步加强军工产品的质量管理和质量体系建设，实现与国际接轨，从 1993 年起，国防科技工业开始实行质量保证体系考核向认证管理转变，并指导军工产品承制单位的质量体系走“军民一体化”的道路。经过几年的探索，国防科技工业系统在国家系列标准《质量管理和质量保证标准》的基础上，增加军工的特殊要求，于 1996 年编制了《质量管理和质量保证》国家军用系列标准，作为军工产品承制单位质量体系认证的依据，军工产品承制单位依据此标准进一步完善质量体系。

与此同时，国防科技工业加强了对外合作和技术引进工作。如航空系统与波音、美国通用电气公司及麦道公司等在民用航空产品合作生产和外来加工方面进行了卓有成效的合作，在引进技术的同时，引入了大量的质量管理技术和方法；航天系统引进国外空间产品保证管理技术，并在一些型号中开始推广应用。这一时期，国防科技工业在抓质量体系建设的基础上，进一步加强了型号的质量与可靠性工作，在实践的基础上，形成了一些行之有效的办法，如航天系统颁发了“强化航天科研生产管理的若干意见”和“强化型号质量管理的若干要求”，“归零双五条”等。

2.3.5 质量管理新开端

1999年初，根据国务院领导的批示，以航空总公司为重点在全行业开展了质量整顿工作，各单位围绕军工科研生产管理和质量可靠性工作的薄弱环节开展了一系列的整顿工作，取得了一定的效果。这一年，国防科技工业管理体制发生了重大变化，质量管理也开始了新的开端。为使国防科技工业质量工作在较短时期内取得突破性进展，国防科工委根据当前国防科技工业质量工作存在的问题，采取了一系列重大举措。2000年，发布了《国防科工委关于加强国防科技工业质量工作若干问题的决定》，明确了这一时期国防科技工业质量工作的重点是加大管理力度，落实质量责任，强化素质教育，深化体系建设，严格过程控制，健全监督机制。2001年，又印发了一系列相关文件，要求各单位在科研生产中严格贯彻落实。同年，国防科工委发布了2001年版质量管理体系国家军用系列标准，引导军工产品承制单位的质量管理体系建设，并与国际接轨。

国防科技工业质量管理的实践证明：坚持“军工产品质量第一”的方针，质量管理就迅速发展，产品质量就不断提高；反之，当这一方针的贯彻受到干扰破坏，质量管理就停滞不前，产品质量就严重下降，国防科技工业生产就遭受损失。新中国成立以来，国防科技工业贯彻“军工产品质量第一”的方针并非一帆风顺。在实际工作中，特别是在处理数量与质量的关系上，往往出现偏差，致使一些型号在研制过程中出现重大质量事故，造成重大经济损失和社会影响；“大跃进”和“文化大革命”运动，对质量管理的干扰和破坏，都集中破坏了“军工产品质量第一”的方针，使国家和国防科技工业遭受了严重损失。多年来，国防科技工业领域广大干部和职工，经过长期的实践，深刻认识到，任何军工产品，数量和质量都是不可分割的，没有质量的数量是没有任何意义的，以质量求生存是国防科技工业发展的必由之路。

产品质量改进是没有终结的，质量管理的发展也是没有止境的。只有坚持“军工产品质量第一”的方针，实施科学的质量管理，才能确保军工产品的质量满足要求。在当前的新形势下，人们应从国防科技工业的实际情况出发，不断地跟踪、分析和研究国外有关质量管理的演变和发展，悉心研究新形势下国防科技工业质量管理面临的新情况、新问题，以适应武器装备发展和国防科技工业发展的需要。

2.4 全面质量管理概述

2.4.1 全面质量管理的概念

全面质量管理是质量管理学发展的最新阶段，实现全面质量管理是提高产品和服务质量，提高企业素质，提高经济效益的有效方法。

美国质量管理学家菲根鲍姆最早提出全面质量管理概念，他给出的全面质量管理的定义是：“全面质量管理是为了能够在最经济的水平上并考虑到充分满足用户要求的条件下进行市场研究、设计、生产和服务，把企业内各部门的研制质量、维护质量和提高质量的活动，构成为一体的一种有效体系。”

日本质量管理学家石川馨博士给全面质量管理的定义是：“新的质量管理，是就有关经营的一种新的想法和看法”。新的质量管理，是开发、设计、生产、销售和服务的最经济，最有用的，而且购买者能满意的质量产品。

国际标准 ISO 8402:1994 中对全面质量管理的定义是：“一个组织以质量为中心，以全员参与为基础，目的在于通过让顾客满意和本组织所有成员及社会收益而达到长期成功的管理途径。”

根据全面质量管理的以上定义，对“全面”一词的理解应注意以下两个方面：

① 这里的“全面”是相对于统计质量控制而言的。要生产出满足用户要求的产品，单纯依靠数理统计方法控制生产过程是很不够的，还需从质量管理学的理论、方法和成果三者密切统一的要求出发，注重一系列的组织管理工作，从而更全面地去解决现代产品质量问题。

② 这里的“全面”’还相对于制造过程而言的。产品质量有个产生、形成和实现的过程，不仅包括制造过程，还包括市场调研、设计、研制、制订标准、制订工艺、采购、安装、加工制造、工序控制、检验、销售和售后服务等一系列过程，这一系列过程构成了一个系统网络。这一网络中的各个环节相互制约、相互促进。质量的形成发展和完善过程是一个螺旋式上升的过程。全面质量管理就是要组织管理这些研制质量、维持质量和持续质量改进的活动，而不局限于只对制造过程实行控制。

2.4.2　全面质量管理的特点

全面质量管理具有以下几个特点：

① 强调了一个组织必须以质量为中心，否则不是全面质量管理。

② 强调了全员参与。

③ 强调了全员的教育与培训。

④ 强调了组织的最高管理者的强有力的和持续的领导。

⑤ 强调了质量持续改进和谋求长期的经济效益和社会效益。

根据全面质量管理的含义，在推行全面质量管理时，就有“三全一多样”的要求：即全面的质量管理、全过程的质量管理和全员的质量管理，所采用的质量管理方法多种多样。

(1) 全面管理质量

质量可以分为狭义的质量和广义的质量。狭义的质量，通常主要是指产品的技术性能(如精度、耐用度和操作安全等)，而全面质量管理中的“质量”是广义的质量，除了技术性能以外，它还包括服务质量和成本质量等。

美国质量管理学家戴明(Deming)指出：“质量是低成本下的可预测的吻合度和可靠性并符合市场要求”。这种观点把质量与成本联系起来，即一定的质量要与相应的成本相适应。价廉物美，是人们购买商品时不可忽视的原则，质量再好，如果价钱太贵，超过社会上一般的购买力，这样的产品也不一定受到欢迎。

随着人们质量意识的提高，对服务质量提出了越来越高的要求。对硬件产品来说，服务质量指在用户购买该产品前的质询中，厂商就如实地将质量状况告知用户，准时交货，通过培训帮助用户解决安装、操作和使用中的问题，同时提供完善的售后服务、方便的维护修理，及时地提供配件。本着用户至上的观点，在同用户的关系中，态度要热情、主动和积极。现代企业质量管理中，服务质量具有重要的地位；诚然产品本身的质量是取得用户信誉的前提，但良好的服务质量，也是提高用户满意度的重要条件，甚至提高服务质量能够在一定程度上补偿产品本身某些质量的不足。所以提高服务质量是加强市场竞争能力的一种重要手段。

全面质量管理的另一个含义是，产品质量是企业一切工作质量和工序质量的结果，而企业工作和工序质量是产品质量形成的保证。实施质量管理应当从全局和系统的高度来提高工作质量和工序质量，控制影响产品质量的因素，从质量形成的源头做起，而不是单纯地只看产品结果，这是全面质量管理的一条重要经验。企业的一切工作质量和工序质量管好了，产品质量也就有了保证。

(2) 全过程的质量管理

质量形成于生产的全过程，产品质量是通过市场调研、方案论证和设计试制把质量规定下来，再经过制造、检验、装配和安装调试把质量兑现出来，并经过运输、交付、培训使用和维修等过程将质量维持下来。也就是说，产品的质量决定于设计质量、制造质量和使用质量等全过程。为此，为了提供用户满意的产品，必须在市场调查、产品的选型、研究试验、设计、制造、检验、运输、储存、销售、安装、使用和维修等各个环节中都把好质量关。在全过程质量管理中，除了基本生产过程以外，还要重视辅助生产过程的质量管理，如工具、动力和机修等生产中的质量。这些都是保证工序质量的重要条件，也是影响产品质量的重要因素。

全过程中各个环节的协调和信息的反馈是非常重要的。制造过程中可以反映出设计过程中的质量问题，使用过程中又可以反映设计和制造过程中的质量问题；及时地把这些缺陷或故障信息反馈到有关部门加以分析研究，找到主要原因，采取有效措施，并加以落实，这一过程是现代企业质量管理中的重要环节，是产品质量持续改进、产品质量提高的重要基础。

(3) 全员参与的质量管理

产品和服务质量是企业一切工作质量和工序质量的综合反映，而工序质量最终也取决于有关的工作质量。企业中每一个员工的工作质量都必然直接或间接地影响到产品和服务的质量。所以，全面质量管理的一个重要特点就是要求企业的全体人员都参加到质量管理工作中来。

在开展质量管理活动中，人是最积极、最重要的因素。“质量第一，人人有责”，全面质量管理格外强调调动人的积极因素的重要性。这是因为现代化生产多为大规模系统，环节众多，联系密切复杂，远非单纯靠质量检验或统计方法就能奏效的。必须调动人的积极因素，加强质量意识，发挥人的主观能动性，以确保产品和服务的质量。

要提高质量意识，调动人的积极因素，一靠教育，二靠规范，需要通过教育培训和考核，同时还要依靠有关质量的立法以及必要的行政手段等各种激励及处罚措施。

全员参加质量管理，要求企业的经营者重视并参加到质量管理工作中来，同时在生产过程中，动员全体员工参加改善产品质量的活动，组织各种形式的质量管理小组，及时从技术上和组织措施上解决现场中所出现的各种质量问题，特别是关键的质量问题。有没有“全员参加”是衡量全面质量管理开展好坏的一个重要标志。

(4) 多样化的质量管理

采用多种多样的方法进行质量管理是现代化大生产和科学技术发展的必然要求。随着生产规模的扩大和生产效率的提高，对产品的性能、精度和可靠性等方面的质量要求也大大提高，检验测试的工作量成倍增加，相应对质量管理也提出了许多新的要求，促进质量管理工作更加自觉地利用先进科学技术和科学管理方法。针对不同的情况综合使用质量管理新老七种统计工具、PDCA循环法，价值分析法，质量功能展开（QFD）、正交设计（DOE）、田口方法、并行工程、统计过程控制（SPC）和6σ的质量改进DMAIC的科学方法等。

2.4.3 全面质量管理的系统观点

(1) 产品质量

产品质量的概念是随着科学技术的发展和生产活动的进步而有所深化和发展的。旧有的质量概念是狭义的，把产品质量视为产品的单纯技术性能，考核其对技术条件的符合程度。全面质量管理范畴中的产品质量是广义的。产品质量，是指产品满足使用要求所具备的特性，即适用性，一般包括性能、寿命、可靠性、维修性、保障性、测试性、安全性和经济性。

产品的性能，是指产品应达到的使用功能要求。这些要求有主要、次要之分，称之为基本功能和辅助功能。例如，电视机的基本功能是要求为人们正确地再现电视台播发的电视节目，图像要真切、清晰、完整、稳定……声响要清晰、悦耳……辅助功能是形状、重量和外观等等。各种不同产品的性能要求，由各自的技术标准加以规定。

产品寿命，是指产品能够发挥功能的期间，即为产品服役的总龄。一般也由技术标准对最低时限加以规定。

产品的可靠性，是指产品在规定时间内、规定条件下，完成规定功能的能力。例如机床的精度保持水平、电视机的平均无故障运行时间等等。可靠性是批量产品在使用过程中表现出来的综合性的质量指标。

产品的安全性，是指产品在流通和使用过程中保证安全的程度。一般说来要求极其严格，应视为需要绝对保障的。

产品的经济性，是指产品全寿命周期费用的大小。要求产品制造成本低，售价便宜；使用效率高，动力或燃料消耗低；在维修保养上省事、省时间及省钱等。

上述是由产品本身体现出来的质量内容，综合起来可以说是产品的全面质量概念。从产品的经营管理角度，还要考虑产品的销售和服务过程的“质量”。全面质量包括：性能、寿命、可靠性、安全性、价格、交货期及服务等。

这里的交货期不仅仅是指履行合同规定的交货时间，而且应广义地理解为产品开发、研制和提供商品的及时性。就是说，社会需要某一产品，企业能马上提供出来，这也是一种重要的质量因素。

(2) 工作质量

一讲全面质量，有些人就误认为一切素质概念的东西都包含在内，误以为全面质量管理包罗一切了，尤其对什么是工作质量概念不清，往往把一些无关质量的推诿、扯皮“踢”给质量管理，甚至归罪于全面质量管理。因而，全面质量管理范畴的工作质量的概念必须澄清。

工作质量是产品质量的保证，它反映了同产品质量直接有关的工作对产品质量的保证程度。例如，设计工作质量、制造或施工工作质量、检验工作质量、服务工作质量和管理工作质量等。

工作质量涉及企业的所有部门和人员，就是说企业中每个处室、分厂和工段，每个工作岗位都直接或间接地影响产品质量。

工作质量与产品质量是两个不同的概念，但它们之间有着密切的关系。简单地说，工作质量是产品质量的保证，产品质量是工作质量的结果和反映。开展全面质量管理就是要采取行之有效的措施，不断提高工作质量，从而去保证和提高产品质量。

(3) 工序质量

产品的生产过程中，也就是质量的形成过程中，受一些重要因素的影响。分析归纳起来，所有产品的生产过程中，影响或决定产品质量的重要因素主要有人、机器、方法、材料和环境(4M1E)这五个方面。这五个方面的素质或状态如何，密切关系到产品质量的好坏。质量管理的任务是把它们控制在良好的状态下。

工序质量是工作质量与产品质量间的桥梁。也就是说，工作质量影响工序质量，工序质量影响产品质量。

2.5 全面质量管理的基础工作

2.5.1 标准化工作

标准是从事生产、建设等各项工作的一种共同的技术依据，是综合了生产实践、科技成果，加以研究制定并经过一定程序批准，在一定范围内共同遵守的技术规定。凡正式生产的工业品、各类工程建设、环境条件和安全卫生等都必须制订标准，并在工作中贯彻执行。实现标准化，有利于保证和提高产品质量，保障用户的利益并便于产品的使用与维修。在生产中，推行标准化可以减少设计和工艺准备的工作量，保证产品的互换性，便于组织专业化生产，促进劳动生产率的提高和降低产品成本。除了有关产品设计与工艺的技术标准外，还有各项管理标准。后者在企业范围内更有突出的指导作用。质量管理的过程就是对标准的采用与实施的过程，需要保持生产过程中标准的统一性、权威性和约束力。同时，要认识到标准是产品质量应达到的最低期望值，而不是最高水平。例如，按照国家规定，达到国家标准的是合格品，超过国家标准、处于国内先进水平的才是一等品。随着生产技术水平的进步，既应保持标准的相对稳定，又应定期加以修改和提高，力争尽快与国际水平接轨。

2.5.2 计量工作

大多数质量特征都可以定量化。因此，计量工作就成为全面质量管理的重要基础工作之一。基础计量管理包括计量标准的贯彻、精密测量技术的推广、理化试验鉴定和技术分析等工作。基础计量管理工作的基本要求是：严格保持测量手段的量值的统一、准确和一致，并符合国家标准；保证测量仪器和工具质量可靠稳定以及配套；定期对全厂量具进行检定和维护，禁止不合格量具投入使用；完善测量技术、测量手段的技术改造和技术培训工作；逐步实现计量工作的科学化与现代化。

对于不能定量的质量特征,如外观、形态、色、香、味、包装及内部缺陷等要逐步改进评价指标及评价方法,使之更完善,更科学化。

2.5.3　质量信息工作

质量信息是指反映产品质量形成及质量经营活动中的产品全寿命周期各阶段质量特性及其变化规律的数据、报告和资料的总称。质量信息包括论证、方案、研制、设计、制造、检验、交付及使用等全寿命周期内的所有质量信息。及时、正确、完整、连续和规范的质量信息是企业制定质量政策、目标和措施等的依据。质量信息的收集、分析、处理、存储和传递是各过程质量控制的必要条件。质量信息是多方面的,它包括国内外有关的科技发展状况,同类产品质量情况及发展趋势,市场需求的变化及质量反映,企业内部在产品研制与制造过程中的质量信息等。应该建立企业的质量信息管理系统并和企业内外的质量跟踪系统结合起来,使之成为企业管理信息系统的有机组成。要确定质量跟踪点、质量信息反馈程序和时限要求,以保证质量信息的及时性。做好质量信息工作还要和企业的生产统计分析工作结合起来,要完善质量指标体系,使质量信息工作规范化、制度化和标准化。

2.5.4　质量教育工作

日本质量管理的发展和产品质量提高的一个重要的原因就是广泛开展了质量教育和培训。二战以后的日本其产品质量低劣。50 年代美国质量管理学家戴明(Deming)和朱兰(Juran)到日本,从教育和培训入手,帮助日本企业提高产品质量,取得了巨大成功,通过质量教育和培训,提高了人们的质量意识和管理水平。日本企业以提高产品质量为起点,进行全面质量改革,使生产得到快速发展。到 1980 年,日本在汽车、家用电器、造船、钢铁和机械等主要领域超过当时处于霸主地位的美国。

目前,我国部分企业的质量管理已经接近世界先进水平,但多数企业的产品质量仍存在着严重的质量问题。人们必须认识到我国目前产品质量问题的严重性,为此必须加强全员的质量教育和培训,提高人们的质量意识,积极采取先进国家成功的各种管理方法和有力的管理措施。特别目前在我国实行 ISO 9000 认证以及质量管理体系的建立和完善过程中,需要分层次、有针对性地开展内容广泛的质量教育,并加以考核,只有这样才能将质量工作做到实处,而不是流于形式。质量教育和培训的深度和广度在一定程度上反映了全面质量管理开展的力度。

可见,质量管理活动既是一个工作过程,也是一个教育过程,要“始于教育,终于教育”。特别在当前,质量管理正面临新的挑战,要适应新的经济环境,加强教育至关重要。

2.5.5　质量责任制

建立健全质量责任制就是要明确规定质量形成各阶段、各过程中企业内部各个部门、每个程序、每个岗位和每个人的质量责任,明确其任务、职责、权限及考核等,使质量工作事事有人管,人人有职责,办事按程序,工作有要求、有监督、有检查和有考核,职责分明,奖惩有制,从而把与产品质量有关的各项工作和全员的积极性结合起来,使企业建立起完善、严密的质量责任体系。

在企业实施的质量奖惩制度中,质量责任制要占主导地位,真正确立质量第一的地位,防止把质量工作放在次要位置。国内外不少企业在质量管理中实行了质量否决制,坚持有奖有罚,取得较好的效果。

2.5.6 质量管理小组

质量管理小组是全面质量管理的群众基础,体现了质量管理的全员参与的要求。它是以保证和提高质量为目的,围绕现场存在的问题,由班组工人或科室人员在自愿的基础上所组成的开展质量活动的小组。开展质量管理小组活动,要做到组织、研究课题、措施与效果"四落实",要把学习与创造相结合,成果发表与竞赛评比相结合,思想教育与物质鼓励相结合,稳步发展,不断提高。

质量管理小组是日本受到我国鞍钢宪法三结合小组的启发于 1962 年提出的。在日本和一些亚洲国家,质量管理小组比较普及,并已成为日本质量管理特色之一。

2.6 全面质量管理的基本原则

随着质量管理的深入发展,全面质量管理不仅形成了一套完整的理论和方法,而且形成了一套科学的管理思想。推行全面质量管理能否取得实效,关键在于能否正确掌握和运用它的基本思想,并与企业质量管理实践相结合。

2.6.1 质量第一的原则

任何产品都必须达到所要求的质量水平,否则就没有或未完全实现其使用价值,从而给消费者和社会带来损失。从这个意义上讲,质量必须是第一位的。我国"军工产品,质量第一"的观念在国防工业早已深入人心,这是经过付出了大量的人力、物力,甚至血的教训换来的,实践证明了"质量第一"的原则的正确性和重要性。

从 80 年代以来,国际市场的竞争异常激烈。日本在产品质量和经济上的成功与欧美工业发达国家的衰退,促使了欧美国家质量管理的复兴。例如,1984 年英国政府发起了一项质量改进运动,与此同时,美国政府也发起了一项有关质量的五年运动。现在西方国家又把统计过程控制列为现代高技术之一。市场的竞争归根结底就是质量的竞争,企业的竞争能力和生存能力主要取决于它满足社会质量需求的能力。1984 年首届世界质量会议提出"以质量求繁荣",1987 年第二届世界质量会议提出"质量永远第一",这些都说明"质量第一"的指导思想已成为世界各国的共同认识。

贯彻"质量第一"就要求企业全体职工,尤其是领导层,要有强烈的质量意识。要求企业在确定经营目标时,首先应根据用户或市场的需求,科学地确定质量目标,并安排人力、物力和财力予以保证。当质量与数量、社会效益和企业效益以及长远利益与眼前利益发生矛盾时,应把质量、社会效益和长远利益放在首位。

“质量第一”并非“质量至上”。质量不能脱离当前的消费水平,也不能不问成本一味讲求质量。应该重视质量成本的分析,把质量与成本加以统一,确定最适宜的质量。

2.6.2 用户至上的原则

在全面质量管理中,这是一个十分重要的指导思想和原则。“用户至上”就是要树立以用户为中心,为用户服务的思想,要使产品质量与服务质量尽可能满足用户的要求,产品质量的好坏最终应以用户的满意程度为标准。

作为企业就是要全心全意为顾客服务,坚持“顾客至上”的思想。它要求企业处处从顾客的利益出发,想顾客所想、急顾客所急以及帮顾客所需,认真听取顾客意见,提供使顾客满意的服务。为顾客服务是全面质量管理的基本出发点和落脚点,离开了为顾客服务,全面质量管理便失去了意义。

这里,所谓用户是广义的,不仅指产品出厂后的直接用户,而且指在企业内部,下工序是上工序的用户,下工段或下车间是上工段或上车间的用户等等。

2.6.3 以人为本的原则

在影响产品或服务质量的诸因素中,人的因素是首要因素,提高质量的根本途径在于不断提高企业全体员工的素质,充分调动和发挥人的积极性和创造性。全面质量管理倡导树立企业质量精神,创建质量文化,增强企业凝聚力,通过方针目标管理、质量管理小组活动以及合理化建议活动等形式,使人人都了解企业的质量方针与质量目标,参与质量经营。国际标准指出:任何组织中最重要的资源是组织中的每一个人,因为每个人的行为和绩效都直接影响产品的质量。该标准还就人员的选择、培训和激励等方面作出了具体规定。可见,全面质量管理同传统质量管理只注重发挥少数专家的作用和片面强调对人的活动加以严格限制的作法有着本质区别。

现代质量管理的观念认为,提高质量的关键是人不是物。因为“物”是靠人去创造发明、靠人去使用的,人是处于主动和积极的地位的。美国戴明博士在讲课中反复强调,振兴美国经济靠计算机能行吗?靠自动化能行吗?靠机器人能行吗?统统不行!只有靠企业全体职工,包括管理人员、科技人员和工人。当然,管理人员中最主要的又是高层领导人员即经营者。戴明认为,企业必须从过去“见物不见人”转变为充分发挥人的主观能动性、积极性和创造性。

2.6.4 预防为主的原则

全面质量管理强调“预防为主”,这同传统质量管理有着重要区别。全面质量管理坚持“预防为主”,就是要预先分析影响质量的各种因素,找出主导性因素,采取措施加以控制,变“事后把关”为主为“事前预防”为主,使质量问题消灭在质量形成过程中,做到防患于未然。尽一切可能把不良品消灭在发生以前,减少企业和社会的损失。

国际标准明确指出:“质量体系应强调预防性活动,以避免问题的发生,而不要错过发现和纠正可能发生故障的机会”。

2.6.5 用数据说话的原则

这就是要求在全面质量管理工作中具有科学的工作作风，在研究问题时不能满足于一知半解和表面现象，要对问题除去有定性分析外还尽量有定量分析，做到心中有“数”。这样可以避免主观盲目性。

所谓用数据说话的原则指的是以客观事实和数据为依据，来反映、分析和解决质量问题，掌握质量运动规律的管理思想。全面质量管理主张用数据和事实对质量现象进行分析和反映，依据分析的结果解决质量问题，反对凭主观印象、感觉进行质量管理。国际标准十分强调对事实和数据的收集、记录、分析和应用，指出：“对数据的分析可以用于度量在服务要求、发现质量改进机会和所提供服务的有效性等方面所取得的成绩。”在“质量文件和记录”体系要素中，要求对实现质量目标的进展情况、顾客对服务质量的满意和不满意程度、审查质量体系和改进服务的结果以及纠正措施及其效果等方面进行全面翔实的记录，作为质量管理的依据。

2.6.6 持续改进的原则

这是指为了适应用户不断增长的对产品或服务质量的需求，通过加强质量管理，在保持原有质量水平的基础上，不断提高质量的思想。全面质量管理认为，质量有个产生、形成和实现的过程。质量的保持、改进和提高过程是螺旋上升过程，不能永远停留在原有水平上。经营者不仅应该能够发现产品和服务中存在的问题，还应该针对这些问题积极分析和寻找原因，采取有效的措施并加以实施，这一过程循环进行，从而使产品质量不断提高。

2.6.7 协作的原则

“协作”是高级生产组织水平上的一项重要管理工作，是专业化生产发展的必然要求。生产和管理工作专业分工越细，对协作的要求就越高。一个企业的管理工作搞得好不好，“协作”既是一个条件，又是一个标志。日本的管理经验说明：日本企业管理成功的重要原因之一，就是企业全体人员懂得和保持了良好的协作。在企业质量管理工作中，如果没有相互良好的、主动的协作，质量问题就无法解决。所以强调协作，是推行全面质量管理的一条重要原则。

2.6.8 质量经济性原则

质量经营管理思想，即企业质量经营管理活动的根本宗旨和指导思想。突出质量的经营管理思想是指企业在经营活动的全过程、所有环节中，必须确立质量的主导地位，坚持“质量效益第一”，始终不渝地把质量管理作为企业经营管理的中心环节。

突出质量是企业的重要经营战略。作为企业，质量、经营与服务密不可分，必须坚决克服“重产量、轻质量，重经营、轻服务”的思想，始终把质量作为企业的生命线。只有树立了这个思想，企业才能履行好自己的社会职责，在日趋激烈的市场竞争中立于不败之地。

企业在讲求质量的同时还必须讲求经济效益，否则，它就不能够得到发展。但是，讲求经济效益必须以不断提高质量为前提，走质量效益型的发展道路。

质量效益型发展道路，是指确立质量优先的战略，以质量求效益、求发展，建立以质量为核心的经营管理体系，不断提高企业的整体素质。走质量效益型的发展道路，核心是处理好质量与效益的辩证统一关系。质量是效益的前提与核心，效益寓于质量中，求效益要以质量为中心。因此，效益是由质量决定的。走质量效益型的发展道路，是推行全面质量管理的宝贵经验和第一重要原则。

全面质量管理同时强调，讲质量不能脱离成本，要讲求质量经济性。一方面，不能脱离社会实际需要，不计成本盲目追求过剩的质量；另一方面，要在保证顾客所需要的质量的前提下，努力降低成本，使顾客和企业都能从中获益。

2.6.9　系统方法的原则

系统指的是“相互关联或相互作用的一组要素”，是指由若干相互联系、相互影响和相互制约的因素（或单元）组成的有机整体，是一个过程网络。

全面质量管理把企业的质量管理活动看作为一个有机整体，必须从全局的高度，对影响质量的各种因素，从宏观、微观、人员、技术、管理、设备、方法和环境等方面进行综合治理，要求全员、全过程都开展质量管理，建立健全质量管理体系，充分体现系统管理思想。

ISO 9000 国际标准为企业从组织结构、责任权力、程序、过程和资源等方面建立质量管理体系提供了具体指导，是全面质量管理系统管理思想的具体运用。

2.6.10　管理与技术并重的原则

这是指充分发挥专业技术和管理技术的作用，使两者相辅相成，以达到提高产品或服务质量和最佳经济效益的目的。在开展全面质量管理的过程中必须转变观念。

质量管理不仅仅是领导的事情，而且也是企业每个人共同的职责；也不要认为质量管理仅仅是质量部门的职责，这同时也是设计、生产、采购和保障等各部门必须承担的义务。

企业在专业技术上应注意以下几个方面：

① 在积极开发和采用新技术的同时，要注重技术的管理，以技术上水平，以管理保质量。

② 要根据条件的可能，积极采用现代技术设备，提高设备、设施质量。

③ 随着计算机和信息技术的发展，把计算机应用于企业的主要管理环节，提高企业的管理水平。

企业的技术设备目前还比较落后，已成为制约质量持续提高的重要因素。因此，必须在加强质量管理的同时积极采用现代技术设备，逐步实现基础设施的现代化和管理手段的现代化。总之，在全面质量管理中，要求技术和管理并重，以技术促发展，以管理出效益。

2.7 全面质量管理的基本方法

2.7.1 系统工程的方法

从系统的概念出发,质量管理就是企业中一项复杂的系统工程。质量的形成本身就是输入—转换—输出的各个过程。在这些过程中存在着许多相互关联的因素的综合影响。现代质量管理中所使用的七种新工具(即关联图法、亲和图法、系统图法、矩阵图法、矩阵数据分析法、PDPC 法和箭条图法)都是基于系统工程的概念基础之上的,在全面质量管理中应广泛地应用系统工程的概念和系统分析的方法。所以,系统工程的方法是全面质量管理中的重要方法。

2.7.2 统计分析的方法

从质量管理的发展历史可以看到,质量管理学之所以成为一门科学,是因为在质量管理的过程中广泛地使用了统计分析的方法,并且在管理科学中首先引入统计数学理论的就是质量管理。在质量管理中除了定性分析外,还强调定量分析,这是质量管理科学开始走向成熟的标志。统计分析的方法已成为质量管理中应用最广、效果最好的一种科学方法。日本质量管理专家石川馨这样说过:“从战后开始,日本新的质量管理方法和旧的质量管理方法相比,虽然有许多不同之点,但其中最大的特点之一是,既广泛又深入地使用了统计的思考方法和统计的分析方法”。例如,利用正态分布、二项分布、泊松分布、t 分布与 F 分布等研究质量特性的变异规律;利用相关分析和回归分析研究不同质量因素同质量特性之间相互影响和相互作用的关系;利用推断和估计进行工序控制;利用抽样理论进行统计抽样检查;利用方差分析和正交表进行质量设计等。总之,统计的方法已深入到质量管理的各个方面,数理统计已成为质量管理方法的基础。

2.7.3 闭环反馈的方法

反馈,是指质量信息的反馈。质量信息的反馈是提高产品质量、进行质量控制的重要依据。为了掌握和把握生产过程的全部有用的质量信息,就要建立一个有效的企业质量信息系统。

质量信息系统是企业的神经系统。企业的决策者需要有准确的信息以便对质量问题作出正确的决策;生产的指挥者需要准确的质量信息以安排和指挥生产的进行;生产的执行者需要准确的信息来执行和控制生产操作的活动。

质量信息可以分为两类。一类为指令性信息。如企业有关质量的方针、目标、标准、计划和通知等,这一类一般是自上而下的,由上级决策机构或领导层的决议、指示下达到各执行机构,是企业各项质量管理活动的依据。另一类为反馈性信息。如执行结果的报告、报表、信息反馈单和用户的意见或索赔的要求,以及分厂、检验机构检验结果的数据等等,这一类一般是由下而上逐级向上层领导反映、汇报或请示，通常是以与物质流相反的方向流动。

决策者或领导层需要反馈性信息，执行者需要指令性信息，而生产指挥者则需要这两种信息。若反馈的信息与指令性信息的要求不符合，则需要采取控制和调整措施。

为了加强质量信息的管理，必须在企业中建立质量信息中心，负责对厂内外的信息进行收集、整理、分析、储存、传递和反馈等各项工作，有条件的企业应配备计算机进行辅助管理，提高效率，使各种有用的质量信息发挥更大的作用。国外已把这种软件质量管理，作为全面质量管理重要的发展方向之一。

2.8 全面质量管理的基本程序

2.8.1 PDCA 管理循环

全面质量管理活动的全部过程，就是质量计划的制订和组织实现的过程。全面质量管理方法的基本工作思路是一切按 PDCA 循环办事。PDCA 循环是由美国质量管理专家戴明首先提出来的，所以又叫“戴明循环法”。PDCA 管理循环是全面质量管理所应遵循的科学程序。

PDCA 是四个英语单词 Plan，Do，Check，Action 的第一个字母。P 代表计划，D 代表实施，C 代表检查，A 代表处理。

PDCA 管理循环作为全面质量管理体系运转的基本方法来说，必须经历以下四个阶段、八个步骤：

第一阶段是计划(P)，包括调查分析现状，找出存在的问题；分析存在问题产生的原因；找出其中主要的原因；针对主要原因拟订措施和制订计划。制订计划即 P 阶段，可分为以下四个步骤。

第一个步骤：分析质量现状，找出存在的质量问题。这就要有质量问题意识和改善质量的意识，并要用数据说话。在分析质量现状时，必须通过数据来进行分析，用数据来说明存在的质量问题。

在第一步骤中，常用到排列图、直方图和控制图等统计工具。

第二个步骤：分析产生质量问题的各种原因或影响因素，如人(人的因素)、机(设备、工具和工装)、料(原材料、零配件)、法(工艺、方法)和环(环境)等因素。要对问题或影响因素逐个加以具体分析，不能笼统地进行。

在第二步骤中，常用到因果图统计工具。

第三个步骤：从各种原因中找出影响质量的各种因素，并全力找出主要原因。这就是说，解决质量问题，必须从解决主要矛盾入手。

在第三步骤中，常用到排列图、相关图等统计工具。

第四个步骤：针对影响质量的主要原因制订对策，拟定管理、技术和组织措施，提出执行计划和预计效果。制订措施和计划必须具体有效，并落实到执行者、时间、地点、部门和完成方法等。因此，制订措施和计划的过程一般应明确：为什么要制订这一措施和计划，预期达到什么目标，在哪里执行这个措施和计划，由哪个单位或谁来执行，什么时间开始执行，何时完成，怎样执行等等。

在第四个步骤中，常用到5W1H的方法，即 Why——必要性，What——目的，Where——地点，When——时间，Who——执行者，How——方法。也就是首先要明确进行这一步骤的必要性和目的，进而确定在什么时间、什么地点、由谁采用怎样的方法去完成。

第二个阶段是实施(D)，就是按预定计划、目标和措施及其分工实实在在地去严格执行。这是第五个步骤。

第三个阶段是检查(C)，即检查计划执行的效果。就是把实施的结果和计划的要求对比，检查计划的执行情况和实施的效果如何，是否达到预期的目标和效果，哪些是成功的，其经验是什么，哪些做得不对或不好，教训是什么，其原因又在哪里。这既要掌握进度，检查效果，又要从中找出问题。这是第六个步骤。

第四个阶段是处理(A)，包括以下两个步骤。

第七个步骤：总结经验教训，肯定和巩固成绩，处理差错，纳入标准，指出应该怎样干和不应该怎样干，以巩固已经取得的成绩，防止再重复发生已经发生过的问题。

第八个步骤：把遗留的问题转入下一循环中解决，作为下一轮循环的计划目标，并为下一阶段制订计划提供资料和依据。

PDCA管理循环的四个阶段如图2.2所示，八个步骤如图2.3所示。

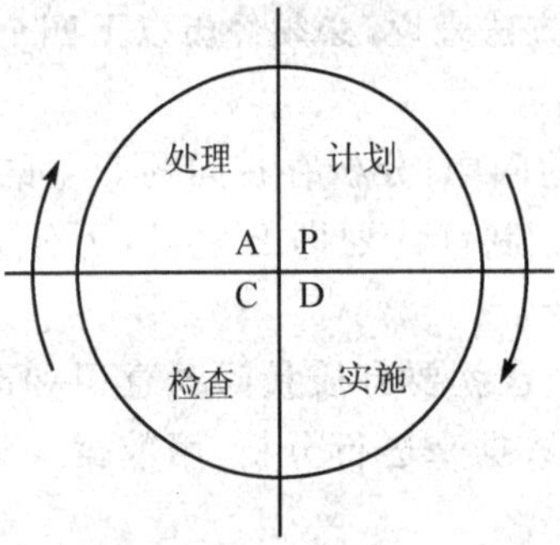

图2.2 PDCA循环四个阶段

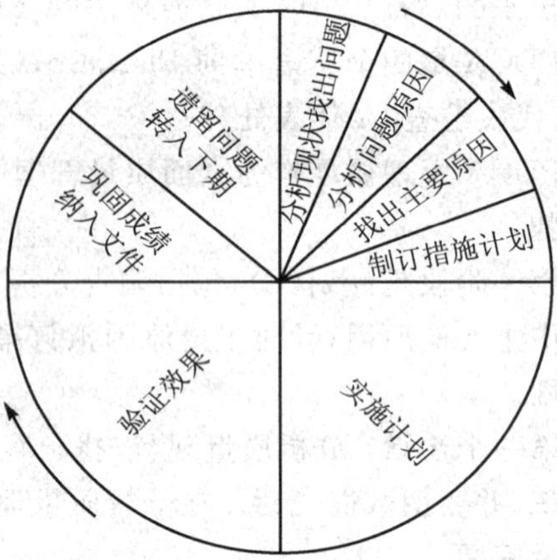

图2.3 PDCA循环工作八个步骤

PDCA管理循环不停地运转，原有的质量问题解决了，又会产生新的问题；问题不断产生而又不断解决，如此循环不止，这就是管理循环不断前进的过程，也是全面质量管理工作必须坚持的科学方法。

2.8.2 PDCA循环的特点

① PDCA管理循环是大环套小环，一环扣一环，小环保大环，推动大循环，如图2.4所示。

PDCA管理循环作为全面质量管理的科学方法，可用于企业各个环节、各个方面的质量管理工作。通过PDCA管理循环，使组织各个环节、各个方面的管理有机结合，互相促进，形成一个整体。整个企业的质量管理体系构成一个大的PDCA管理循环，而各部门、各级单位又都有各自的 PDCA 管理循环，依次又有更小的 PDCA 管理循环，从而形成一个大环套小环的综合管理体系。上一级 PDCA 管理循环是下一级 PDCA 管理循环的根据，下一级 PDCA 管理循环又是上一级 PDCA 管理循环的具体保证。通过大小 PDCA 管理循环的不停转动，就把企业各个环节、各项工作有机地组织为统一的质量保证体系，实现总的质量目标。因此，PDCA 管理循环的转动，不是哪个人的力量，而是组织的力量、集体的力量，是整个企业全员推动的结果。

② PDCA 管理循环每转动一次就提高一步，如图 2.5 所示。

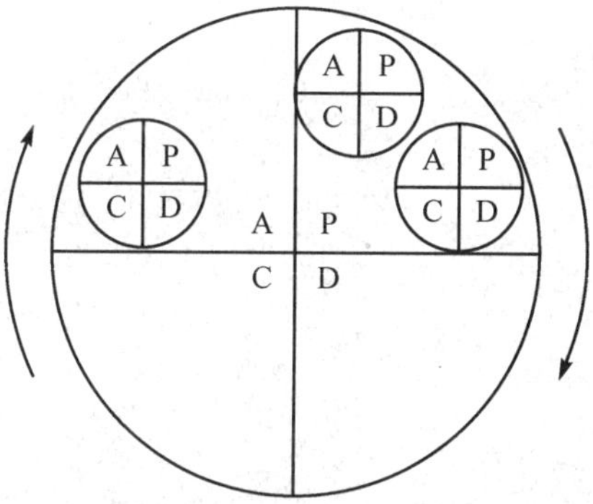

图 2.4　PDCA 大环套小环示意图

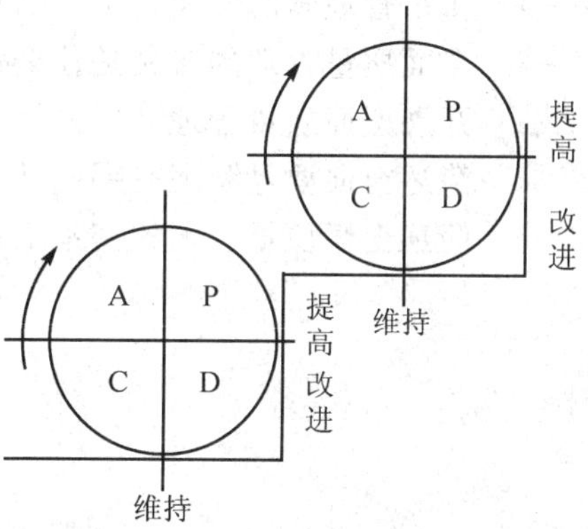

图 2.5　PDCA 循环质量水平提高示意图

PDCA 管理循环是螺旋式上升的，如同爬楼梯一样。PDCA 四个阶段周而复始地循环，但绝不是原地打转转，不是老在一个水平上转动，而是每循环一次，转动一圈，就前进一步，上升到一个新的高度，就有新的内容和目标，像爬楼梯一样步步上升。这样循环往复，质量问题不断解决，工作质量、管理水平和产品质量就不断提高。

③ PDCA 管理循环是综合性的循环。PDCA 管理循环四个阶段是相对的，各阶段之间不是截然分开的，而是紧密衔接连成一体的，甚至有时是边计划边执行、边执行边检查、边检查边总结以及边总结边改进等交叉进行的。质量管理工作就是在这样的循环往复中，从实践到认识，再从认识到实践的两个飞跃中达到预定的目标的。这个过程正是客观实际和主观认识逐步达到统一的发展过程，这是搞好全面质量管理和其他一切管理工作的必由之路。可见，PDCA 管理循环的四个阶段是体现着科学认识规律的一种管理手段和科学程序。按照这样的思维方法和工作步骤来进行质量管理，就能把全面质量管理工作做得卓有成效，更好地达到预期目标。问题在于人们在实际工作中是不是认真地按照 PDCA 管理循环的科学程序来进行。一些企业质量管理工作，虽然也提出计划、实施、检查和总结的要求，但往往是计划布置多，检查少，总结更少，即使总结也是形式，没有把总结的成果纳入标准，用以进一步指导实践。只有 PDC，而没有 A 阶段，或者虽有 A 阶段，但没有起到应有的作用，或者在大中小循环之间没有密切配合和协调动作，这就使 PDCA 管理循环不能顺利转动，经常出现“卡壳”，工作质量和产品质量就难以提高。因此，PDCA 管理循环的运转，A 阶段十分关键，它具有承上启下的作用，是能否实现从实践到认识、再从认识到实践的两个飞跃的重要条件；要切实把 PDCA 管理循环转完一圈，做到善始善终，把成功的经验和失败的教训纳入标准（规程、制度）中去，就可以避免问题的再发生，质量管理水平也就可以不断提高。

按 PDCA 管理循环组织质量管理体系的活动，就需要搜集大量数据资料，运用各种管理技术和科学方法。要从 PDCA 管理循环四个阶段的特点出发，根据分析科学、控制严密、判断正确、处理及时的要求，结合运用各种科学方法和管理工具。

复习思考题

2-1　质量管理学的发展经历了哪几个阶段？各阶段有何特点？

2-2　全面质量管理的含义是什么？有何特点？

2-3　开展全面质量管理需要做好哪些基础工作？

2-4　简述全面质量管理有哪些基本工作原则。

2-5　简述全面质量管理的基本工作程序。

第3章　质量管理标准

3.1　质量管理国际标准ISO 9000族标准

3.1.1　ISO 9000标准的产生及制定

1. ISO 9000标准的产生

20世纪60年代，随着大规模集成电路、人造卫星、交通、通讯和电子计算机技术及其应用的飞速发展，在全球范围内，科学技术的进步日新月异，社会生产率急剧提高，国际间的商务活动空前发展。可以认为，这就是质量管理国际标准——ISO 9000族标准产生的时代背景。

(1) 客户的需求

由于社会生产率不断提高，新产品不断涌现，国际间的商业往来迅速发展，因而对于所需的产品，就有了更大的选择自由和更广阔的选择空间，对产品质量也就可以提出更多的相应要求。本来，产品的质量要求是通过技术标准(设计、工艺和检验等标准)来保证的。但任何技术标准都不可能将顾客(即买方)的全部期望和产品在使用中的全部要求都作出明确规定，而且产品质量的形成涉及产品寿命周期的各个环节。特别是在科技进步日新月异的情况下，现代产品的技术含量高，不合格产品将会给顾客、其他人甚至整个生态环境造成严重后果，所以买方要求的就不仅是合格的产品，而且要求供应厂商能够按照规定的标准，最好是国际公认的标准建立起一套质量体系，对产品质量形成全过程中各个环节的技术、管理和人员等因素进行有效地控制，以保证能够长期稳定地生产出满足买方需要的产品。有了质量管理和质量保证国际标准，买方就可以对供应厂商提出相应的要求，并以此为依据来评定其质量体系是否合格，决定是否购买其产品。

(2) 生产厂家的需要

生产率的提高和全球贸易的扩大加剧了竞争，使其达到了白热化的程度。为了在这种严酷竞争的环境下求生存、谋发展，各国的供应厂商为推销自己的产品而满足顾客对产品的质量保证要求。另一方面，由于科学技术的日益发展，高科技产品不断涌现，并成为卖方赢得竞争的一种手段。但是，高科技产品也给卖方带来了更大的产品质量责任风险。由于产品质量事故将给生产供应厂商造成巨大的财务负担和严重的信誉损失，他们为了减轻自身的质量责任风险，也希望对形成产品质量全过程中各个环节的影响因素实施有效地控制，即建立并实施一个质量体系，作为产品技术标准对产品质量要求的补充。为了不走或少走弯路，这个质量体系应当有规定的标准作为依据，而且最好是国际通用的标准。有了质量管理和质量保证国际标准，卖方不仅可以以此为依据来建立和不断完善自己的质量体系，而且可以按照统一的要求满足来自不同国家顾客的质量保证的需要，这就免除了由于各国标准不同给卖方质量体系带来的诸多困扰。

(3) 国家政府的要求

在国际贸易中，由于许多国家的政府为了保护本国自身的利益，在关税壁垒已经在世界经济一体化的进程中不断受到削弱甚至取消的情况下，已经设置或还将设置各种各样的非关税壁垒(包括技术壁垒和非技术壁垒)。比如，一些国家制定了要求较高的市场准入制度，它们以法律规定：必须符合某种标准要求的商品或者某些商品必须加贴某种标志才能进入该国或该地区的市场。然而，有了质量管理和质量保证国际标准，各国的生产厂商若能依照执行，并通过权威认证机构的认证，也就在相当程度上掌握了突破非关税技术壁垒或非技术壁垒的有力武器。又比如，某些发达国家面对当今世界的环境污染问题，严格限制涉及环境污染的产品进入，形成“绿色壁垒”，并提出企业的环保体系即按照 ISO 14000 标准建立环保体系的认证问题。实际上，ISO 14000 标准(我国已经等同采用)与 ISO 9000 族标准的基本原理是一致的，凡取得了 ISO 9000 认证的企业，只要在体系中增加相应的要素，就可以同时满足 ISO 14000 标准的要求。因此，推行 ISO 9000 标准也是突破绿色壁垒的重要武器。

从上述情况可以看出，ISO 9000 族标准是时代的需要，是当今时代买方和卖方的共同需要，它的产生正是适应了时代的要求。

2. ISO 9000 标准的制定

ISO 是 International Standardization Organization(国际标准化组织)的缩写。ISO 通过它的 2 856 个技术机构开展技术活动，其中技术委员会(简称 TC)共 185 个，分技术委员会(简称 SC)共 611 个，工作组(WG)2 022 个，特别工作组 38 个。作为一个国际组织，其产品(成果)就是“国际标准”。这些标准主要涉及各行各业各种产品的技术规范。

ISO 制定出来的国际标准除了有规范的名称之外，还有编号，编号的格式是：ISO＋标准号＋[杠＋分标准号]＋冒号＋发布年号(方括号中的内容可有可无)，例如：ISO 8402：1987，ISO 9000－1：1994 等，分别是某一个标准的编号。

1979 年英国标准学会(BSI)向 ISO 提交了一份建议，希望在 ISO 成立一个技术委员会，以制定有关质量和时间的国际标准。ISO 理事会于当年就决定，在原 ISO/CERTOCP(保证委员会)的第二工作组基础上，单独建立质量保证技术委员会及 ISO/TC 176，并于 1980 年正式成立。TC 176 就是 ISO 中第 176 个技术委员会，全称是“质量保证技术委员会”，1987 年又更名为“质量管理和质量保证技术委员会”。TC 176 专门负责制定质量管理和质量保证技术的标准。

ISO/TC 176 成立之后，为适应生产力进步和国际贸易发展的需要，以英国和加拿大质量管理实践为主要参考依据，并在参考各国质量管理标准和质量保证标准的基础上，充分吸收质量管理的研究成果和实践经验，于 1986 年和 1987 年相继制定并发布了称之为“ISO 9000 系列标准”的如下 6 项标准：

ISO8402：1986《质量—术语》；

ISO 9000：1987《质量管理和质量保证标准—选择和使用指南》；

ISO 9001：1986《质量体系—设计、开发、生产、安装和服务的质量保证模式》；

ISO 9002：1987《质量体系—生产、安装和服务的质量保证模式》；

ISO 9003：1987《质量体系—最终检验和试验的质量保证模式》；

ISO 9004：1987《质量管理和质量体系要素—指南》。

ISO 9000 系列标准发布后，为使其更加完善和协调，达到《2000 年展望》提出的“要让全世界都接受和使用 ISO 9000 族标准；为了提高组织的运作能力，提供有效的方法；增进国际贸易、促进全球的繁荣和发展；使任何机构和个人可以有信心从世界各地得到任何期望的产品以及将自己的产品顺利销售到世界各地”的目标，先后经历了两个阶段的修订，分别形成了 1994 版和 2000 版 ISO 9000 族标准。

3.1.2　1994 版 ISO 9000 族标准的产生

第一阶段修订，总体结构和思路没有改变，只对质量保证要求（ISO 9001，ISO 9002，ISO 9003）和质量管理指南（ISO 9004）技术内容作了局部修改，但同时引入了诸如“过程和过程方法”、“质量改进”和“质量策划”等一些新的概念和定义，为第二阶段修订提供了过渡的理论基础。这一阶段的修订为“有限修改”，不仅发布了 1994 版的 ISO 9000 系列标准，还第一次提出并逐渐形成了“ISO 9000 族标准”的概念和构架。

ISO 9000 族标准是 1994 年版提出的新概念，它是指由 ISO/TC 176 质量管理和质量保证技术委员会制定的所有国际标准。1994 版主要标准包括：

- 基础标准 ISO 8402 及 ISO 9000 - 1～ISO 9000 - 4；
- 核心标准 ISO 9001～ISO 9004 及其分标准；
- 支持性标准 ISO 10001～ISO 10020 及其分标准。

几点说明：

① ISO 8402 - 94《质量管理和质量保证—术语》定义了与质量管理和质量保证有关的基本术语共 67 个，其中

- 基本术语 13 个，如实体、产品、过程和程序等；
- 与质量有关的术语 19 个，如质量、不合格等；
- 与质量体系有关的术语 16 个，如质量方针、质量控制、质量保证、质量管理和质量体系等；
- 与工具和技术有关的术语 19 个，如质量环、质量成本和质量审核等。

② ISO 9000 系列标准，即质量保证和质量管理标准，是 ISO 9000 族标准的核心标准。之所以成为核心，不仅是其本身功能集中反映了 ISO 9000 族标准的目的，而且如果没有这两类标准，基础标准及支持性技术标准将失去存在的价值。

③ ISO 9000 - 1～ISO 9000 - 4 提供了 ISO 9000 系列标准的选择和使用指南。

④ ISO 9001～ISO 9003 是需方为让供方证实其质量保证能力，由供方选择的三种质量保证模式。

内部质量体系提供指南。该标准全面阐述了在产品寿命周期内所有环节和活动所涉及的质量体系要素，为供方选用适合其需要的质量体系要素提出具体的指南。

⑤ ISO 10000 系列标准是对 ISO 9000 系列标准中的某一专项内容的实施方法提供指南。重要的有如下几项。

- 质量计划：ISO 10005。

- 项目管理：ISO 10006。
- 技术状态管理：ISO 10007。
- 另外还有质量体系审核、测量设备、教育和培训以及检验和试验等标准。
- 质量手册编制指南：ISO 10013。

1994 版 ISO 9000 族主要标准的构成如表 3.1 所列。

表 3.1 ISO 9000 族标准的构成

类 别	标 准	编 号	名 称	备 注
基础标准	术语	ISO 8402	质量管理和质量保证-术语	共 67 个术语
	质量管理和质量保证标准选择和实施指南	ISO 9000 - 1	质量管理和质量保证标准—第 1 部分：选择和使用指南	
		ISO 9000 - 2	质量管理和质量保证标准—第 2 部分：ISO 9001、ISO 9002 和 ISO 9003 实施使用指南	97 版公布
		ISO 9000 - 3	质量管理和质量保证标准—第 3 部分：ISO 9001 在软件开发、供应和维护中使用指南	
		ISO 9000 - 4	质量管理和质量保证标准—第 4 部分：可信性大纲管理指南	
核心标准	质量保证标准	ISO 9001	质量体系—设计、开发、生产、安装和服务的质量保证模式	
		ISO 9002	质量体系—生产、安装和服务的质量保证模式	
		ISO 9003	质量体系—最终检验和试验的质量保证模式	
	质量管理标准	ISO 9004 - 1	质量管理和质量体系要素—第 1 部分：指南	
		ISO 9004 - 2	质量管理和质量体系要素—第 2 部分：服务指南	
		ISO 9004 - 3	质量管理和质量体系要素—第 3 部分：流程性材料指南	
		ISO 9004 - 4	质量管理和质量体系要素—第 4 部分：质量改进指南	
支持性技术标准	质量计划	ISO 10005	质量计划指南	
	项目管理	ISO 10006	项目管理指南	
	技术状态	ISO 10007	技术状态管理指南	
	质量手册		质量手册编制指南	

3.1.3 2000 版 ISO 9000 族标准的产生

1. 2000 版标准的形成背景及过程

ISO /TC 176 在完成对标准的第一阶段的修订工作后，随即启动修订战略的第二阶段的工作，称之为“彻底修改”。1996 年，在广泛征求标准使用者意见、了解顾客对标准修订的要求以及比较各种修改方案后，相继提出了“2000 版 ISO 9001 的标准结构和内容的设计规范”和“ISO 9001 修订草案”，作为 1994 版标准修订的依据。1997 年，在总结 1994 版标准中业已存在的质量管理八项原则的思想的基础上正式提出了质量管理八项原则，作为 2000 版 ISO 9000 族标准的设计思想。修订的依据和设计思想的确立，为以后的修订工作奠定了基础，同时 ISO /TC 176 采取一种公开的、科学的、系统的和注重实际的修订方式，以确保修订后的标准更科学、更合理和更适用。

1997 年底，ISO /TC 176 提出了对标准第二阶段修订的最初成果——工作组草案第一稿（WDl），随后修改为第二稿（WD2）和第三稿（WD3），1998 年 9 月提出了技术委员会草案第一稿（CDl），随后修改为第二稿（CD2）。ISO /TC 176 在发出 CDl 稿和 CD2 稿后，都广泛地征求意见，其中，对 CD2 稿分别收到了来自五大洲 31 个国家的 338 个组织提出的 6 000 多条意见，归纳成 304 个问题。ISO/TC 176 在对这些问题进行分析评估后，于 1999 年 11 月提出了 2000 版 ISO/DIS 9000，ISO/DIS 9001 和 ISO/DIS 9004 国际标准草案，预期将于 2000 年底前正式发布为国际标准。

为了使广大标准使用者进一步了解标准修订的有关信息，ISO/TC 176 在发出 2000 版 ISO 9000 族国际标准草案后，又相继发出了一系列文件，如：发出 N470《ISO/DIS 9001：2000 和 ISO/DIS 9004：2000 确认方案的指南》，请各国标准使用者确认未来形成的国际标准是否能满足需求和期望；在 N474《ISO/DIS 9001：2000 标准的转换策划指南》中，对有关标准换版事宜进行了说明，并对标准修订与转化中可能经常遇到的问题作了解答；N475《ISO/DIS 9001：2000 和 ISO/DIS 9004 标准介绍策划指南》对修订工作的有关情况作了综合性的介绍。

ISO/TC 176 在对 1994 版标准进行修订的过程中，根据广大标准使用者的要求，研究了 ISO 9000 族标准与 ISO 14000 系列环境管理体系标准的相容性问题。ISO/TC 176 与 ISO/TC 207 环境管理技术委员会协商，决定成立联合工作组，将 ISO 10011. 1，ISO 10011. 2 和 ISO 10011. 3 三项质量体系审核指南与 ISO 14010，ISO 14011 和 ISO 14012 三项环境管理体系审核指南合并修订为一项联合审核指南性标准，并于 1999 年 11 月提出了 ISO/CD. 1 19011《质量和环境审核指南》标准草案。

2. 标准修订的原因、总体思路和目标

（1）标准修订的原因

1）市场竞争的需要

随着全球经济一体化的形成，国际市场进一步开放，信息技术的迅猛发展，市场竞争日趋激烈，各组织特别是那些经营性的组织都在加强科学管理，努力设法提高组织自身的竞争力。而标准的修订恰好可以为这些组织提供这样一种机会，满足组织适应市场竞争的需要。

2）组织发展的需要

实施 ISO 9000 族标准，不仅是为了认证/注册，而且要确保稳定地向顾客提供满足要求的产品，实现顾客满意，直至相关方都满意。这就要求标准能对顾客满意或不满意的信息进行监控，不断提高顾客的满意程度，促进组织各项工作的持续改进，提高组织的整体业绩，适于组织发展的需要。

3）使用标准的需要

为了满足各种类型标准者的需要，要求标准更具有广泛的通用性，能适用于各种类型和规模的组织。这就要求标准的内容通俗易懂,易于理解,便于使用。

4）标准定期修订的需要

根据 ISO 的有关规则,所有标准都需要定期修订(一般为 5 年左右),以确保标准内容是最新的,能及时反映当前科学技术发展的最新成果和先进的管理思想,满足世界范围内标准使用者的需要。

(2) 标准修订总体思路

质量管理体系国际标准问世以来,在全球范围内得到广泛的采用,对推动组织的质量管理工作和促进国际贸易的发展发挥了积极的作用。据统计,截止到 1998 年底全球获得 ISO 9000 标准认证的组织已超过 27 万家。而且,质量体系认证的国际互认制度也在全球范围内得以建立与实施,截止到 1999 年 10 月,已有 25 个国家的认可机构签署了 IAF 质量体系认证多边承认协议。

但是,各国的标准使用者也反映这套标准还存在一些不足和需要解决的问题。经 ISO / TC 176 广泛征求标准使用者的意见和要求后,归纳为如下 10 个方面:

① 现行标准所采用的“过程”和语言的表述主要是针对生产硬件产品的组织。因而,生产软件、流程性材料和提供服务的组织采用这套标准时,在对标准内容的理解和具体实施时有着许多不便。

② 现行标准的框架主要是针对规模较大的组织而设计的,而对规模较小、机构简单的小型组织就难以使用。

③ 现行标准提供了 3 种质量保证模式,给标准的实际应用带来一定的局限性。

④ 现行标准采用 20 项质量体系要素的结构,要素间的相关性不好,不尽合理。

⑤ 现行标准对 20 项质量体系要素中的 17 项规定了应建立程序并形成文件,在一定程度上限制了改进的机会。

⑥ 现行标准过多地强调了质量体系的符合性,而忽视了对产品质量的保证和组织整体业绩的提高。

⑦ 现行标准对与顾客有关的接口仅做了有限的规定和要求,尤其是缺少对顾客满意或不满意信息的监控。

⑧ 现行标准没有建立 ISO 9001 与 ISO 9004 的联系,两项标准间协调性不好,结构不一致。

⑨ 现行标准没有考虑与 ISO 14000 环境管理体系等其他管理体系的相容性,使组织实施综合性管理体系时产生困难。

⑩ 现行标准的通用性差,为此制定了许多指南性标准来弥补,使这套 ISO 9000 族标准的数量太多,目前已发展到 22 项标准和 2 项技术报告,而实际上只有少数几项标准得到广泛应用。

ISO/TC 176 为了解决这些存在的实际问题,又要保持使用标准的连续性,便于标准使用者的质量体系从 1994 版标准要求向 2000 版标准要求顺利过渡,在着手修订这套标准时充分研究了 1987 和 1994 两个版本标准以及环境管理体系等现有同类管理体系标准的使用经验,针对 1994 版标准的不足,提出修订的思路,确定修订的目标,以期最终能满足标准使用者的需求。

总体思路:

① 采用过程方式的模式结构，取代现有的20项质量体系要素的结构，这种结构能更好地体现修订的思想，实现修订的目标。

② 将现有的3种质量保证模式合并为ISO 9001标准，取代现行的ISO 9001，ISO 9002和ISO 9003标准，以提高标准使用的灵活性。

③ 减少过多的文件化要求，但又要强调文件的作用，使文件能反映过程的预期结果，以满足组织为确保过程的有效运作和控制的需要。

④ 推动组织通过标准的应用来持续改进其质量管理体系，以满足顾客和其他相关方收益增长的期望。

⑤ 提高质量管理体系与环境管理体系等其他管理体系的相容性，以适应标准未来的变化和发展。

⑥ 将ISO 9001标准和ISO 9004标准设计成一对结构相同、协调一致的质量管理体系标准，以便组织可以一起采用，也可单独采用。

(3) 标准修订的预期目标

① 具有广泛的通用性，能够更灵活地适用于各种规模和类型的组织，而不再需要针对不同的行业制定专门的指南性标准。

② 标准内容要通俗易懂，易于翻译，尽量用非技术语言来说明专业技术概念，避免过多的专业术语，使标准能适用于不同文化和语言的环境，易于理解和实施。

③ 体现以顾客为中心的思想，强调对质量体系有效性的客观评价，并通过持续改进来满足顾客不断变化的需求，达到顾客的满意。

④ 标准的数量少而精，以利于推广使用，提高标准的使用价值和实际效果。

3.1.4 2000版ISO 9000标准的组成

根据新的思维及质量管理的理念，2000版ISO 9000族标准数量大大减少，具体组成如下：

(1) 核心标准

2000版ISO 9000族核心标准有5项，其构成如表3.2所列。

表3.2 2000版质量管理主要标准的构成

编号	名称
ISO 9000	质量管理体系—基础和术语
ISO 9001	质量管理体系—要求
ISO 9004	质量管理体系—业绩改进指南
ISO 19011	质量和(或)环境管理体系审核指南
ISO 10012	测量控制系统

其中ISO 9000，ISO 9001，ISO 9004和ISO 19011共同构成了一组密切相关的质量管理体系标准，一般称之为ISO 9000族的核心标准。

(2) 技术报告

正在制订和修订的技术报告或技术规范有：

ISO /TS 10006 项目管理质量指南
ISO /TS 10007 技术状态管理指南
ISO /TR 10013 质量管理体系文件指南
ISO /TR 10014 质量经济性管理指南
ISO /TR 10017 统计技术在 ISO 9001：2000 中的应用指南
ISO /TR 10018 投诉处理
ISO /TR 21095 质量管理体系咨询师选择指南

(3) 小册子

在标准的数量减少后，其他相关内容将以小册子的形式出版发行，如：《质量管理原则》、《选择和使用指南》和《小型组织实施指南》等。

3.1.5 2000 版 ISO 9000 族标准的特点

从结构和内容来看，2000 版 ISO 9000 族标准有以下特点：

① 适用于所有产品类别、不同规模和各种类型的组织，也能满足医疗器械、通信和汽车等特殊行业对标准的需求。

② 对标准要求的允许剪裁做了更严格的规定。

③ 将顾客满意或不满意信息的监控作为评价质量管理体系业绩的一种重要手段。

④ 采用“过程的方法”的模式结构，逻辑性更强，相关性更好。

⑤ 更强调最高管理者的作用，包括对建立和持续改进质量管理体系的承诺，确保顾客的需求和期望得到满足，制定质量方针和质量目标并确保得到落实，确保所需的资源，指定管理者代表和主持管理评审等。

⑥ 突出“持续改进”是提高质量管理体系有效性和效率的重要手段。

⑦ 减少了对程序的文件化程度的要求，ISO/DIS 9001 标准仅明示要求 6 种程序要形成文件，扩大了组织自行决定文件化程度的自由度。

⑧ 概念明确，语言通俗，易于理解、翻译和使用，术语用概念图形式表达术语间的逻辑关系。

⑨ 质量管理八项原则在标准中得到充分的体现。

⑩ 标准明确要求质量管理体系要以顾客为中心，并考虑了所有相关方的利益和需求。

⑪ 强调了 ISO 9001 作为要求的标准和 ISO 9004 作为指南的标准的协调一致性，有利于组织的业绩持续改进。

⑫ 提高了与环境管理体系的相容性。

3.1.6 2000 版 ISO 9000 族标准的八项管理原则

2000 版质量管理标准中的八项质量管理原则包括：

① 以顾客为关注焦点；

② 领导作用；

③ 全员参与；

④ 过程方法；
⑤ 管理的系统方法；
⑥ 持续改进；
⑦ 基于事实的决策方法；
⑧ 与供方互利的关系。

3.2　ISO 9000 族标准在中国的采用

3.2.1　标准的采用原则

(1) 等同采用

等同采用国际标准通常用 idt(identical)或符号“≡”表示，是指国家标准在采用国际标准时，在技术内容和编写方法上和国际标准完全相同。

(2) 等效采用

等效采用国际标准通常用 eqv(equivalent)或等号“＝”表示，是指国家标准在采用国际标准时，在技术内容上完全相同，但在编写方法上和国际标准不完全相同。

(3) 不等效采用

不等效采用国际标准常用 neq(no－equivalent)或符号“≠”表示，是指技术内容上和国际标准不相同。

中国采用国际标准的含义基本上和国际惯例一致，具体规定为等同采用(idt 或“≡”)、等效采用(eqv 或“＝”)和参照采用(ref 或“≈”)三种采用方式。例如，我国在 2000 年 12 月发布的 GB/T 19000—2000 族《质量管理体系国家标准》就是等同采用了 ISO 9000：2000 族国际标准。

3.2.2　国家标准(GB/T)的制定与发展

ISO/TC 176 的有效工作深受世界各国的重视，中国也不例外。1987 年 3 月 ISO 9000 系列标准正式发布以后，我国组成了“全国质量保证标准化特别工作组”，并于 1988 年 12 月正式发布了以下等效采用的国家标准：

- GB/T 10300.1—88《质量管理和质量保证　质量管理和质量保证标准的选择和使用指南》
- GB/T 10300.2—88《质量管理和质量保证　质量体系开发设计、生产、安装和服务的质量保证模式》
- GB/T 10300.3—88《质量管理和质量保证　质量体系生产和安装的质量保证模式》
- GB/T 10300.4—88《质量管理和质量保证　质量体系最终检验和试验的质量保证模式》
- GB/T 10300.5—88《质量管理和质量保证　质量管理和质量体系要素指南》

在我国广大使用者需求的基础上，我国又决定等同采用 ISO 9000 系列标准，于 1992 年 5 月正式发布以下编号：

- GB/T 19000—92《质量管理和质量保证选择和作用指南》
- GB/T 19001—92《质量体系　开发设计、生产、安装和服务的质量保证模式》
- GB/T 19002—92《质量体系　生产和安装的质量保证模式》
- GB/T 19003—92《质量体系　最终检验和试验的质量保证模式》
- GB/T 19004—92《质量管理和质量体系要素指南》

随着 1987 版 ISO 9000 系列标准的第一次修订，我国也适时地形成了相应的 1994 版的相应的国家系列标准：

- GB/T 19000.1—1994《质量管理和质量保证　第一部分：选择和作用指南》
- GB/T 19001—1994《质量体系　开发设计、生产、安装和服务的质量保证模式》
- GB/T 19002—1994《质量体系　生产和安装的质量保证模式》
- GB/T 19003—1994《质量体系　最终检验和试验的质量保证模式》
- GB/T 19004.1—1994《质量管理和质量体系要素　第一部分：指南》

随着 ISO 9000 族标准 2000 版的出版，我国又及时发布了等同采用的 2000 版国家 9000 族标准：

- GB/T 19000—2000《质量管理体系　基础和术语》
- GB/T 19001—2000《质量管理体系　要求》
- GB/T 19004—2000《质量管理体系　业绩改进指南》

3.2.3　GJB/Z 9000—96 系列标准的制定

为了适应军工质量管理面临的形势和武器装备研制需要，加强军工产品的质量管理和质量体系建设，实现与国际接轨，原国防科工委组织力量，在《质量管理和质量保证标准》(GB/T 19000～19004 idt ISO 9001～9004)国家系列标准的基础上，增加军工行业的特殊要求，于 1996 年编制并发布了《质量管理和质量保证》国家军用系列标准：

- GJB/Z 9000—96　质量管理和质量保证标准—选择和使用指南
- GJB/Z 9001—96　质量体系—设计、开发、生产、安装和服务的质量保证模式
- GJB/Z 9002—96　质量体系—生产、安装和服务的质量保证模式
- GJB/Z 9003—96　质量体系—最终检验和试验的质量保证模式
- GJB/Z 9004—96　质量管理和质量体系要素—指南

GJB/Z 9000 介绍了与质量有关的基本概念，并为正确地选用质量管理和质量保证方面的标准提供指导。GJB/Z 9001～GJB/Z 9003 是外部评价承制方质量保证能力的评定准则。

GJB/Z 9004 是指导承制方进行质量体系建设所依据的质量管理标准，它从承制方内部质量管理的需要出发，阐述了质量体系的原则、结构和所包含的最基本的要素。

GJB/Z9000—96 系列标准旨在深入贯彻《军工产品质量管理条例》(以下简称《条例》)的“一次成功，系统管理，预防为主，实行法治”的思想，体现现代质量观念，适应承制方质量体系一体化建设的需要，并积极采用国际标准和国际通用准则。《条例》中所强调的最高管理者的质量职责，以及所要求的对新产品的开发控制，试验控制，功能特性分类，设计、工艺和产品质

量三大评审，保证图样质量的三级审签制度，厂(所)际质量保证体系等军工质量管理行之有效的经验和方法都体现在系列标准中。武器装备研制所强调的，长期保持良好性能和最佳寿命周期费用，通过开展性能、可靠性、维修性、安全性和保障性等质量特性的设计、试验及制造来保证和提高产品的综合效能，系统、科学地进行全过程、全方位和全员的质量管理等一系列现代质量观念，在系列标准中也得到了充分的体现。

随着 2000 版 ISO 9000 族标准及我国 2000 版国家 9000 族标准的出版，国防科工委及总装备部分别发布了新版的质量管理军用标准。

3.3　GJB/Z 9000A 系列标准

3.3.1　GJB/Z 9000A 系列标准产生及发展

GJB/Z 9000 系列标准所依据的基础 94 版 GB/T 19000 系列标准已与 ISO 9000 族标准同步修订，等同采用 2000 版 ISO 9000 族标准，并已发布实施，各单位正在有序地进行质量体系转换工作。广大军工产品承制单位也渴望尽快修订 GJB/Z 9000 系列标准，以便实现质量体系军民一体化，加快体系转换。

修订 GJB/Z 9001 标准也是型号工程研制质量管理工作和法律、法规及国防工业《条例》、《决定》等的客观需要。武器装备研制具有时间紧、技术复杂、品种多和任务重等特点，对质量管理工作提出了一系列更高、更新的要求。在分析研究武器装备研制需求、总结质量管理经验以及吸收先进质量管理成果的基础上，修订 GJB/Z 9001 标准，对提高质量工作规范化、科学化水平，推动《条例》、《决定》中有关措施的落实，保证武器装备研制一次成功将具有重要的现实意义。

3.3.2　GJB/Z 9000A 系列标准编制的原则

在编制 GJB/Z 9000 质量管理和质量保证国家军用系列标准时，为了既满足国防工业的特殊要求，又适应军工产品承制单位实行军民质量体系一体化的需求，采用了“A＋B”的形式。同样，GJB/Z 9000A 质量管理体系系列国家军用标准仍采用了“A＋B”的形式，即等同采用了国家标准(国际标准)，把 GB/T 19000—2000，GB/T 19001—2000 和 GB/T 19004—2000 的全部内容作为标准的 A 部分等同采用，并在此基础上，增加了适应当前国防科技工业发展的特殊要求作为标准的 B 部分。

标准 B 部分在内容上充分反映了体现法律、法规及《条例》等精神的 96 版 GJB/Z 9000 系列标准中 B 部分的内容，结合近几年来应用的成功经验，对仍然适用的内容予以保留并进行了重新编排，纳入适当的相应条款。体现近几年来国防科技工业质量管理工作的新经验和新要求，经整理纳入标准的相应条款。国防工业法律、法规和国防工业规章制度及要求等中强调的元器件管理、质量问题归零管理、质量责任制以及质量保证组织建设等一系列要求，在 GJB/Z 9000A 系列标准中都得以充分体现。同时，注重吸收了航天、核行业 9000 标准的有关思路和要求，体现了军工的特色和实效性。由于绝大部分军工产品承制单位从事硬件产品的研制生产，因此，对1994版国家标准中适合制造业特点的能够继续沿用的内容，进行了重新编辑、整理，纳入GJB/Z 9001A—2001标准和GJB/Z 9004A—2001标准的相应条款。从关注使用方需求的角度，充分考虑了使用方对GJB/Z 9001A—2001标准的意见和要求。

在编排上注重标准的系统性和协调性。在GJB/Z 9000A质量管理体系系列国家军用标准修订中，注重整体的系统性和三个标准之间的协调性。在GJB/Z 9001A—2001和GJB/Z 9004A—2001中有多处体现了增加的"预防为主"和"一次成功"两项原则的要求和工作方法。GJB/Z 9001A—2001和GJB/Z 9004A—2001中B部分出现的新术语在GJB/Z 9000A—2001中均给出了相应的术语和定义。

3.3.3 GJB/Z 9000A系列标准的主要内容

在2000版GB/T 19000族标准的基础上，GJB/Z 9000A系列标准主要增加了以下方面的内容。

1. "预防为主"和"一次成功"的质量管理原则

"预防为主"和"一次成功"是国防科学技术工业委员会相应《条例》中提出的国防工业质量工作指导思想的重要组成部分，体现了现代质量观念，在国防工业贯彻《条例》的过程中就逐步深入人心。GB/T 19000—2000中提出了八项质量管理原则，这八项质量管理原则是质量管理实践经验和理论的总结，尤其是ISO 9000族标准实施的经验和理论研究的总结。由于"预防为主"和"一次成功"这两条原则在国防科技工业至关重要，且有很多规范的做法和工作内容，因此，本系列标准修订时将其作为B部分的重要内容增加在GJB/Z 9000A—2001标准和GJB/Z 9004A—2001标准中质量管理原则部分。

2. 与军工质量管理有关的27个术语

在GJB/Z 9000A—2001中增加了GJB/Z 9001A—2001和GJB/Z 9004A—2001中涉及而GB/T 19000—2000中没有的27个术语，包括：过程能力、厂（所）际质量保证体系、批次管理、技术状态管理、关键过程、特殊过程、可用性、可靠性、维修性、安全性、保障性、适用性、可生产性、可检验性、单元件、关键特性、重要特性、关键件、重要件、不合格品、多余物、故障、质量问题归零、首件鉴定、首件三检、定型和质量会签。这27个术语均为国防科技工业质量与可靠性工作中常用术语。术语的定义来自《条例》、《决定》和现行有效的国家军用标准GJB 451—90《可靠性维修性术语》。

3. 强调最高管理者的责任和质量部门的权限

根据《决定》要求及军工质量管理经验，在GJB/Z 9001A—2001标准中增加了"最高管理者应对组织的质量管理和最终产品质量负全责。最高管理者应确保设立专门的质量部门，并使其能独立行使职权"等要求。增加这些内容是依据《决定》和《关于加强高新工程质量工作的若干意见》的有关内容，在客观分析当前质量工作的现状和为加大质量管理的力度提出的。它既是多年来军工产品承制单位质量管理取得成功的经验的总结，又针对了当前一些单位质量责任不落实和质量部门机构不健全的现实问题。

4. 加强设计和开发策划

军工产品具有结构复杂、技术难度大以及质量与可靠性要求高等特点，尤其是高新工程还具有研制周期短的特点，为了体现“预防为主”和“一次成功”的原则，深入贯彻执行《条例》、《决定》和《关于加强高新工程质量工作的若干意见》，在 GJB/Z 9001A—2001 标准的设计和开发策划条款中具体明确了下列 12 项要求：对参与设计和开发的供方的管理和控制要求；控制节点及控制方法；阶段放行的准则和完成的标志；产品的标准化要求；设计和开发中使用的标准和规范；可靠性、维修性、安全性和保障性等保证活动；特性分类活动；新技术、新器材和新工艺的控制活动；工艺总方案的设计和开发活动；监视与测量的需求；元器件的选用、采购、监制、验收、筛选、复验以及失效分析等活动的要求；计算机软件工程化管理与质量管理活动。GJB/Z 9004A—2001 中具体提出了下列 9 个方面实施的指南，即设计和开发策划，工作分解结构，可靠性、维修性、安全性和保障性，计算机软件，元器件，新技术、新器材和新工艺，标准化，特性分类，产品和过程的综合设计和开发。增加这些内容突出在军工行业抓好设计质量的重要性，以及需要采取的一系列措施。

5. 质量问题归零

GJB/Z 9001A—2001 标准中增加了对复杂产品组织应建立并保持有效运行的故障报告、分析与纠正措施系统(FRACAS)，实施质量问题归零的要求。这一条在《决定》和《关于加强高新工程质量工作的若干意见》中均已明确提出，其重要作用在大量的军工产品研制生产中成功和失败的实例都已证明。GJB/Z 9004A—2001 标准中提出了质量问题归零应当做到定位准确、机理清楚、问题复现、措施有效和举一反三，以实现质量改进。这充分体现了《决定》对质量问题归零的要求，有助于把贯彻标准与贯彻《决定》相结合，使质量问题归零工作更加落到实处。

6. 可靠性、维修性、安全性和保障性要求

可靠性、维修性、安全性和保障性是军工产品重要的质量特性，与性能指标同等重要。因此，对可靠性、维修性、安全性和保障性工作要早期策划，并在研制和生产中进行管理和控制。为此 GJB/Z 9001A—2001 标准和 GJB/Z 9004A—2001 标准中都增加了可靠性、维修性、安全性和保障性的内容。

7. 工艺设计要求

由于工艺设计工作的重要性，为加强工艺设计，确保加快研制进度，GJB/Z 9001A—2001 标准在设计和开发策划的内容中增加了“工艺总方案的设计和开发活动”。

8. 试验控制要求

GB/T 19001—2000 标准作为通用性很强的标准，没有单独明确试验控制的要求，而军工产品的复杂性又决定了试验是军工产品研制生产中的十分重要的内容。试验过程的控制有着与设计、生产所不同的特点。国防科技工业许多承担试验任务的单位的工作就是承担军工产品研制试验，其他设计生产单位所承担的试验工作也都具有相对独立性。考虑到这一情况，GJB/Z 9001A—2001 标准把试验控制单独成条目，既便于依照标准要求实施试验过程控制，又便于没有试验职能的单位删减。

9. 试制控制

试制是军工产品研制过程中的关键环节，它不同于产品定型之后的生产。因此在 GJB/Z 9001A—2001 标准中明确了新产品试制控制的要求。这也便于没有试制职能的单位进行删减。

10. 统计技术和管理方法的应用

GJB/Z 9004A—2001 标准增加了“统计技术和管理方法的应用”。这既是本系列标准中多处提到统计技术和管理方法的索引，又是为了巩固多年来国防工业研究和试点的统计技术方法的成果，以进一步推动在国防科技工业更为广泛和有效的应用。GJB/Z 9004A—2001 标准增加了若干种统计技术和管理方法及其应用的范围。

3.4 GJB/Z 9000A 十项质量管理原则

为满足 ISO 9000 族标准 2000 版修订的需要，ISO/TC 176 根据 ISO 9000 族标准的实践经验，在广泛调研的基础上，征求了世界上著名质量管理专家的意见，整理形成了八项质量管理原则，奠定了 2000 版 ISO 9000 族标准的理论基础。在总结我国军工行业贯彻《军工产品质量管理条例》、实施 GJB/Z 9000—96 系列标准经验的基础上，GJB/Z 9000A 系列标准增加了体现我国军工产品质量管理特点的“预防为主、一次成功”二项原则，构成了军工产品质量管理的十项质量管理原则。

下面对每一项质量管理原则作简单的分析，以帮助理解。

3.4.1 以顾客为关注焦点

组织依存于顾客。因此，组织应理解顾客当前和未来的需求，满足顾客要求并争取超越顾客期望。

顾客是每个组织存在的基础，如果没有顾客，组织将无法生存。因此，组织应始终关注顾客，将理解和满足顾客的要求放在首位，并以此安排相关的活动。组织还要认识到市场是变化的，顾客是动态的，顾客的需求和期望也是不断发展的。因此，组织应研究和关注顾客的需求和期望，及时地调整自己的经营策略和采取必要的措施，以适应市场的变化，满足顾客不断发展的需求和期望，还应超越顾客的需求和期望，使自己的产品/服务处于领先的地位。

应用“以顾客为关注焦点”的原则，组织将采取下述活动：

- 调查、识别并理解顾客的需求和期望，如对产品的符合性、交货期、价格和可靠性等方面的要求；
- 确保组织的各项目标，包括质量目标，能体现顾客的需求和期望；

- 确保在整个组织内沟通顾客的需求和期望，使各级领导和全体员工都能了解其内容、细节和变化，并采取措施满足顾客的要求；
- 有计划、系统地测量顾客的满意程度，评价是否达到了预定的目标，并采取相应的活动和措施，以实现持续改进；
- 妥善处理与顾客的关系，力求使顾客满意；
- 在以顾客为关注焦点的前提下，确保兼顾组织的其他相关方的利益，使组织全面、持续地发展。

3.4.2 领导作用

领导者确立组织统一的宗旨及方向。他们应当创造并保持使员工能充分参与实现组织目标的内部环境。

组织的领导者是在最高层指挥和控制组织的一个人或一组人。最高管理者的作用是确定组织的方向、目标，创造良好的内部环境，组织全体员工充分参与以实现组织的方针和目标。GJB/Z 9004A 提出最高管理者的领导作用、承诺和积极参与，对建立并保持一个有效的和高效的质量管理体系，并使所有相关方获益是必不可少的。

实施"领导作用"的原则，组织将采取下述活动：

- 最高管理者建立组织的质量方针和目标，并与组织总的方针、目标相适应；
- 考虑所有相关方的需求和期望，了解外部环境的变化并做出积极反应，相关方包括顾客、所有者、员工、供方和社会等；
- 为本组织的未来描绘清晰的远景，确定富有挑战性的目标；
- 在组织的所有层次上建立共同的价值观和伦理观，树立职业道德榜样，形成企业精神和企业文化；
- 使全体员工工作在一个比较宽松、和谐的环境之中，建立相互信任的氛围，消除忧虑；
- 为员工提供所需的资源和培训，并赋予其职责范围内的自主权；
- 激发、鼓励并承认员工的贡献；
- 提倡公开和诚恳的交流和沟通方式；
- 实施组织的发展战略以达到目标。

3.4.3 全员参与

各级人员都是组织之本，只有他们的充分参与，才能使他们的才干为组织带来收益。

人是生产力中最活跃的因素，各级人员是组织的基础，是最重要的要素。调动全员的积极性、主动性和创造性，就可以充分发挥他们的能力，为组织创造最大的收益，所以组织应充分发挥各级人员的作用。

运用"全员参与"的原则，组织将采取下述活动：

- 让每个员工了解自身贡献的重要性及其在组织中的作用；
- 鼓励员工以主人翁的责任感去解决各类问题；
- 鼓励员工积极增加知识和经验，提高工作技能，提倡团队精神，共享知识和经验；

- 鼓励员工关注顾客的利益，向顾客和社会宣传组织的特长和优势；
- 创造良好的内部环境，让员工从工作中获得满足感，以成为组织的一员而感到骄傲和自豪；
- 将目标进行分解，激励员工为实现目标而努力，并根据员工的目标评价其业绩状况。

3.4.4 过程方法

将活动和相关的资源作为过程进行管理，可以更高效地得到期望的结果。

通过利用资源和实施管理，将输入转化为输出的一组活动，可以视为一个过程。一个过程的输出可直接形成下一个或几个过程的输入。

为使组织有效运行，必须识别和管理众多相互关联的过程。系统地识别和管理组织所应用的过程，特别是这些过程之间的相互作用，可称之为“过程方法”。采用“过程方法”可以掌握组织内与产品实现有关的全部过程，清楚过程之间的内在关系及相互联系。通过控制活动能获得可预测、具有一致性的改进结果，特别是可使组织关注并掌握按优先次序改进的机会。

应用“过程方法”原则，组织将采取下列活动：

- 为实现预期的目标，系统地识别所有的活动，包括管理职责、资源管理、产品实现和测量有关的过程，确定测量过程的输入和输出；
- 明确过程的网络，确定关键过程和相关过程，规定过程和组织各职能之间的接口；
- 明确规定对过程进行管理的职责、权限和义务；
- 识别过程的内部顾客、外部顾客、供方和其他受益者；
- 评价过程结果可能产生的风险、后果及对顾客、供方和其他相关方的影响；
- 在设计过程时，规定达到的结果，还应考虑过程的步骤、活动、流程、控制措施、培训、设备、方法、信息、材料和其他资源等。

3.4.5 管理的系统方法

将相互关联的过程作为系统加以识别、理解和管理，有助于组织提高实现目标的有效性和效率。

系统就是“相互关联或相互作用的一组要素”。系统方法就是把质量管理作为一个大系统，对组成质量管理体系的各个过程加以识别、理解和管理，以达到实现质量方针和质量目标。

系统方法和过程方法关系非常密切。它们都以过程为基础，都要求对各个过程之间的相互作用进行识别和管理。但前者着眼于整个系统和实现总目标，使得组织所策划的过程之间相互协调和相容；后者着眼于具体过程，对其输入、输出以及相互关联和相互作用的活动进行连续的控制，以实现每个过程的预期结果。

运用“管理的系统方法”原则，组织将采取以下措施：

- 制订明确的目标。建立一个以过程方法为主体的质量管理体系，制订质量方针和目标。而对于特定的产品或项目，就是制订产品或项目目标，编制质量计划。
- 根据设定的目标进行分解，识别和确定实现目标有关的过程组成的体系(系统)。
- 将目标展开，实现系统优化，落实各过程的目标和职责，明确规定接口和相互关系。

- 控制并协调质量管理体系各过程的运行，特别是关键过程、重要过程和特殊过程。
- 及时、清楚地理解所需的资源，确定资源的约束条件。
- 确定过程的测量和监视方法，通过测量和评审，采取措施以持续改进体系，提高组织的业绩。

3.4.6　持续改进

持续改进总体业绩应当是组织的一个永恒目标。

持续改进是增强满足要求的能力的循环活动。为了改进组织的整体业绩，组织应不断改进其产品质量，提高质量管理体系及过程的有效性和效率，以满足顾客和其他相关方日益增长和不断变化的需求和期望。只有坚持持续改进，组织才能不断进步。持续改进是永无止境的，因此持续改进应成为每一个组织永恒追求的目标。

运用“持续改进”原则，组织将采取以下措施：

- 使产品、过程和体系的持续改进成为组织内每个员工的目标；
- 在整个组织内采用始终如一的方法来推行持续改进，使持续改进成为一种制度；
- 对员工提供关于持续改进的方法和工具的培训，如 PDCA 循环、过程重组和过程创新等方法；
- 制订目标，以指导、跟踪并测量持续改进；
- 承认改进的结果，并对改进有功的员工通报表扬和奖励。

3.4.7　基于事实的决策方法

有效决策是建立在数据和信息分析的基础上的。

决策是针对预定目标，在一定约束条件下，从多个方案中选出最佳的一个付诸实施。达不到目标的决策就是失策。正确的决策需要领导者用科学的态度，以事实或正确的信息为基础，通过合乎逻辑的分析，做出正确的决断。盲目的决策或只凭个人主观意愿的决策是绝对不可取的。

运用“基于事实的决策方法”原则，组织将采取以下措施：

- 通过测量，来积累、或有意识地收集与目标有关的各种数据和信息，并明确规定收集信息的种类、渠道和职责；
- 通过鉴别，确保数据和信息的准确性和可靠性；
- 采取各种有效方法，对数据和信息进行分析，在分析时，应采用适当的统计技术；
- 应确保数据和信息能为使用者得到和利用；
- 根据对事实的分析、过去的经验和直觉判断做出决策并采取行动。

3.4.8　与供方互利的关系

组织与供方是相互依存的，互利的关系可增强双方创造价值的能力。

供方向组织提供的产品将对组织向顾客提供的产品产生重要的影响，因此处理好与供方的关系，影响到组织能否持续稳定地提供顾客满意的产品。在专业化和协作日益发展、供应链日趋复杂的今天，与供方的关系还影响到组织对市场的快速反应能力。因此对供方不能只讲控制，不讲合作互利，特别对关键供方，更要建立互利关系。这对组织和供方双方都是有利的。

运用“与供方互利的关系”原则，组织要采取下述措施：

- 识别并选择重要供方；
- 在建立与供方的关系时，既要考虑眼前利益，又要考虑长远利益；
- 与重要供方共享专门技术、信息和资源；
- 创造一个通畅和公开的沟通渠道，及时解决问题；
- 确定联合改进活动；
- 激发、鼓励和承认供方的改进及其成果。

3.4.9 预防为主

合理配置资源并做好事前策划和过程控制，是防患于未然的有效途径。

以零缺陷管理为目标，系统策划，从源头抓起，合理配置资源，早期投入，规范产品实现过程，把预防、发现和纠正产品设计、工艺、材料、元器件及软件等方面的质量问题作为工作重点，及早发现问题，及早解决问题，是提高过程的效益和效率的有效途径。

运用“预防为主”的原则，组织应考虑以下措施：

- 对产品实现过程进行全面策划，明确质量目标，规定必要的工作项目和相关的资源；
- 在产品设计和开发中采取措施，排除产生质量问题的根源；
- 运用早期报警的原理，确定和实施分级、分阶段的质量控制要求；
- 对发现的不合格要查清原因，落实纠正和预防措施；
- 采取质量审核、质量监督等适宜的方法，对质量管理体系过程进行监督，并在适用时测量。

3.4.10 一次成功

军工产品的研制应当力求第一次就把事情做好并实现预期的目标。

军工产品是一种特殊的产品，具有产品复杂、技术风险高和协作配套广的特点，同时资源和进度受到很大限制。因此，军工产品的研制应当力求第一次就把事情做好，确保一次成功并实现预期的目标。

运用“一次成功”的原则，组织应考虑以下措施：

- 建立明确、切实可行和可测量的质量目标，质量目标包括满足产品要求所需的内容；
- 制订质量计划，对有效和高效地实现与组织战略相一致的质量目标及要求所需的过程做出规定；
- 采取科学的管理方法，如可靠性技术、优化设计技术，全面分析、综合权衡，确保产品实现客观过程的质量；
- 对产品研制全过程进行严格的质量控制，并测量过程实现的有效性。

3.5 TQM 与 ISO 9000 族标准的关系

随着全面质量管理科学的不断完善和不断发展，国际标准化组织为适应国际间贸易发展的需要，在总结工业发达国家质量管理经验的基础上，于 1987 年发布了 ISO 9000 质量管理和质量保证系列标准。我国也于 1992 年 10 月等同采用 ISO 9000 族标准即 GB/T 19000 系列标准。从实际上看，由于该标准是在总结质量管理实践经验的基础上产生的，所以具有很强的实践性和指导性。可以断言，ISO 9000 族标准的推行必将对我国提高企业管理水平，增强企业竞争能力，深化全面质量管理等方面产生深远的影响。

可是，现在有的人把实施 ISO 9000 族标准与推行全面质量管理隔离开来，认为现在只要实施 ISO 9000 族标准，就可以无需推行全面质量管理了，其实这是一种误解，需要加以澄清。

3.5.1 TQM 与 ISO 9000 族标准的不同点

(1) TQM 是一门科学，而 ISO 9000 族标准是一项科学技术成果

TQM 作为一门科学，它涉及一整套的科学思想、理论和方法，具有科学性的特征。而 ISO 9000 族标准是从标准的角度，对 TQM 的质量体系理论和内容进行系统性的提炼、概括和总结，在规范化的基础上，为企业建立质量体系，为实施外部质量保证的有关内容方面提供指导，是一项科研成果。

(2) ISO 9000 族标准是质量管理科学发展的产物

从质量管理的发展历史来看，首先是操作者的质量管理，再到工长的质量管理，再到检验员的质量管理，再到统计员的质量管理，最后到现在的全面质量管理。不难看出，每当科学技术和工业经济发展到一个新的阶段，生产力发展到一个新的水平，总会伴随着出现一种与之相适应的新的质量管理方法，从而推动经济的发展。同时，质量管理的手段和方式也必须与生产力的水平相适应，否则也会影响生产力的发展。

在 60 年代，随着费根堡姆所提出的“全面质量管理”这一概念的出现，很快地这一理论就被各国所接受。随着 TQM 的不断完善和发展，质量管理学也在指导企业实践不断升华，并为各国质量管理和质量保证标准的相继产生提供了充分的理论依据和坚实的实践基础。

1959 年美国发布了 MIL－Q－9858A《质量大纲要求》，在这份世界上第一个质量保证标准中，美国国防部要求军品的承制企业充分保证质量。此外，还制定了《承包商检验系统评定》和《承包商质量大纲评定》等文件，从而形成了比较完整的一套质量体系的标准文件。随后，英国、加拿大、挪威和荷兰等国家也先后制定了质量保证标准。

到了 70 年代，企业实施外部质量保证已形成一种世界性趋势。企业为了在竞争中取得胜利和更大的经济效益，也致力于企业内部的质量管理，如美国国家标准学会 1979 年发布了《质量体系通用指南》，80 年代法国发布了《企业管理体系指南》等。

国际标准化组织根据 TQM 的发展，在 1987 年发布了 ISO 9000 族标准，所以说，ISO 9000 族标准的出现有其深刻的历史背景，它是质量管理发展到一定阶段的标志和产物。

(3) TQM的内容所涉及的范围较ISO 9000族标准广

TQM包括一整套的思想、理论和方法，例如可靠性技术、抽样技术等。而ISO 9000是一套结构比较严谨、定义明确以及规定具体而实用的标准，没有涉及具体的技术和方法。

3.5.2 TQM与ISO 9000族标准的一致性

(1) 指导思想一致

随着质量管理学科的不断完善和进一步发展，TQM已逐步形成一套科学的指导思想，其中一些主要思想在ISO 9000族标准中都得到充分的体现。

1) 系统管理思想

TQM要求从宏观、微观、技术、管理、设备、心理、方法和环境等方面对质量进行系统的考察。要求全员、全过程和各部门开展质量管理，采用各种方法进行综合治理，以取得整体的优化——用最经济的手段，生产出用户满意的产品。ISO 9000族标准规定，建立质量体系应将与产品质量有关的组织机构、职责、程序、活动、能力和资源等内容，根据质量环的原理，组成为一个有机整体，以求得供需双方在考虑风险、成本与利益的基础上，取得最佳的质量，使供需双方都得到好处。

2) 为用户服务思想

为用户服务是TQM的出发点、立足点和归宿点。TQM要求企业要以满足用户需要为目标，开发新产品，生产出适应用户需要的产品，要虚心听取用户意见，尊重用户权利，做好售前与售后服务，发挥产品的使用价值。ISO 9000族标准也明确指出，企业为了取得成功，提供的产品或服务必须满足用户期望，还要价廉物美，这样方能满足用户规定的或潜在的需要。这些都表明制定ISO 9000族标准的目的首先在于满足用户要求，同时也满足供需双方的追求。这也正是为用户服务思想的体现。

3) 预防为主的思想

TQM有预防为主的思想，实行超前管理和早期报警，抓好设计评审，做好周密的准备工作。在ISO 9000族标准中明确指出了质量体系“重点是预防质量问题的产生，而不是完全依靠事后的检查”，“质量体系应重视并采取预防性措施以避免问题的产生”。此外，在ISO 9000族标准中，有许多因素都强调超前管理，把质量事故消灭在形成过程之中，做到防患未然。这些说明了两者都具有预防为主的思想。

4) 用事实与数据说话的思想

TQM强调用事实和数据来分析、判断和寻求质量运动规律，实现质量管理科学化。ISO 9000族标准也十分注重用事实与数据说话，要求每个要素都必须以质量文件、质量记录为凭证。

5) “质量第一”的思想

TQM要求贯彻“质量第一”的方针，制定一套以质量求生存、以品种求发展的方针目标，并在生产经营活动中正确处理各种关系，始终不渝地将质量管理作为企业管理的中心环节。ISO 9000族标准也把质量摆到了企业经营活动的首要位置，把质量作为企业经营活动的主要因素，因为它关系到企业的成败。

6）质量经济性的思想

TQM 十分强调质量的经济性，反对盲目地追求“高质量”，而要以最经济的手段，生产出满足用户需要的产品，保证企业、社会和用户都获得良好的经济效益。ISO 9000 族标准强调质量体系的选用、设计和运行都必须贯彻最佳成本、最低风险和最大利益的原则，而且在标准中还把质量成本单独作为一个因素，以从经济角度来衡量质量体系的有效性。

除了以上 6 个指导思想以外，还有以人为主体的管理思想、控制的思想以及技术与管理并重的思想等。

（2）遵循的原理相同

在全面质量管理理论中，“朱兰螺旋曲线”用以描述产品质量产生、形成和实现的运动规律（见图 2.1）。瑞典的桑德霍尔姆从企业管理角度出发，把朱兰螺旋曲线上的 13 个环节，归并成企业内部的 8 大质量职能和企业外部的 2 个环节，以质量循环图加以表示（见图 2.2）。在 ISO 9000 族标准中，明确指出质量体系所依据的原理是质量环（见图 2.8），它是建立质量体系的理论模式。不难发现，无论是质量循环图，还是质量环，都可视为质量螺旋曲线的俯视投影，其本质都是描述质量形成过程的运动规律。

从以上分析可以看出，TQM 与 ISO 9000 族标准遵循的原理是相同的。

（3）基本要求一样

1）要求全过程的质量管理

TQM 要求对产品质量的产生、形成和实现的全过程（即朱兰螺旋曲线的 13 个环节）进行质量管理。而 ISO 9000 族标准也强调明确质量环各环节所有活动的质量责任，授予一定权限，建立管理机构，配备必要的设备和人员，制定工作程序和制度，开展全过程的质量管理。

2）要求全员参加质量管理

TQM 要求上至厂长、下至每一个工人都要依照他所承担的质量职能开展活动。在 ISO 9000 族标准中明确规定“采取必要的措施以保证质量方针为全体职工所掌握并贯彻执行”。

3）要求各部门承担质量责任

TQM 依据朱兰螺旋曲线的原理，要求各部门同心协力，各负其责，履行各自承担的质量责任。在 ISO 9000 族标准中也“明确规定企业领导和各职能部门的质量责任”，使各部门在质量工作中发挥各自的作用，保证质量方针目标的圆满完成。

除此以外，推行 TQM 与贯彻 ISO 9000 族标准都要求由企业最高领导人承担责任，要求把教育培训、提高工人业务素质摆到重要的位置，而且它们要求同样的工作程序，使用同样的统计方法等。

从以上分析既看到了 TQM 与 ISO 9000 族标准的差别性，又看到了它们的一致性，所以应该把两者结合起来共同使用，而不能把推行 TQM 与实施 ISO 9000 族标准隔离开来，一味强调贯标。正确的做法是：在推行 TQM 中，不断完善和发展 TQM，并认真实施 ISO 9000 族标准；在认真贯标的基础上，进一步深化 TQM，为提高管理水平，提高竞争能力，为提高产品质量水平作出贡献。

复习思考题

3-1　ISO 9000 国际标准是在什么背景下产生的？

3-2　简述新版 ISO 9000 国际标准由哪些核心标准构成。

3-3　如何理解八项质量管理原则？

3-4　国家军用质量管理标准中的十项质量管理的原则是什么？如何理解？

3-5　TQM 与 ISO 9000 标准有何异同点？

第4章　质量管理体系

4.1　质量管理体系基础

4.1.1　质量管理体系的理论说明

质量管理体系的主要目的之一是帮助组织增强顾客满意度。

组织依存于顾客，顾客对组织是非常重要的。顾客要求组织提供的产品应能满足他们的需求和期望，这种需求和期望可能是零散的、不系统的，甚至是互相矛盾的。一般需要组织对顾客的需求和期望进行整理、分析和归纳，转化为产品特性，并体现在产品技术标准和技术规范中。顾客要求可能是由顾客采用合同形式做出具体规定，也可采用非合同形式而由组织预测顾客要求后加以确定。不论是合同形式还是非合同形式，最后决定产品是否可以接受的是顾客。

由于顾客的需求和期望是不断变化的，以及竞争的压力和技术的发展，这就驱使组织必须持续改进其产品和过程。

质量管理体系方法是管理的系统工程方法在质量管理体系中的具体应用。这就要求组织必须分析顾客要求，采取质量工程方法规定为达到顾客要求所必需的过程，并使其连续受控，以实现顾客可以接受的产品。质量管理体系也能为组织持续改进其整体业绩提供一个框架，使持续改进在体系内正常进行，以增加顾客和其他相关方满意的机会。质量管理体系还能提供内、外部质量保证，向组织（内部）和顾客以及其他相关方（外部）提供信任，使相关方确信组织有能力提供持续满足要求的产品。

4.1.2　质量管理体系要求与产品要求

ISO 9000系列标准把质量管理体系要求与产品要求加以区分，区分的主要根据是两种要求具有不同的性质。

ISO 9000系列标准区分了质量管理体系要求和产品要求。这种要求是通用的，适用于所有行业或经济部门，适用于各类产品，包括硬件、软件、服务和流程性材料。但是，每个组织为符合质量管理体系标准的要求而采取的活动却是不同的。因此，每个组织要根据自己的具体情况建立具有适用性的质量管理体系。

ISO 9000系列标准本身不规定产品要求。组织应按照标准的相关要求来确定对产品的要求。一般来说，产品要求由顾客规定，或由组织通过预测顾客的要求规定，或由法规规定。对产品的要求或对过程的要求在相应的技术规范、产品标准、过程标准或规范、任务书、合同协议以及法律法规中规定。

对每一个组织来说,产品要求与质量管理体系要求缺一不可,不能互相取代,只能相辅相成。

4.1.3 质量管理体系方法

质量管理体系方法是管理的系统方法的原则在建立和实施质量管理体系中的具体应用,既适用于建立和实施质量管理体系,也适用于保持和改进现有的质量管理体系。ISO 9000 标准列举了建立和实施质量管理体系的八个步骤。

① 确定顾客和其他相关方的需求和期望;

② 建立组织的质量方针和质量目标;

③ 确定实现质量目标必需的过程和职责;

④ 确定和提供实现质量目标必需的资源;

⑤ 规定测量每个过程的有效性和效率的方法;

⑥ 应用这些测量方法确定每个过程的有效性和效率;

⑦ 确定防止不合格并消除产生原因的措施;

⑧ 建立和应用持续改进质量管理体系的过程。

上述方法也适用于保持和改进现有的质量管理体系。

这八个步骤符合 TQM 中 PDCA 循环的方法,实施这八个步骤对组织的益处是:

① 使组织对其过程能力和产品质量树立信心;

② 为持续改进提供基础;

③ 增进顾客和其他相关方满意并使组织成功。

采用上述方法的组织能对其过程能力和产品质量树立信心,为持续改进提供基础,从而增进顾客和其他相关方满意并使组织成功。

4.1.4 过程方法

ISO 9000 中将过程定义为一组将输入转化为输出的相互关联或相互作用的活动。因此任何使用资源将输入转化为输出的活动或一组活动均可视为一个过程。所谓过程方法,就是系统地识别和管理组织所应用的过程,特别是这些过程之间的相互作用。即首先是识别组织所应用的过程,包括组织的管理活动、资源提供、产品实现和测量有关的过程。其次确定过程的顺序和相互作用。并且要对各过程加以管理,也就是要控制各个过程的要素,包括输入、输出、活动和资源等,这样才能使过程有效。过程方法的优点就在于能对诸过程组成的系统中单个过程之间的联系以及过程的组合和相互作用进行连续的控制。

ISO 9000 系列标准把以过程为基础的质量管理体系用一个模式图描述。如图 4.1 所示。

图中实线箭头表示增值活动,虚线箭头代表了信息流,图中括号中的描述不适用于 GJB/Z 9001A。

从图中可以看出,质量管理体系的四大过程“管理职责”、“资源管理”、“产品实现”和“测量、分析和改进”彼此相连,最后通过体系的持续改进而进入更高的阶段。从水平方向看,顾客

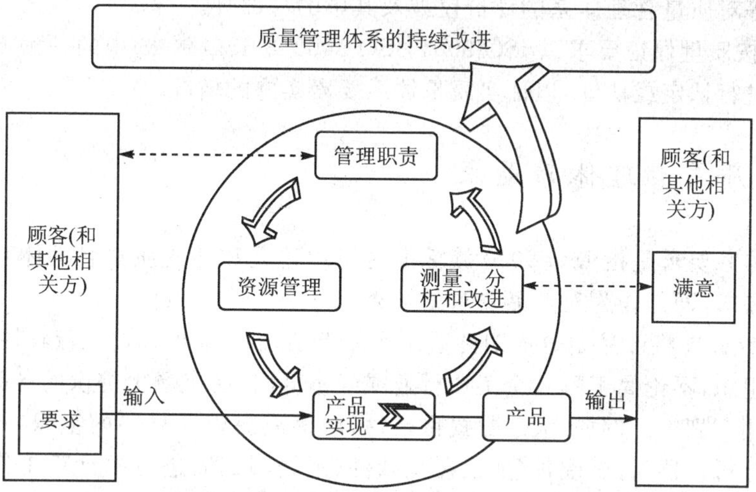

图 4.1　以过程为基础的质量管理体系模式

(和其他相关方)的要求形成产品实现过程的输入。产品实现过程的输出是最终产品。产品交付给顾客后,顾客(和其他相关方)将对其满意程度的意见反馈给组织的测量、分析和改进过程,作为质量管理体系持续改进的一个依据。在新的阶段,“管理职责”过程把新的决策反馈给顾客(和其他相关方),后者可能据此而形成新的要求。利用这个模型图,组织可以明确主要过程,并可把四大过程依据实际情况进一步展开、细化,并对过程进行连续控制,从而改进体系的有效性。

图 4.1 中的模式没有表明更详细的过程。该图表明在向组织提供输入方面相关方起重要作用。监视相关方满意程度需要评价有关相关方感受的信息,这种信息可以表明其需求和期望已得到满足的程度。

4.2　质量管理体系的建立与运行

4.2.1　基本概念

(1) 建立质量管理体系的指导思想

ISO 9000:2000 对质量管理体系的定义为在质量方面指挥和控制组织的管理体系。并注释如下:质量管理体系的内容应以满足质量目标的需要为准;为了合同或强制性质量评价的目的,可要求对已确定的质量管理体系要素的实施进行证实。

组织建立质量管理体系应具备以下三点基本思想:

① 组织的质量管理体系主要是为了满足组织内部实施质量管理的需要,应从满足组织的质量方针和目标出发进行设计。因此,组织应以 GJB/Z 9001A 或 GJB/Z 9004A 为依据,结合自身的实际情况,建立或健全质量管理体系。

② 组织为内部管理需要而设计的质量管理体系,其内容比外部特定顾客的要求更广泛,

顾客和第三方等对质量管理体系的评价仅涉及其中的一部分。

③ 组织可按质量保证要求以 ISO 9001,ISO 9002 或 ISO 9003 中的一种模式对已建立的质量管理体系进行认定或认证,以证实质量体系要素实施的情况。

4.2.2 质量管理体系要求

质量管理体系要求是指 ISO 9000 族标准对组织建立和实施质量管理体系的要求。它不同于对产品的要求,而是作为对产品要求的补充。

ISO 9000 族标准将产品划分成四种通用产品类别,即:硬件、软件、流程性材料和服务。

任何一个组织,不论属于哪一个工业行业或经济部门,在市场上提供的产品通常有两种或两种以上的通用产品类。例如,大多数提供硬件、软件或流程性材料的组织,同时还要提供相应的服务。以分析仪器为例,硬件(如仪器)、软件(围绕测试而进行的计算工作)、流程性材料(如滴定溶液或标准物质)和服务(如培训或维修保养),均可能是供应品的重要特性。一个服务组织,如某餐馆,有服务成分,同时也有硬件、软件和流程性材料。

ISO 9000 族标准把质量管理体系要求和产品要求区分开来。对产品的技术要求随产品的类别和类型而不同。但是,"ISO 9000 族标准适用于所有四种通用产品类。对所有通用产品类来说,质量体系要求是基本相同的,但术语和管理体系的细节及侧重点则有所差异。"因此,组织应根据自身在市场上提供的产品类别,参照有关的标准,确定管理体系的细节和侧重点。

4.2.3 质量管理体系适用情况

质量管理体系情况是指 ISO 9000 族标准所提供的质量管理体系指南和要求适用于哪些情况,或者说按照 ISO 9000 族标准所建立的质量管理体系适用于哪些情况,或适用于哪些情况之下。ISO 9000 族适用于以下四种情况:

(1) 质量管理情况

组织为了实现自身的质量方针和目标,强化内部质量管理的目的,以 ISO 9000 族标准为指南,建立并保持一个质量管理体系,以确保影响其产品质量的各项因素处于受控状态。在这种情况下,"这个质量管理体系将会增强其自身的竞争力,以便以经济有效的方式实现产品质量要求。"

(2) 合同情况

即存在于第一方和第二方之间的合同中。顾客在向供方订货时,为了确保供方能够持续地按规定要求生产产品,以及保持相应的风险水平,顾客往往要规定某一具体的质量保证模式,在合同中要求加入某些质量管理体系要素和过程。如果供方也认为合适,这些要素和过程就成为供方质量管理体系的一部分。在合同履行期间,顾客可派审核组或委托其代理人或经双方同意的第三方,到供方的现场按合同中规定的质量管理体系要求进行检查评定,即进行第二方审核。

(3) 第二方认定或注册情况

顾客(第二方)为选择合格的供方(第一方),或者供方为选择合格的分供方,在购买或签订合同以前，往往需要对备选的第一方所具有的质量保证能力进行评定，即评定其质量管理体系是否符合要求。在第二方作出符合标准的正式认定或注册作为合格的供方或分供方以后，再签订购货合同。

(4) 第三方认证或注册情况

供方组织为了在竞争中赢得有利地位，主动向认证机构提出申请，经接受后由认证机构评价供方的质量管理体系，对符合规定要求的准予注册。供方则对所有顾客保持其质量管理体系，除非在某一具体合同中有特殊规定。这种认证或注册能够向顾客提供信任，因而常能减少顾客对组织质量管理体系评定的次数和范围(包括上述(2)和(3)两种情况的评定)。

一个供方往往同时处于上述各种情况之中。既可以在非合同情况下向顾客出售某些产品，也可以在合同情况下出售另一些产品，有或没有顾客要求的质量管理体系评定或认证。因此，ISO 9000 提出："供方组织应建立并保持一个质量管理体系，该质量管理体系应设计成能覆盖组织所面临的所有情况。"这里所说的所有情况，即上述四种情况。

4.2.4　建立质量管理体系的推动方式

ISO/TC 176 在 ISO 9000 系列标准 1987 年版时并没有提出"管理者推动"和"受益者推动"的说法，在质量管理体系的定义中也没有明确注明"一个组织的质量管理体系主要是为满足该组织内部管理的需要而设计的"。实际上在许多国家和工业行业或经济部门，受益者推动是一种流行作法。质量管理体系认证/注册的广泛应用是该方法推广的一个因素。

1. 管理者推动方式

管理者推动方式，即组织的最高管理者为了适应市场需求、满足内部管理的需要，积极推进质量管理，主动地建立并实施质量体系。然后，作为一种预备措施，在任何顾客要求之前寻求第三方认证，或按照顾客的评定要求，在三种质量保证模式中确定一种模式进行认定或认证，并不断完善已经建立的质量管理体系，满足内部和外部两方面的需要，其实施步骤如图 4.2所示。

2. 受益者推动方式

为满足顾客提出的认定或认证要求，为证实本组织的质量保证能力，组织的最高管理者按照受益者的要求建立相应的质量体系。然后，再按照强化内部管理的需要，不断充实、提高，建立一个更加完善的质量管理体系，其实施步骤如图 4.3 所示。

按两种推动方式所建立和实施的质量管理体系相比较，"在管理者推动方式中所实施的质量管理体系通常要比为证实质量管理体系适宜性而使用的模式更加全面和更富有成效。"

近年来我国企业所处的市场环境，多数情况下顾客并没有提出质量保证要求。有的企业往往是为了通过质量管理体系认证从而在市场竞争中树立自身的质量保证形象，先行按照受益者推动方式建立质量管理体系。只求证书到手，而没有按照质量标准中指出的"在此同时或在此以后，供方还会开展质量管理工作以获得进一步改进，并以所选择的质量保证模式作为核心结构，建立一个更加全面的质量管理体系"。这样往往会带来形式主义的后果，难以从根本上推动企业质量管理的提高。

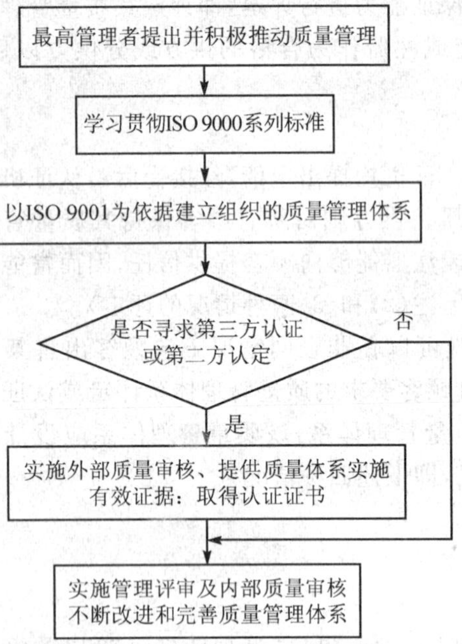

图 4.2 管理者推动方式的实施步骤

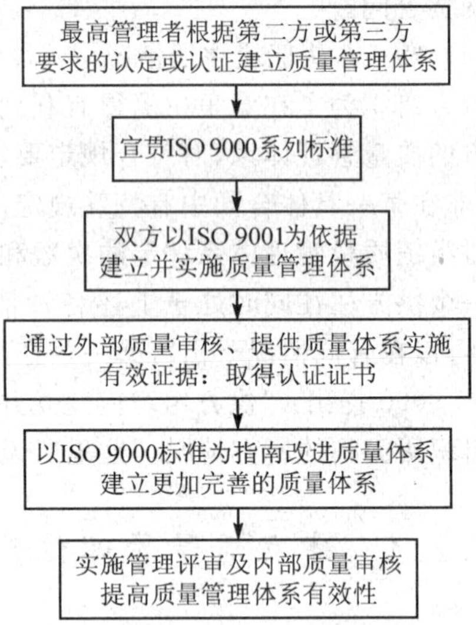

图 4.3 受益者推动方式的实施步骤

4.2.5 质量管理体系策划与设计

建立质量管理体系，在具体操作上一般要经历质量管理体系策划与设计、质量管理体系文件编制和质量管理体系试运行及改进三个阶段；质量管理体系策划与设计是其中的第一个阶段。

1. 质量管理体系策划的意义

质量管理体系策划是质量策划的重要组成部分。质量策划是指“确定质量以及采用质量管理体系要素的目标和要求的活动”，它包括产品策划、管理和作业策划，即为实施质量管理体系所进行的一系列策划和准备活动，包括组织工作和日程安排，以及编制质量计划和对质量改进作出规定等。

质量策划和质量计划二者既有联系又有区别。策划是对未来的构思，计划则是针对构成诸多构思的对象所拟定的文件。计划是策划的具体结果，策划则是计划编制的前提和依据。

质量管理体系策划是质量管理体系总体设计以及最终形成文件化的质量体系并予以实施的前提。它是对企业建立并完善质量管理体系的全面、系统的谋划和构思。只有通过精心策划，才能建立有效的质量体系，才能最终实现质量目标。

质量管理体系策划的重要内容是对质量改进的策划，通过对体系和过程的不断改进、评审和评价，使质量管理体系更加有效。改进是面向未来的，未来也必须依靠不断的改进和创新去构筑。

2. 质量管理体系策划与设计的步骤

在编制质量管理体系文件以前，所要策划的内容有以下六个方面：

（1）教育培训，统一认识

在质量管理体系建立和完善的整个过程中，要始于教育，终于教育，但不同阶段教育的重点、方式和内容应有所不同，要思想到位，工作到位。

在质量管理体系策划和总体设计阶段，培训的重点是企业的决策层；培训的内容包括 ISO 9000 族标准的内容、意义和作用，建立和完善质量管理体系的必要性和紧迫性，贯标和认证的关系，以及企业建立质量管理体系的总体指导思想和步骤等；一般可请有关专家作报告或已贯标、认证的企业领导作介绍。

（2）制定质量方针和目标

质量方针是企业总方针的重要组成部分，是企业在质量方面的宗旨和方向，是企业全体员工必须遵循的准则和行动纲领，它也体现了企业对顾客的承诺。质量方针既应概括明了，又应力戒空洞死板。质量目标则要反映顾客的需要和期望，同时也必须实现组织的需要和利益，既要先进创新，又要切实可行，一般应提出定量化的指标或具体目标。

（3）组织落实，拟定计划

建立统一规划分级负责的组织机构是建立和完善质量管理体系的重要方面。一般应根据企业规模、产品特点及组织结构情况而有不同的形式。大中型企业一般应建立三个层次的领导及工作班子。首先应成立由企业决策层成员为首的总体规划、协调和指导班子；其次，要建立由各职能部门领导参加的工作班子，负责实施总体规划；再次，要成立体系设计和体系文件编写工作班子，由各职能部门领导或业务骨干参加，明确质量管理体系要素的责任部门、要素的展开和落实以及接口部分的协调等事项。组织落实后，应分别制订工作计划。

（4）现状调查和分析

企业现状调查是确定质量管理体系要素采用的数量和程度、体系覆盖范围等的前提和基础。其主要内容包括：

① 产品特点，特别是主导产品的特点、工艺流程等。

② 组织结构，特别是机构设置及职能分工等。

③ 企业内部单位及协作单位的布局及关联程度分析，以确定体系的覆盖范围（起点和终点）。

④ 资源状况，各类人员的结构、素质，各种生产设备、检测设备的状况等。

⑤ 管理基础工作，包括标准化计量、质量教育、质量责任制和质量信息工作等。

（5）调整机构，配备资源

由于历史原因，我国许多企业的组织机构并没有体现以质量为中心、以市场为导向的经营要求。质量机构重复、职能交叉的现象还普遍存在，不适应建立和完善质量管理体系的要求，应进行必要的调整。从建立体系的角度说，应遵循的原则是：一个质量职能部门可以负责或参与多个质量活动，但一项质量活动不能由多个职能部门负责。调整机构的工作难度大，它不仅涉及质量管理，而且涉及企业的总体经营战略的实施，应统筹考虑，逐步实施。

调整组织机构，确定体系要素，必须相应地进行人员、设备等资源的合理配置，要有一定的资金投入。此项工作应与质量体系的总体设计同步考虑。

(6) 质量管理体系的总体设计

在完成以上各项工作后,应对企业的质量管理体系进行总体设计,作为最终建立和完善质量管理体系的大纲和指南。

质量管理体系的总体设计方案,应由最高管理者领导下的体系设计小组提出,经最高管理者主持的决策会议审定。主要内容是:

① 质量方针和目标。

② 主导产品的质量环及相关联单位(质量管理体系覆盖范围)。

③ 质量管理体系的结构、层次及要素。

④ 所选定的质量管理体系标准与体系要素对照表。

⑤ 组织结构及质量职能分配表。

⑥ 质量管理体系过程网络及接口关系。

⑦ 质量管理体系文件层次、类别、编制规范以及明细表。

⑧ 资源配置计划。

3. 质量管理体系文件的编制

质量管理体系文件的总体编制原则及应注意的问题说明如下:

① 编制质量管理体系文件所应遵守的基本原则就是符合性和有效性。符合性主要是指两个方面:一是所编制的文件应当符合 ISO 9000 族标准的通用要求,反映出标准所倡导的"该做到的要写到,写到的要做到,做到的结果要有记录";二是文件应当符合企业的实际,不搞生搬硬套。有效性主要是指编制的文件要讲求实效,不做表面文章,不搞花架子,一套有效的质量管理体系文件应能成为企业开展各项质量活动的依据,并能收到实效。

② 编制质量管理体系文件应与质量职能分配工作结合进行。一般可编制质量职能矩阵图,将质量职能逐级展开,分别落实到各个具体职能部门。

③ 为使编制的质量管理体系文件能够统一、协调,应在编写前先行收集、整理现有的各种文件,并与相应的体系要素作比较。然后,在此基础上编制质量管理体系的文件明细表,确定新编、修订、合并和废止的文件目录,落实负责编写文件的责任人,提出编制要求和完成日期。要制订质量管理体系文件编制的统一规范,做到表号、表名和内容层次等统一、规范与完整。

④ 除质量手册应组织统一编写外,第二、三层次的文件按分工由归口部门分别编制。一般是"谁主管,谁编制;谁实施,谁修改。"经提出草案后再统一组织审定,贯彻"把质量方针目标写实,职责权限写准,要素展开,质量活动写全"的原则。

⑤ 我国很多企业现行文件的层次性、系统性不强,且不具有可追溯性。加之企业的管理者习惯于以言代法,操作者习惯于按经验操作,因而给文件的落实造成很大障碍。所以在质量体系文件编写和实施过程中都要坚持不断地学习标准、提高认识和对标准的理解。不少企业文件质量不高的原因往往都是没有很好地理解标准的要求。培训的重点在管理层和文件的起草人员,主要应学好标准,明确编写要求。要分析标准提出了什么要求,根据这些要求应采取哪些质量活动,活动结果的表现形式如何,本企业的差距在哪里等。

4. 质量管理体系的试运行及改进

(1) 质量管理体系的试运行及改进的三个环节

实践是检验真理的唯一标准。编写的文件是否有效，过程网络的运作是否协调，都需要通过试运行来检验。经过试运行，暴露出诸多的矛盾和问题，采取改进和纠正措施，进一步修改和完善体系文件。在运行中不断改进，在不断改进中运行，在这当中主要应抓好以下三个环节：

1) 试运行阶段的培训重点在执行层

可举办各种质量管理体系文件培训班，岗位职责培训班等，特别是要使与质量管理体系运作有关的人员明确应该做什么，怎么做，为什么这么做，发现了差异如何解决等问题。

2) 重视信息管理也是试运行中乃至以后体系正常运作中的一项重要工作

应做好信息的收集、分析、传递、反馈及处理。企业作为一个系统只有在实施了文件化的质量管理体系并进行信息网络跟踪时，企业的质量管理体系才可以说是真正建立起来了。

3) 质量管理体系的审核与评审

质量管理体系试运行及正常运行中每一阶段结束后，应由内部审核员进行质量管理体系审核，检验体系文件的符合性和有效性。重大问题也可以随时审核。在内部审核的基础上，由最高管理者组织一次管理评审。

(2) 内部质量管理体系审核

1) 内部质量管理体系审核的含义与特征

内部质量管理体系审核是由供方自我组织的审核，也称第一方审核。它和第二、第三方进行的外部质量管理体系相比较，在目的、依据和组织等方面均有不同。内部审核的目的，在于评价质量管理体系的符合性和有效性，着重发现问题，采取纠正和预防措施，完善与改进质量管理体系。

2) 内部质量管理体系审核的策划与实施

内部质量管理体系审核由管理者代表具体领导，并指定一个职能部门(如质管办等)进行管理。要建设一支合格、称职的内部审核员队伍，制定、施行一套正规、完善的内部审核程序和办法，编制和实施经过精心设计的年度审核计划，使内部质量管理体系审核正常、有序地进行。

要坚持内部质量管理体系审核的独立性、公正性。

4.2.6　管理评审

1. 管理评审的特点

ISO 8402 对管理评审的定义是由最高管理者就质量方针和目标，对质量管理体系的现状和适应性进行的正式评价。并注释如下：① 管理评审可以包括质量方针评审。② 质量审核的结果可作为管理评审的一种输入。③ 最高管理者指的是其质量管理体系受到评审的组织的管理者。

从上述定义可以看出管理评审具有如下特点：

① 参与者的高级别——由组织的最高管理者领导实施。

② 考察问题的高视角——从全局性、战略性的方针、目标的角度，对质量管理体系进行全面性、总体性的评审。甚至也包括对方针、目标本身适宜性的评审。

③ 评审工作的高层次——内、外部质量管理体系审核的结果是它的一种输入，尤其对内部质量管理体系审核的结果，在管理评审中要予以审查和确认。

④ 评审类型的单一性——只有第一方审核，而无第二、三方的审核。

2. 管理评审工作中应注意的问题

为做好管理评审工作，应注意以下几点：

① 最高管理者应认真抓好管理评审。一个组织管理评审工作的好坏，也是其最高管理者质量意识强弱的一个重要反映。

② 管理评审应定期进行，一般每年一次。但若在组织内部或外部出现重大变化时，外部变化如新技术的采用、质量概念的发展、市场战略、顾客期望和社会要求或环境条件的重大变化，内部变化如组织机构调整、连续出现重大质量事故或顾客投诉等情况时，也应及时进行。

③ 管理评审应侧重从全局的高度，对质量管理体系为满足相应标准和组织方针、目标的总体有效性，来考察质量管理体系的适宜性，使质量管理体系通过评审而不断完善，发挥出最佳的整体效果。

④ 管理评审一般也应按照事先编制的管理评审程序进行，并应做好评审记录，提交评审报告。

4.3 质量管理体系文件

4.3.1 质量管理体系文件的作用和结构

1. 质量管理体系文件的作用

编制质量管理体系文件的作用是：

① 质量活动的法规；

② 达到所要求的产品质量和预期目标的保障；

③ 评价企业质量管理体系有效性的依据；

④ 质量改进的保障

a) 发现目标

b) 评价结果

c) 巩固绩效

d) 制订培训需求的依据

总之，编制质量管理体系文件的目的是为了沟通意图、统一目标、促使行动一致和证实体系存在及保证其运行效果。

2. 质量管理体系文件的结构

典型的质量管理体系文件结构如图 4.4 所示。

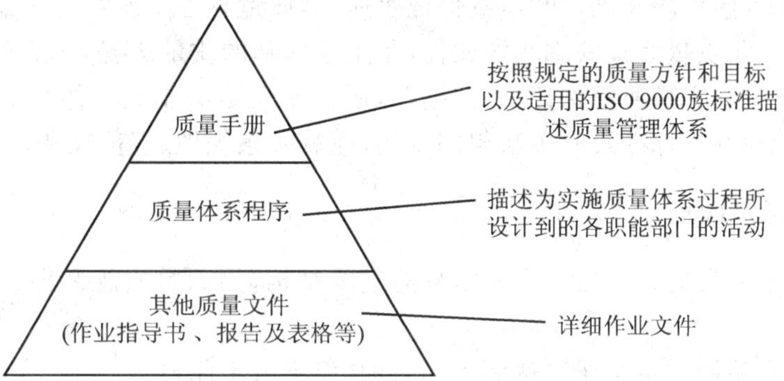

图 4.4　质量管理体系文件结构

文件的数量和详细程度取决于：

① 组织的规模和关系；

② 过程的复杂程度和相互关系；

③ 员工的能力；

④ 证实质量管理体系符合要求的需要。

标准所要求的质量管理体系文件应包括：

① 质量手册；

② 程序文件；

③ 详细作业文件；

④ 质量计划；

⑤ 质量记录。

其中，详细作业文件因企业类型、特点不同而有较大差异，在本节中不作进一步阐述，现就其他四种文件分述如下。

4.3.2　质量手册

1. 质量手册的定义

质量手册是指阐明一个组织的质量方针并描述其质量体系的文件。

有关定义的补充如下：

① 质量手册可以涉及一个组织的全部活动或部分活动。手册的标题和范围反映其应用的领域。

② 质量手册通常至少应包括或涉及

a）质量方针；

b）影响质量的管理、执行、验证或评审工作的人员职责、权限和相互关系；

c）质量体系程序和说明；

d）关于手册评审、修改和控制的规定。

③ 质量手册在深度和形式上可以不同，以适应组织的需要。它可以由几个文件组成。根据手册的范围，可以使用限定词，如“质量保证手册”、“质量管理手册”等。

质量手册是企业质量管理的纲领性文件，是企业内部的质量法规，又是对外展示企业质量体系结构、运作状态和提供质量保证的“证据”。质量手册是编制其他体系文件的依据。质量手册是依据 ISO 9000 族标准及有关法规编制的，应具有系统性、规范性和科学性。

2. 质量手册的目的

质量手册的主要目的是：规定质量体系的基本结构，因而是实施和保持质量体系应长期遵循的文件。

各组织编制和使用质量手册以达到下述目的（但不限于此）：

① 传达组织的质量方针、程序和要求；

② 描述和实施有效的质量体系；

③ 提供改进的常规控制，促进质量保证活动；

④ 提供审核质量体系的文件依据；

⑤ 情况改变时，保证质量体系及其要求的连续性；

⑥ 按照质量体系要求及其实施方法培训人员；

⑦ 对外展示其质量体系；

⑧ 证明其质量体系满足合同情况下的质量要求。

3. 质量手册的形式

质量手册的编制形式受企业的组织结构、规模和产品特点等因素的影响，可采取不同的表现形式。质量手册可以是由几个层次文件支持的一份文件，每层文件逐渐详细。也可以有一个总的质量手册，一个或几个具体的程序手册、作业指导书和引用文件，这些文件共同规定了质量体系。

大致有如下 7 种：

① 形成文件的质量体系程序的直接汇编；

②一部分形成文件的质量体系程序；

③ 针对特定的设施或应用场所的一系列形成文件的程序；

④ 多份或多个层次的文件；

⑤ 带有经剪裁附录的通用核心文件；

⑥ 独立版本或其他形式；

⑦ 依据组织需要的其他多种可能的派生文件。

当同一手册用于质量管理和质量保证两种目的时简称“质量手册”，这是质量手册的最常见形式。

质量手册可分为受控和非受控版本两种。受控版本为现场使用的有效版本，当手册修改或作废时，应按有关程序文件规定跟踪返回修改；手册的发放和更改应进行严格控制。非受控版本的手册是“为了投标，非现场顾客的使用以及为其他目的而分发的手册”，手册的更改或作废不需要跟踪或返回。非受控版本应在手册封面上加盖印章，以免混淆或误用。

4. 质量手册的内容

质量手册的内容在 ISO 10013 标准中给出了标准结构，企业可以根据实际需要，对其进行必要的增删。一般应由如下几部分构成。

① 封面：手册名称，企业名称，文件号，版本状态，日期。

② 批准页：质量方针与目标(全文)，企业最高管理者签名及日期。

③ 范围及适用领域：属于哪种类型，编制依据，适用于哪些范畴、部门与产品，或不适用的场合以及不涉及的内容等。

④ 目录：手册各章节及附录的题目及页码、图表等的编号及分类要统一、规范、明晰。

⑤ 前言：主要介绍企业状况及质量手册的有关内容。企业情况包括：企业的名称，地址，通讯，业务范围，规模，历史，主要生产设施技术力量，产品认证、体系认证情况等。手册情况包括：手册的确认和保持，审批、更改、审定方法，标识手册状态，控制及分发的程序，对质量手册实施人员的批准签字等。

⑥ 质量方针和目标：说明组织的质量方针及质量目标。

⑦ 术语或缩写：术语引用标准，企业采用术语的定义，简化术语、缩写的对照表，有关符号、图号的说明。

⑧ 组织结构与职责：企业的质量管理机构设置，质量职能与体系要素对应矩阵图；可以在有关的质量体系程序文件中，详细说明与质量有关的管理、执行或验证、评审部门的职责，权限以及接口关系等。

⑨ 质量体系正文：这部分是质量手册的核心内容。

详细阐述所列过程的质量活动的方法。依据所选定标准中这些过程的要求，规定企业如何完成和控制每一个过程，以及体系过程选择的基本依据。

⑩ 附录：与质量手册使用相关的文件资料，如有必要应附在其后或分别编成附件备查。包括：程序文件一览表(文件号、题目、版本号)，质量计划或工作指令(工作标准)一览表，质量记录格式一览表，以及其他相关资料。

5. 质量手册的编写

(1)质量手册的编写应掌握的环节

① 成立编写小组：由最高管理者授权或在其支持下成立编写班子。

② 编写：依据选定标准要求编制手册文本，提出手册初稿。

③ 审核：由质量管理部门或贯标领导小组组织有关人员审校。

④ 修改：请有关专家或各职能部门代表对初稿提出详细修改意见，并通过具体实施，收集、整理运行中出现的问题，由编写小组具体进行补充、修改。

⑤ 审定：由最高管理者(或代表)组织审定。

⑥ 批准：最高管理者签署批准令。

(2) ISO 10013《质量手册编制指南》中关于质量手册编写的步骤

① 确定并列出现行适用的质量体系政策、目标和形成文件的程序，编制相应的计划；

② 依据与所选用的质量体系标准确定适用的质量体系要素；

③ 使用各种方法，如调查或面谈，收集有关现行质量体系和做法的资料；

④ 从业务部门收集补充的原始文件或参考资料；

⑤ 确定待编手册的结构和格式；

⑥ 根据预期的结构和格式将现有文件分类；

⑦ 使用适合于本组织的任何其他方法编制质量手册草案。

手册编写时应处理好与程序文件、质量记录等相关文件的关系。依据企业特点不同，可以直接引用程序文件或将相关内容归并到程序文件中叙述，手册中仅列出程序文件的名称，以防止手册篇幅过长。

(3) 质量管理体系文件编制原则

文件编制不是对现有活动的写实，而是增值的过程。为实现增殖的目标，需要创造性的劳动。

编制文件遵循的重要原理和原则如下：

1) 符合性

① 符合企业的质量方针和目标；

② 符合质量管理标准的要求。

2) 创新性

① 创新思维是持续改进的源泉；

② 创新会带来效益；

③ 创新的范围。

3) 确定性

在描述任何质量活动过程中，都必须使其具有确定性。也就是必须明确规定何时、何地、做什么、由谁来做、依据什么文件、怎样做以及应保留什么文件等，以排除人为的随意性。

4) 相容性

各种与质量管理体系有关的文件之间，应保持良好的相容性，即不仅要协调一致不产生矛盾，而且要各自为实现总目标承担好相应的任务。

5) 可操作性

质量管理体系文件都必须符合各企业的客观实际，具有可操作性，这是文件得以有效贯彻实施的重要前提。质量管理体系文件的可操作性要通过落实职责来保证。

6) 系统性

质量管理体系应是一个由组织结构、程序和过程资源构成的有机的整体，在文件的编写过程中，应该站在系统的高度，搞清每个程序在体系中的作用，其输入、输出与其他程序之间的界面和接口，并施以有效的反馈控制。

7) 继承性

应在企业原有质量管理体系的基础上贯彻 ISO 9000 标准，并进一步规范化、标准化，以满足质量管理体系标准的要求。

8) 简　化

简化的效果如下：

① 节省；

② 减少差错；

③ 教导处人员素质和培训的要求。

9）优　化

每个程序和过程都应在权衡风险、利益和成本的前提下，寻求最佳的折中，实现在特定具体条件下的优化目标。

10）预　防

预防是质量管理的精髓，预防也是最节省的。

11）证实性

质量管理体系文件本身就是符合标准要求的体系存在的重要客观证据。

12）可检查性

检查或评价质量管理体系运行的符合性、充分性、适宜性和有效性，是促使质量管理体系日臻完善的重要手段。

13）独立性

在质量管理体系评价中，应贯彻独立性原则，使评价人员独立于被评价的活动。只有这样，才能保证评价的客观性、真实性和公正性。

14）区　别

在各种管理活动中要反对一刀切，实行区别对待、分类指导，从文件重要性和实际情况出发决定对策。

15）闭　环

任何管理活动的安排均应善始善终，并按照 PDCA 循环，力求不断改进。如果 PDCA 循环开环，则意味着管理中断、半途而废和前功尽弃，故是否闭环也是检查质量管理体系运行是否正常的一个有效方法。

16）制　衡

在贯彻职责方面，对机构的设置、职能的分配以及职责职权的赋予及其相互关系等，都应考虑应用权力的制衡原则，只有权力受到制约，才能避免质量管理体系过分依赖某个领导者或某一个工作人员，才能建立有效的监督机制，以保证在质量管理体系偏离质量方针、目标和标准要求时，能及时加以纠正。

17）补　偿

所谓补偿就是对复杂事物运用调节的方法进行控制以达到规定要求。

18）改　进

ISO 9000 标准要求对质量管理体系不断改进，实施动态管理。为巩固改进成果，应将其体现到质量管理文件中。

6. 文件编制的八项注意

① 参考 ISO 9001A—2001；

② 积极运用 TQM 的方法；

③ 注意“异常流”的控制；

④ 逻辑性；

⑤ 体例、格式统一；

⑥ 严格界定术语；

⑦ 文字表达准确、顺畅和简练；

⑧ 文件活页化。

7. 质量手册的使用

① 编制质量手册使用指南。对于企业规模较大、内容较多的质量手册，为便于使用，可在手册中编写说明、索引以及主词或关键词，以便尽快查到有关内容。

② 受控手册的发放范围、数量、名册、手续和程序。

③ 修改、变更和换版程序。

④ 制订手册使用及保管规定。

4.3.3 程序文件

程序文件在质量体系文件中，起到承上启下的作用，它是质量手册的支持性文件，同时，又是质量计划、质量记录和作业指导书等文件编制的依据之一。

1. 程序文件的概念及特征

(1) 概 念

程序文件是指为进行某项活动所规定的途径。将程序形成文件时，通常称之为“书面程序”或“文件化程序”。

程序文件通过一系列逻辑严谨、层次清楚的步骤，描述质量活动的目的和范围。

(2) 特 征

1) 可操作性

程序文件一般是规定执行层、职能部门工作规范，必须把操作的目的和步骤、职权以及部门间的接口写清楚。

应明确规定影响质量的每一项活动的职责和权限，应赋予充分的职责、组织独立性和权限，以便按期望的效率达到规定的质量目标。

2) 可检查性

程序文件应对所规定的活动过程和结果的记录(提供的证据)作出明确的规定。因此在编制程序文件时应同时规定质量记录的格式、保存期等，使两者构成有机整体。

3) 可融合性

首先应与质量手册所规定要素相一致。如 ISO 9001 标准中第 4.2.2 指出的“应编制与本标准要求和供方规定的质量方针相一致形成文件的程序”。其次，对于所描述的与质量要素活动相关的质量活动应作为“接口”，与之匹配，才能形成纵、横向融合、完整的文件化体系。

2. 程序文件的内容

文件化程序通常应规定活动的目的和范围；做什么、由谁来做；何时、何地以及如何做；应使用什么样的材料、设备和文件；如何对活动进行控制和记录(简称 5W1H)。具体来说，程序文件一般结构如下：

① 文件编号与标题；

② 目的和适用范围；

③ 术语；

④ 职责；

⑤ 工作流程和控制要点；

⑥ 报告和记录；

⑦ 相关文件。

3. 程序文件的编写要求

① 合理覆盖 ISO 9000 族标准要求。编写中应遵循的基本原则是：每一个书面的质量程序应包括质量体系的一个逻辑上独立的部分。通常是：一个要素一个程序，如合同评审程序、内审程序等；一个要素多个程序，每个程序只是要素的一部分，如检验和试验要素中编制进货检验和试验、过程检验和试验以及最终检验和试验程序等；一个程序包括相互关联的若干要素，如质量计划编制程序等。

③ 程序文件应阐明影响产品质量的管理人员、执行人员以及验证和评审人员的职责、权限及相互关系。

③ 编写时应使每一个程序体现 5W1H 要求，应遵照谁主管、谁编制以及谁修改的原则。

④ 程序文件编制的范围和详细程度，取决于“工作的复杂程度，所用方法以及开展这些活动涉及的人员所需的技能和培训”。

⑤ 程序文件一般不应涉及纯技术细节，这些细节通常由作业指导书去描述。

⑥ 与质量手册的工作界面和接口应清楚、明确。

⑦ 应以相同结构和格式编写，以便于使用者熟悉适合于每项要求的固定方法。

⑧ 编制程序文件前，应对现行的各种企业标准及具有程序文件性质的“文件”进行调查。对照标准要求（ISO 9001 有要求建立的程序文件），确定需新编、增删和完善的程序文件，既节省程序文件编写工作量，又可以避免新编的程序文件在运行中产生混乱。

4.3.4　质量计划

1. 质量计划的含义与特征

质量计划是指针对特定的产品、项目或合同，规定专门的质量措施、资源和活动顺序的文件。

有关质量计划的含义有两条注解：

① 质量计划通常参照质量手册中适用于特定情况的有关部分。

② 根据质量计划的范围，可以使用限定词，如“质量保证计划”、“质量管理计划”。

GJB/Z 9001A 就有关质量计划指出：对任何产品或过程，管理者应确保制定和保持形成文件的质量计划。这些计划应与组织的质量体系的其他要求一致，并应确保满足某一产品、项目或合同的特定要求。质量计划可以是总计划的一部分。特别对于一个新的产品或过程或发生显著变化的某一现有产品或过程，质量计划是必要的。

质量计划具有下列特征：

① 质量计划编制的对象是特定产品、项目或合同，或有显著变化的产品或过程。

② 质量计划的内容是专门的质量措施、资源和活动顺序。

③ 质量计划不是一个孤立的文件，它与组织现行质量体系文件规定的要求相一致。因此，质量计划的编制内容可以直接采用或引用现行的程序或作业指导书。可以说质量计划是将体系文件的要求落实到特定的产品、项目或合同上。

④ 质量计划是质量策划的结果，质量保证计划、质量管理计划是质量计划的具体实现形式。

⑤ 质量计划是质量手册和程序文件的补充或功能扩充，但质量手册和程序文件是组织应长期遵循的标准文件，而质量计划的内容往往是一次性的，一旦产品、项目或合同结束，其计划的有效性也就终止了。

2. 质量计划的内容

GJB 9001A—2001 要求质量计划应规定：

① 需达到的质量目标（如特性或规范、一致性、有效性、美学、周期时间、成本、自然资源、综合利用、产量和可信性）；

② 组织实际运作的各过程的步骤（可以用流程图或类似图表展示过程要素）；

③ 在项目的各个不同阶段，职责、权限和资源的具体分配；

④ 采用的具体的形成文件的程序和指导书；

⑤ 适宜阶段（如设计、开发）适用的试验、检验、检查和审核大纲；

⑥ 随项目的进展进行更改和完善质量计划的形成文件的程序；

⑦ 达到质量目标的测量方法；

⑧ 为达到质量目标必须采取的其他措施。

适当时，质量手册可能包括或涉及质量计划的内容。

质量计划是受控文件，应纳入文件控制渠道。对质量计划的管理一般包括质量计划的编制、审核、认可以及审批等环节。

4.3.5 质量记录

1. 质量记录的概念

ISO 8402 中给出的质量记录的定义是为已完成的活动或达到的结果提供客观证据的文件。

该定义还有如下注释：

① 质量记录为证明满足质量要求的程度（如产品质量记录）或为质量体系的要素运行的有效性提供客观证据（如质量体系记录）。

② 质量记录的某些目的是证实、可追溯性、预防措施和纠正措施。

③ 记录可以是书面的，也可以储存在任何媒体上。

从上述定义中可以看出：

① 质量记录是为质量活动结果提供客观证据的文件。

② 质量记录包括两大类，即产品质量记录及质量体系运行状况记录。

③ 质量记录为采取纠正与预防措施以及质量改进的效果提供证据。

④ 质量记录是文件，是质量体系文件的组成部分。作为文件可按一定程序进行修改，但质量记录一经使用后，即成为提供的客观证据，是不能进行修改的。

⑤ 作为客观证据的基本功能是具有可追查性，这是管理维持和创新的基础。

2. 质量记录的编制与控制

① 质量记录的设计应与其他质量体系文件，特别是程序文件协调一致，接口清楚。

② 质量记录的编制应随同质量手册和程序文件的设计同步进行，其编号、格式和审批程序等应作统一规定。

③ 质量记录的控制主要是"建立并保持质量记录的标识、收集、编目、查阅、归档、储存、保管和处理的形成文件的程序"。

④ 应根据质量记录的不同要求，采取相应的存储方式（文字填写、磁带和磁盘等）并规定相应的保存期。

⑤ 质量记录应在适宜环境中妥善保存，防止损坏和丢失，并便于查找和索取（包括分供方和顾客代表查阅）。对过期作废的质量记录应规定相应的处理方法。

复习思考题

4-1 如何理解质量管理体系的概念？

4-2 论述建立健全质量管理体系的过程方法。

4-3 质量管理体系的建设及运行的推动方式有哪两种？试述其实施流程。

4-4 质量管理体系试运行的目的是什么？

4-5 简述质量体系文件的类型及其特点，并说明其相互关系。

4-6 试述质量手册的特征及编制要求。

第5章　质量审核与认证

5.1　质量审核概述

质量认证与质量审核是两个相互联系但又有区别的术语。质量管理体系审核是产品或体系认证的核心内容和关键过程。虽然质量认证在时间上要先于质量审核，但一般认为，质量审核是进行质量认证的基础。

5.1.1　质量审核的基本概念

1. 质量审核定义

审核是为获得审核证据并对其进行客观的评价，以确定满足审核准则的程度所进行的系统的、独立的并形成文件的过程。

从定义中可以看出，审核的目的是为了确定审核准则是否得到满足，审核的方法是要获取证据并对证据进行客观评价，审核的要求是审核过程应具有系统性、独立性和文件化。

① 质量审核一般用于对质量管理体系、过程、产品或服务的审核，这些审核通常称为"质量管理体系审核"、"过程质量审核"和"产品质量审核"。

② 质量审核应由与被审核领域无直接责任的人员进行，但最好在有关人员的配合下进行。

③ 质量审核的一个目的是评价是否需要采取改进或纠正措施。审核不能与旨在解决过程控制或产品验收的"质量监督"或"检验"相混淆。

④ 质量审核可以是为内部或外部的目的而进行。

2. 质量审核内涵

对于上述定义，可以从下列几个方面理解：

① 质量审核的内容包括三个相互关联的部分。

- 质量活动及其有关结果是否符合计划安排。
- 安排是否得到有效贯彻。
- 安排是否适合于达到预定的目的。

这三方面构成质量审核的一个完整的概念。

② 质量审核，从字面看是"计划安排(planned arrangement)"。这里的"计划"不应单纯理解为"审核计划"或"质量计划"，还应包括审核所依据的文件，如标准、质量管理体系文件和合同等。

③ 质量审核的对象是“质量活动和有关结果”，实质上是针对产品、过程和质量管理体系的活动和结果。

④ 质量审核的主体是具有资格并对被审核领域无直接责任的人员担任，以保证审核的客观性和公正性。

⑤ 质量审核的总体目的是评价是否需要采取纠正措施或改进质量，但内部审核（第一方审核）和外部审核（第二方审核和第三方审核）的具体目的有所不同。

⑥ 质量审核成败的关键是能否成为“有系统的、独立的检查”。

所谓“有系统的”是指审核活动是一项有计划和正式、有序的审查活动。“独立的”是指保持审核的独立性和公正性。

⑦ 不应将质量审核与质量检验和质量监督相互混淆，这三者无论是目的、主体、性质、对象和方式都不尽相同。

3. 质量审核准则

质量审核准则是用作依据的一组方针、程序或要求。审核准则又称审核的依据，通常包括标准、相关的法律法规和组织的质量管理体系文件（质量方针、质量手册和程序文件等）。

4. 质量审核证据

审核证据是与审核准则有关的并且能够证实的记录、事实陈述或其他信息。审核证据可以是审核员在审核范围内查阅的文件、记录，也可以是现场审核观察到的现象，还可以是自己或他人测量与试验的结果，受审核人的谈话也可以是审核证据。审核证据可以是定性的或定量的，供审核员用来判断是否符合审核准则。

5.1.2　质量管理体系审核的基本概念

1. 质量管理体系审核定义

质量管理体系审核是指依据质量管理体系标准及质量审核准则对组织的质量管理体系的符合性及有效性进行客观评价的系统的、独立的并形成文件的过程。质量管理体系审核对组织质量管理体系的持续改进具有重要的作用。

质量管理体系审核的系统化是指审核活动必须是一项正式、有序而又全面的验证活动。“正式”主要指外部审核是按合同进行，内部审核是由最高管理者授权。“有序”是指审核必须是有组织、有计划并按规定程序进行。“全面”是指对与审核对象有关的各个方面都要进行审核，以便得出完整的结论。形成文件是审核的基本要求，包括审核前应准备的审核计划、检查表，审核中的不符合报告和审核记录，审核后提交的审核报告等。

2. 质量管理体系审核的类型

审核可以是为内部或外部的目的而进行的，因此质量管理体系审核通常分为内部质量管理体系审核和外部质量管理体系审核两大类。内部审核可作为组织自我合格声明的基础。外部质量管理体系审核较之内部质量管理体系审核有更高的独立性。

质量管理体系审核按审核人员或其名义可进一步分为：第一方审核、第二方审核和第三方审核。

(1) 第一方审核(内审)

第一方审核也称内部质量管理体系审核，简称内审。它是以一个组织的自我审查方式进行，审核的对象是本组织的质量管理体系及其质量方针和质量目标。内审的依据主要是本组织的质量管理体系文件。

内审目的应包含：

- 作为一种管理手段，通过审核发现问题，改进管理。
- 使已建立的质量管理体系得以保持和改进。
- 作为管理评审的一种输入。
- 提高外部质量保证能力或为第二方、第三方审核作准备。

(2) 第二方审核

在合同情况下，由组织的顾客或其代表所进行的审核。第二方审核的依据主要是合同或顾客指定的文件。这种审核旨在提供对供方或分承包方的信任程度，其目的包括：

- 合同前的评定。
- 合同签订后的审核。
- 促进供方改进质量管理体系。

(3) 第三方审核

这里的"第三方"是指与第一方(供方)和第二方(顾客)既无行政隶属关系，又无经济利益关系的另外一方组织。国家认可的认证机构或其委托的审核机构所进行的审核，就属于第三方审核。

第三方审核的依据是选定的质量管理标准。

第三方审核的目的主要是：

- 为潜在的顾客提供信任。
- 减少第二方审核和行政性检查，节省因重复检查产生的费用。
- 运用"受益者推动"的方式建立或完善质量管理体系。
- 查证是否满足法规或其他规定要求。

这三种审核的分类含义是很清楚的，不致混淆，但在实际工作中还有一些形式比较特殊的质量管理体系审核。例如：集团公司派出审核组对其下属单位进行质量管理体系审核；在集团公司授权或在合同规定条件下，集团公司的一个下属单位对另一个下属单位(即兄弟单位)的质量管理体系审核；咨询机构在协助一个组织建立了质量管理体系以后为验证其咨询效果并检查该组织的质量管理体系是否有效运行而进行的质量管理体系审核；军方对于军工企业质量管理体系的军方审核等，也都可以称为外部质量管理体系审核。

5.1.3 质量管理体系审核的特点

① 被审核的对象必须是一个正规的形成文件的质量管理体系。

说明：

- 文件化的质量管理体系应做到确保控制所需的程度，力求做到"说你所做的，做你所说的，证明你所做的”。

- 质量管理体系文件既要分层次，又要相互协调。
- 一个组织只建立一个质量管理体系，该体系应设计成能覆盖本组织所面临的所有质量管理体系情况。
- 质量管理体系文件应符合文件控制的要求。

② 质量管理体系审核应是一种正式的规范的活动。

说明：

- 审核工作只能由经过培训并有资格的人员进行。
- 外部审核由顾客或第三方认证机构委托并依据合同和标准进行。内部审核由组织的管理者依据体系文件进行。
- 应有一个符合 GB/T 19021.1《质量管理体系审核指南—审核》要求并形成文件的程序，依据该程序实施审核。

③ 质量管理体系审核是一个抽样过程。

说明：

- 审核是一个从局部（样本）评价体系（总体）的过程。
- 体系审核的样本量不能按产品抽样方案（如 GB 2828 等）进行，一般取样本量为 3～12 个。
- 抽样要注意随机性、代表性和均衡性。

④ 第一、第二及第三方审核的具体目的虽有所不同，但其共同目的都是为了检查评价质量管理体系与有关质量标准或其他约定文件的符合程度。对审核中所发现的不合格项原则上都应采取纠正措施。

5.1.4　质量管理体系审核的作用

1. 第一方审核的作用

依据质量管理体系要求标准，对活动和过程进行，评价组织自身的质量管理体系是否符合质量方针、程序和管理体系及相应法规的要求；验证组织自身的质量管理体系要求是否持续有效地实施和保持；对管理者的决策、质量方针和目标、组织自身的规定以及合同的要求等评价其有效性和效率；作为一种重要的管理手段，及时发现问题，采取纠正或预防措施，为持续改进提供信息；促进产品质量和顾客满意度的提高，满足法规要求和持续改进质量管理体系。

2. 第二方审核的作用

当有建立合同关系的意向时，对供方进行初步评价；在有合同关系的情况下，验证供方的质量管理体系是否持续满足规定的要求并且正在运行；作为制订和调整合格供方名单的依据之一；达成供需双方对质量要求的共识。

3. 第三方审核的作用

确定质量管理体系要求是否符合规定要求；确定现行的质量管理体系实现规定质量目标

的有效性；确定受审核方的质量管理体系是否能被认证或注册；为受审核方提供改进其质量管理体系的机会。

5.2 产品审核和过程审核

质量审核的一般概念和质量管理体系审核的内容中很多原则和要求同样适用于产品质量审核和过程质量审核。本节仅对产品质量审核和过程质量审核中的几个特殊问题作重点介绍。

5.2.1 产品质量审核

1. 产品质量审核的内涵

产品质量审核是指通过抽取已经验收合格的产品，定量（或定性）检查、分析，以确定其符合规定质量特性要求的程度并评价产品质量水平的活动。

产品质量审核有别于成品的最终检验和合格产品的再检验。产品检验和产品质量审核的主要依据都是产品的标准和（或）技术规范，但产品检验是依据标准对产品（或产品批）作合格与否的一种判定，而产品质量审核主要是对产品作出客观评价，以确定产品质量水平的活动。

产品质量审核的结果可作为质量管理体系是否有效、过程是否处于受控状态的验证。值得强调的是，产品质量审核主要依靠对产品的实测数据或数量化方法进行评价，观察和面谈不是产品质量审核的典型方式。

产品质量审核和过程质量审核、质量管理体系审核一样，都应由具有资格的审核员进行。

2. 产品质量审核的作用

① 通过产品质量审核对比现在生产的和过去生产的产品质量水平，分析产品质量的发展趋势。

② 提前发现产品质量问题，避免将不合格品交付给顾客。

③ 从产品审核的结果，及时发现质量管理体系存在的薄弱环节和有关部门或人员在质量工作或操作上的问题。

④ 分析产品质量变化的原因，以便采取纠正措施和预防措施。

⑤ 研究产品质量水平与质量成本之间的关系，寻求适宜的质量水平。

3. 产品质量审核的内容

产品质量审核的主要内容包括：

① 产品的功能性审核。例如：

- 产品的主要性能指标；
- 产品的安全性；
- 产品的寿命和可靠性；

- 产品的可维修性；
- 产品的技术状态；
- 产品的接口特性；
- 产品的配套完整性，等等。

② 产品的外观审核。例如：

- 产品的标签或印记有无错误或模糊；
- 产品的外观有无碰伤、划伤；
- 产品的防护是否符合要求，等等。

③ 产品的包装审核。例如：

- 包装箱(盒)上的标志、合格凭证是否符合规定要求；
- 装箱产品与装箱单是否一致，有无错装和漏装；
- 包装情况与技术标准和工艺文件的规定是否符合，等等。

4. 产品质量审核的重点

① 产品审核的重点是成品，但也可包括重要的外购、外协件和自制零部件。

② 质量上存在薄弱环节的成品或零部件。

③ 最终检验难度大或容易错、漏检的成品或零部件。

④ 管理和技术接口不清楚或存在问题的成品或零部件。

⑤ 质量不合格可造成严重后果的成品或零部件。

⑥ 技术密集度大，性能要求高，质量要求严格的成品或零部件。

5.2.2 过程质量审核

1. 过程质量审核的内涵

过程质量审核就是通过对过程的检查、分析来评价过程质量控制的正确性、有效性的活动。说明：

- 过程质量是指产品形成的各个阶段、各个环节的输入经过过程活动达到增值的效果。
- 过程质量审核的对象包括所有过程：可以是一个大过程，也可以是一个大过程中的子过程。
- 如果审核对象是一具体工序(工序本身也是一个过程)，此时也可称为工序质量审核。

2. 过程质量审核的应用

① 大概念的过程审核，常与质量管理体系、体系要素或产品质量审核结合进行。

② 过程审核的技术性较强，应选择熟悉过程特点的审核员进行这类审核工作，以保证审核质量。

③ 过程审核中，评价方式是以实测过程参数为基础，但也可结合观察、面谈和文件审查进行。

④ 有效的过程审核有利于质量改进并导致质量成本降低。

5.3 质量审核的时机

5.3.1 产品确定审核时机的一般原则

- 在检验员验收之后。在这个时机进行审核最经济，但不反映包装、运输及储存或使用的影响。
- 在包装之后运往现场之前。这个时机需打开和重新包装，但可评价原包装的影响。
- 在承包商收到货品时。这个时机由于地点多，很难进行审核，但可反映运输和储存的影响。
- 在顾客接到货品时。这个时机最难进行审核，但可评价承包商处理和储存的影响，以及运往用户和拆开包装的影响。
- 在使用中进行。这时最为理想，但由于数量多和使用环境的多样性，所以也难以进行审核，可用抽样方法加以简化。

对产品进行审核时，可在市场取得样品，检查其适用性和规格的符合性，也可紧接着工厂的检验和实验之后进行。考虑到审核效果和经济性原则，产品质量审核可采用“在包装之后，但在运往现场之前”这个阶段进行。从长远看，对经搬运、发送到用户手中的产品也可开展审核。

5.3.2 大型工程和复杂产品的审核时机

对于大型工程或大型复杂产品（如发电设备，航空、航天产品等）的质量审核就不能只在产品装运前进行。由于许多分组件和部件是封装在最终产品中，因此也可将这些分组件和部件当作最终产品进行自身审查。一般可选用如下时机进行审核：

- 关键元器件、外购件和关键零、组件在交付或出厂之前；
- 单机产品出厂之后；
- 分系统试验之后；
- 产品总装测试验收之后；
- 顾客使用过程中。

对于单件或极小批量的产品，由于成本较高，审核时机和做法可以适当灵活。

5.3.3 过程审核的时机

过程质量审核的时机一般选择在该过程结束后立即进行，也可在过程进行中进行。例如对某一关键工序的质量审核，审核员可以通过观察操作者的实际操作来达到审核的目的。

5.3.4　三种典型审核的关系

质量管理体系审核、产品审核和过程审核只是侧重不同，从某种意义上说，三者是相互关联、互相制约又互相促进的。

质量管理体系审核和产品审核可以进一步分为第一方、第二方和第三方审核，而过程审核一般只适用于第一方审核。

对内部审核而言，三种审核可以根据具体情况相互结合进行。

内部质量审核是外部质量审核的基础。

三种质量审核的目的都是对审核中发现的问题及时采取纠正和改进措施，促进质量管理体系的进一步完善和实物质量的提高。

5.4　质量管理体系审核过程

不论是何种类型的质量管理体系审核，审核过程要求的依据都是 ISO 10011—1《质量管理体系审核指南——审核》标准。该标准的一些要求，也可作为产品审核和过程审核的参考。

本节以第三方审核为重点，说明质量管理体系审核的一般过程。

质量管理体系审核一般可分为三个主要步骤，即审核实施的准备、现场审核以及纠正措施跟踪和监督。

5.4.1　审核的准备

质量管理体系审核实施的准备是指现场审核前的策划和准备工作，包括组成审核组、文件审核、确定审核范围、初访(必要时)、制订审核计划和编制检查表等活动，以确保现场审核的有序性和完整性。

1. 组成审核组

审核组通常是由审核组长和审核员组成，要求至少配备一名主任(或称高级)审核员，组内至少有一名经认可的具有相关专业能力的成员(也可以聘请一名技术专家)，以确保理解被审核的质量管理体系的有关要求，包括相关的过程和控制要求。

审核组长应具备一定的资格，通常是国家注册高级审核员，内审组长可由组织领导任命经培训合格的内审员担任。审核组长应具较多的审核经验，有组织管理整个审核工作的能力。

审核组成员可包括实习审核员、审核员和高级审核员，必要时包括技术专家。观察员不能作为审核组成员。内审员必须经授权并具有审核工作所需专业能力。

2. 文件审查

文件审查是指对受审核方质量管理体系文件的初步审查。主要评价质量管理体系必需的过程是否被确定，过程程序是否被恰当地形成文件，体系文件是否满足申请认证的标准要求，确定能否进行现场审核，以便为审核做准备。

提交审查的文件应满足：① 至少包括质量手册；② 文件为最新有效版本。

其目的在于：① 为编制检查表和现场审核做准备；② 检查文件本身的适宜性和协调性。

3. 确定审核范围

确定审核范围是界定受审核方质量保证承诺和实施的责任范围，确定所审核的质量管理体系实际所覆盖的产品、过程和场所。确定审核范围通常应考虑下列因素：

① 申请认证的质量管理体系标准；

② 申请认证所涉及的产品、过程或服务的类别；

③ 有关产品所遵循的法规要求；

④ 受审核方规模和组织机构的设置。

4. 初　访

初访不是必需的程序，其目的如下：

为审核的可行性收集必要的信息，通过初访，初步了解受审核方质量管理体系运行情况，为能否按期进行审核提供信息；

为制订审核计划收集资料，了解组织的规模、布局、组织机构、生产流程、工艺路线、产品范围、保密要求及交通等，为编制审核计划、估计工作量及配备审核组成员等提供资料。

审核组长可依据对受审核方情况的掌握程度，决定是否需要进行初访。

5. 制定审核计划

审核计划是指经策划确定的对现场审核的人员、时间以及审核路线进行安排的文件。其内容应包括以下几方面。

① 审核目的：第三方审核的目的是为评价受审核方质量管理体系是否符合认证标准的要求，确定是否给予认证注册。

② 审核范围：质量管理体系实际所覆盖的产品、过程和场所。

③ 审核依据：认证的质量管理体系标准、受审核方的质量管理体系文件。

④ 审核组成员：审核组长和组员的名单。

⑤ 审核日期：现场审核起止日期。

⑥ 审核具体日程：具体安排规定的时间、审核的部门和过程。

⑦ 其他：保密承诺、使用语言等。

6. 编制检查表

检查表是审核员自用的一种“提示性”工具，不必向受审核方展示。检查表的内容及其作用包括：

① 明确审核的重点，特别应明确关键过程、特殊过程以及质量工作的薄弱环节。

② 确定审核过程的先后顺序，以减少审核中的随意性和盲目性。

③ 合理地确定样本，包括确定样本量、抽样方式等，以保证样本的随机性和代表性。

④ 合理分配审核时间，保持审核进度。

⑤ 作为审核记录存档。

编制检查表时，要对照标准和质量管理体系文件要求并结合受审核部门的特点，以使检查表具有针对性和可操作性。

7. 通知受审核部门

审核计划一般在实施审核前通知并征求受审核部门的意见。

5.4.2　现场审核

现场审核的目的是为了查证质量管理体系标准和质量管理体系文件的实际执行情况，对质量管理体系运行状况是否符合标准和文件规定做出判断，并据此对受审核方能否通过质量管理体系认证做出结论。所以现场审核是工作量最大，涉及的人员和部门最广泛，也是最重要的审核活动。

这一阶段的主要工作内容有召开审核会议及现场检查等。

1. 审核会议

会议是现场审核过程中审核组内部交流与汇总，以及与受审方沟通的手段，现场审核过程将召开一系列会议，审核过程的会议由审核组长主持，需做好事前策划和会议气氛的控制。

① 首次会议：审核组与受审核方的首次见面，重申审核计划内容并再次取得确认，介绍和沟通审核的程序和方法。

② 审核组内部会议：内部协调、沟通审核过程情况和审核结果。

③ 与受审方沟通会议：审核过程信息的沟通，审核实施计划调整的协调。

④ 末次会议：现场审核的总结；报告审核结果，宣布审核结论，提出纠正措施要求和认证后的监督要求。

2. 现场检查

现场检查是按审核计划的日程安排，通过现场观察、查阅文件和有关记录以及与受审核方人员的交谈和提问，必要时经实际测定等调查方法，抽取一定的样本，查证发现问题和获取客观证据，以确定质量管理体系过程的符合性、判定体系总体的有效性。

审核的基本方法是抽样检查，但如何抽取样本、查证记录、发现问题和获取客观证据，则必须掌握审核的技巧和方法。其方式大致可分四种。

① 按部门审核：以部门为中心进行审核，一个部门往往涉及并承担多个过程的职能，因此审核时应以主要质量职能(即主要业务)为主线进行审核。这种方式的优点是审核效率高，缺点是审核内容较分散。

② 按过程审核：以过程为中心进行审核，一个过程往往涉及多个部门，审核时要覆盖涉及的有关部门多，但应以主要业务职能部门为主。这种方式的优点是目标集中，易体现与质量管理体系标准或体系文件的符合性，缺点是效率低。

③ 顺向追踪：按照质量管理体系运行的先后顺序进行审核。如从文件内容查到实施情况，从接收订单开始追踪到产品交付等。这种方式的优点是可系统了解体系运行的整个过程，

可观察查证接口协调情况，缺点是耗时较长。

④ 逆向追溯：按照质量管理体系运行的反向进行审核，如从实施情况查到文件，从交付查到订单，从形成的结果查到影响的因素。这种方式的优点是从结果查起针对性强，易发现问题，但在问题复杂的情况下，不易理清。

现场检查要注意调查取证方法，以便收集较多信息，获取可信的客观证据。归纳为“问、听、看、记”。

① 问：要善于提问，以检查表为主线，抓住主题，适当延伸。

② 听：要注意倾听，观察对方态度、表情及反应，并适当引导。

③ 看：要仔细观察，注意现场环境、设备、产品和标记，查看有关记录，通过测量、讨论和其他手段获取客观真实信息。

④ 记：要做好记录，“口问手写”，对调查获取的信息、证据，包括问题发生时间、地点、人物、事实描述、凭证材料和涉及文件等一一记录，以作为判断的依据。

审核过程还需善于追踪不同来源的信息并做比较，以验证获取信息的真实性，作为判断符合性的客观证据。

5.4.3 审核过程的控制

要使审核顺利地按预期安排完成，必须对现场审核的全过程进行控制，控制的内容包括如下三方面：

(1) 审核计划的控制

通常情况下，应按商定的审核计划执行，如受审核方出现原来没有估计到的非受控因素，如紧急停电、停水，关键人员应急外出等，审核组可根据具体情况局部调整审核时间的安排，但已确定的审核范围在现场审核中不能随意改变。审核中发现重大或系统性问题，可告知受审核方中止实施审核计划，但受审核方要求继续审核时，可继续执行。

(2) 审核活动的控制

① 样本策划的科学合理性。审核的基本方法是抽样，但抽样带有风险性，故需经科学合理抽样，即做到随机抽样，一要保证一定数量，通常抽取的样品为2～12个，具体数量据审核对象的规模大小和审核时间而定；二是要注意分层抽样，可按产品、设备、生产线、岗位、记录和标志等分层；三是要适度均衡，不要集中在某部门或某段时间内；四是独立抽样，应坚持审核员亲自选取样本。抽样是指对体系中某过程（或活动）涉及的同类证据抽取一定的样本进行检查，体系涉及的过程和部门不存在抽样问题，均是必须审核的。

② 辨识关键过程，评定主要因素。通过审核准备和查阅文件，观察和调查，辨识影响产品质量和体系运行的关键过程，评定影响过程质量的主要因素受控状况，以明确审核的重点。

③ 重视控制结果。行业和产业不同，组织的质量管理体系各过程控制形式也就各不相同。审核不能凭个人经验和想象，而应以质量管理体系各过程的控制效果为客观证据，重结果、轻形式，依据质量管理体系标准，客观评价组织质量管理体系各过程的符合性。

(3) 审核结果的控制

以可追溯的客观事实为基础，判断合格与否。道听途说不能作为证据。

不合格事实要得到受审方确认，以体现质量管理体系审核的公正、客观、透明和规范，有助于受审方采取纠正措施，也有助于提高审核员的素质，养成一丝不苟的科学态度和严谨的工作作风。

审核组内部要相互沟通、统一意见，以便准确判定过程的符合性，全面评价体系的有效性。

5.4.4　不合格项的确定和不合格报告的编写

1. 不合格项的确定

“不合格”，是不合格品和不合格项的总称。不合格品的判定属于产品检验范畴，不合格项的判定则属质量审核的范围。当在审核中发现文件、实施或效果“没有满足某个规定要求”时则称其为不合格项。外部审核中一般分为严重不合格项和一般不合格项。

① 严重不合格项。出现下列情况之一，即构成严重不合格项：

a) 体系运行出现系统性失效，如某一过程重复出现失效现象，形成质量问题的“常见病”、“多发病”，未能采取有效措施加以消除，形成系统性失效；

b) 体系运行出现区域性失效，如某一部门、场所的全面失效现象；

c) 致使产品或体系运行出现严重后果的不合格现象。

② 一般不合格项。出现下列情况之一，即构成一般不合格项：

a) 对满足质量管理体系标准的规定要求或体系文件的要求而言，属于个别的、偶然的、孤立的或性质轻微的问题；

b) 对保证所审区域的体系有效性而言，存在一般性的问题。

2. 不合格报告的编写

编写“不合格报告”是现场审核中的一项重要工作，也是审核员必须掌握的基本技能。

不合格报告包括不合格事实陈述(包括时间、地点)、不合格性质的判定(严重程度)、审核的依据(质量管理体系标准及质量管理体系文件)及不符合的条款号或编号以及审核员与受审核方双方确认(签字)等。

国外的一些教材将内审中的不合格报告改称为“纠正措施要求表(correction action request，CAR)”，但内容与通用的不合格报告完全相同。

其内容应包括：

- 受审核部门；
- 审核员姓名；
- 审核依据；
- 不合格事实描述；
- 不合格类型；
- 建议采取的纠正措施计划及预计完成期限；
- 纠正措施完成情况；
- 对纠正措施效果的验证。

编写不合格报告的总体要求应做到 4C：correct(正确)，complete(完整)，clear(清楚)，concise(简练)。具体要求是：

- 不合格事实的描述应力求具体，应将不合格发生的时间、地点、产品、设备及文件号等可“溯源”的内容一一写清。
- 不合格事实应简明扼要，只写不合格事实，不应写合格事实以及多余的话。猜测、臆断以及道听途说等都不能作为客观证据写在不合格报告上。
- 不合格性质或不合格类型可用一两句话点明，即指明为什么要判为不合格。
- 不符合标准或企业质量管理体系文件的条款应判断确切。

在审核中还存在一些需要引起受审核方注意或改进的问题，可以用口头的或书面的方式作为“观察项”提出。审核组对观察项不进行验证。

3. 审核结果的汇总分析

审核结果是指质量审核期间对有客观证据证实的事实所作的陈述。

不论是内审还是外审，在末次会议前，审核组都需要对观察结果进行一次汇总分析，以便对受审核方的总体情况作出结论性意见或总体性评价。

汇总分析的内容和依据包括：

- 在审核范围内满足标准、规定和体系文件要求的信息；
- 所发现的不合格项的数量、类型或性质；
- 实物质量，包括过程控制质量、内部和外部对受审核部门的申诉等；
- 上一次内审中所发现的不合格项纠正措施的效果；
- 本部门工作对质量管理体系的影响，如质量方针和质量目标的执行情况，与其他部门、其他要素或活动的接口协调情况。

如果审核采取的是对全要素集中式进行的，汇总分析应针对整个体系。

4. 编写审核报告

审核报告是说明审核结果的正式文件，由审核组长负责编写。

(1) 审核报告的内容

审核报告一般包括：

① 审核项目编号；

② 受审核方基本情况；

③ 审核目的；

④ 审核范围；

⑤ 审核依据(标准和体系文件)；

⑥ 审核组成员名单。

(2) 审核过程综述

审核过程陈述应说明：

① 审核分工；

② 抽样情况；

③ 审核计划及执行情况。

(3) 不合格项统计与分析

说明不合格项的数量和分布等情况。

(4) 评　价

一般内容包括：

① 文件对体系标准的符合程度；

② 文件的实施程度；

③ 体系实施的有效程度；

④ 发现和改进体系运行问题的机制状况。

(5) 审核结论

通常有如下三种情况之一：

① 质量管理体系已建立，运行有效，同意推荐认证通过；

② 质量管理体系已建立，并开始正常运行，对在审核中发现的不合格项，要求限期实施纠正措施，同意在验证纠正措施实施后推荐认证通过；

③ 质量管理体系仍有缺陷，需要在实施纠正措施后安排复审，本次不予推荐认证通过。

5.4.5　纠正措施的跟踪与认证后的监督

1. 纠正措施的跟踪

审核组通过现场审核，对审核记录的客观证据汇总整理，确定不合格项，由受审核方确认后，审核组提出纠正措施要求。受审核方针对不合格项制订纠正措施计划并加以实施，审核组对实施情况进行纠正措施的跟踪。

(1) 纠正措施的跟踪原则

所有在审核中发现的不合格项，都必须由受审核方分析原因，采取纠正措施，并由审核组进行跟踪验证。

根据不合格的性质或程度，可采用不同的跟踪验证方式：

① 现场审核检查纠正措施的实施效果，这适用于严重不合格项或只有到现场才能验证的一般不合格项的纠正措施跟踪；

② 根据受审核方提交的纠正措施实施记录，以书面证据验证其纠正措施是否完成，这适用于轻微的一般不合格项的纠正措施跟踪；

③ 在监督审核时，再予以验证其实施的有效性，这适用于短期内无法完成而又制订了纠正措施计划的跟踪验证。

(2) 纠正措施验证的内容

① 纠正措施计划是否按规定的日期完成；

② 计划中各项措施是否都已完成；

③ 完成后的效果如何，自采取纠正措施以来，是否有类似的不合格再发生；

④ 实施的过程是否有保存的记录可查；

⑤ 引起体系文件的修改，是否按规定程序进行审批、发放及记录，并按照执行。

2. 认证后的监督

质量管理体系认证机构对获得认证的受审核方在证书有效期内(一般为三年)定期实施监

督和复审，以验证其是否持续满足认证标准的要求，并促使受审核方质量管理体系有效保持正常运行并不断改进。

(1) 监督审核的要求

在证书有效期内实施定期监督审核，其时间间隔不超过一年；

每次监督审核应派出正式审核组按初次现场审核的程序进行，但人数一般为初次现场审核的1/3；

每次监督审核可抽查若干过程，但三年内的监督审核必须覆盖审核标准所涉及的全部过程，同时复查上次审核遗留的问题；

通常，内部质量管理体系审核、顾客申诉处理和内外部信息反馈的实物质量状况，受审核方对认证证书、标志的使用情况是否符合规定要求都是每次必查的项目。

(2) 监督审核和管理中发现问题的处置

监督审核和管理中对所发现问题，视轻重程度有三种处置方式。

① 认证暂停：有下列情况之一的，体系认证机构暂停体系认证证书持有者使用体系认证证书和标志的资格。

体系认证证书持有者未经体系认证机构批准，对获准认证的质量管理体系进行了更改，且该项更改影响到体系认证资格；

监督审核发现体系认证证书持有者质量管理体系达到不到规定要求，但严重程度尚不构成撤销体系认证资格；

体系认证证书持有者对体系认证证书和标志的使用不符合体系认证机构规定；

体系认证证书持有者未按期交纳认证费用且经指出后未予纠正；

发现其他违反体系认证规则情况。

认证暂停后，若体系认证证书持有者在规定的时间内满足规定的条件后，体系认证机构取消暂停；否则，撤销体系认证资格，收回体系认证证书。

② 认证撤销：有下列情况之一的，体系认证机构应撤销体系认证证书持有者使用体系认证证书和标志的资格，收回体系认证证书。

暂停体系认证资格的通知发出后，体系认证证书持有者未按规定要求采取适当纠正措施；

监督审核发现体系认证证书持有者质量管理体系存在严重的不符合规定要求的情况；

发现体系认证机构与体系认证证书持有者之间正式协议中特别规定的其他构成撤销体系认证资格情况。

被撤销体系认证资格者，一年后方可重新提出体系认证申请。

③ 认证注销：认证注销是体系认证机构注销体系认证证书持有者使用体系认证证书和标志的资格，并收回体系认证证书。有下列情况之一的，应予认证注销。

由于体系认证规则发生变更，体系认证证书持有者不愿或不能确保符合新要求；

在体系认证证书有效期届满时，体系认证证书持有者未在体系认证证书有效期届满前足够时间内向体系认证机构提出重新认证申请；

体系认证证书持有者正式提出注销。

(3) 复　审

获准认证的受审核方在认证证书有效期内出现以下情况时，由认证机构组织复审：

获准认证的受审核方对其质量管理体系做了重大更改(如组织结构的重大调整)；

获准认证的受审核方发生了影响到其认证基础的更改(如体系认证标准变更或体系认证范围扩大或缩小);

发生了重大产品质量事故或用户重大投诉。

认证机构根据复评结果,做出换发证书或认证撤销的决定。

(4) 再次审核(复评)

获准认证的受审核方的认证证书有效期届满时,应重新提出认证申请,认证机构受理后重新组织的认证审核称为再次审核(复评),其所需的人数、天数在认证基础无更改的情况下可比初次审核略少,大致相当于初次审核的 2/3 左右。

5.5 纠正措施

5.5.1 基本概念

纠正措施是指为了防止出现的不合格、缺陷或其他不希望的情况再次发生,消除其原因所采取的措施。

不应将“纠正措施”与“纠正”和“预防措施”的概念混淆。

(1)“纠正”与“纠正措施”的区别

纠正是指对不合格所进行的处置。不合格的处置是为了解决不合格问题、处理现有的不合格实体而采用的措施。

根据上述定义可看出:

“纠正”是对不合格实体本身而言,通常可采取多种形式的措施(处置),对不合格加以纠正。如返修、返工、降级、报废、让步和修改文件或要求等。

纠正措施是指为了消除不合格再次发生的原因而采取的措施,其重点放在不合格的原因上。

(2)“纠正措施”与“预防措施”的主要区别

前者中的不合格已经发生;而后者的不合格尚未发生,是针对潜在不合格原因所采取的措施。

5.5.2 在何种情况下应采取纠正措施

至少应包括以下三种情况:

(1) 审核中发现的不合格项

不论是何种类型的审核都是通过抽样进行的,而且样本量一般都较小。在这种情况下能发现不合格,说明未抽查到的部分很可能也有类似的问题,这就不能只对发现的问题采取简单的纠正,而要举一反三,查找不合格原因,采取纠正措施。

(2) 顾客的投诉

当某一位(或几位)对产品质量投诉时,可能其他顾客也有类似问题,或者是尚未发现,或者是发现后自己有能力解决而不愿投诉。这种情况下，企业也理应采取纠正措施。

(3) 经常性、系统性的不合格品

在正常生产情况下，也可能出现少量在允许范围内的不合格品。此时只需按《不合格品控制》的要求进行"处置"。但当不合格品发展到经常性或系统性问题时，就需要查明不合格品出现的原因，采取纠正措施。

5.5.3 关于预防措施

当前，企业中容易将纠正措施和预防措施混淆，甚至将纠正措施代替预防措施。但需要强调两个方面：

1. 编制一个预防措施程序

GB/T 19001 标准明确指出："供方应建立并保持实施纠正和预防措施的形成文件的程序"。这就是说，企业不仅要编制纠正措施程序，还必须编制有别于纠正措施的预防措施程序（当然，不排除将两个程序合写在一个文件上）。预防措施程序应针对潜在的不合格原因，防止潜在的不合格成为事实，做到防患于未然。

2. 建立发现潜在不合格原因的信息渠道

潜在不合格主要是通过质量记录、顾客投诉、不合格处置和产品质量形成过程中的大量信息的整理和分析的结果发现的。应做到：

- 确立信息源；
- 明确信息的流通渠道；
- 选择并确定信息的整理和分析方法。

在对不合格原因的分析过程中应注意信息系统的作用，预防措施与统计技术是密切不可分的。因为企业中的大量原始数据并非一目了然，有效的信息往往蕴藏在大量的原始记录之中，这就需要我们借助统计方法对这些记录（数据）进行去粗取精、去伪存真的整理和分析，从中提炼出有效信息，以发现潜在不合格的原因。

5.6 质量认证的产生与发展

质量认证包括产品质量认证（含产品安全性认证）和质量管理体系认证。

英国是开展质量认证最早的国家。早在 1903 年，英国标准协会（BSI）就开始使用世界上第一个质量认证标志——风筝标志。

20 世纪 30 年代，世界发达国家陆续开展了质量认证活动。当时，质量认证主要是对产品本身的检验（型式试验）。其局限性在于通过认证只能查明被抽检到的产品质量水平，并不能保证以后生产的产品继续符合标准或技术规范要求。为使供方能持久、稳定地生产出满足质量要求的产品，需方（顾客）将注意力从单纯注重产品质量本身转移到供方的质量保证能力和质量管理体系的有效运行上。在这种情况下，质量管理体系认证也就应运而生。

为了协调、推动认证工作，国际标准化组织于 1970 年正式建立了认证委员会(CERTICO)，该委员会于 1985 年更名为合格评定委员会(CASCO)，将工作范围拓宽到认证和认可两个方面。其任务是：寻求检定产品的最理想的方法，研究、制定与质量认证工作有关的制度，制定、颁发指导性文件和标准，以促进国家和区域在认证工作中互相认可，并在试验、检查、认证和评定工作中促进采用适宜的国际标准等。

在我国，1981 年由原国家标准局授权原电子工业部组织有关部门成立了国内第一个产品认证机构。1986 年 5 月，国务院、中央军委批准颁布了《军工产品质量管理条例》，规定对军工产品承制单位的质量管理体系进行考核，考核合格的企业才能承担军工产品的研制和生产任务。1991 年，国务院发布了《中华人民共和国产品质量认证管理条例》。随后，国家技术监督局颁布了一系列有关认证的法规性文件。1993 年，国家首批认可了上海质量管理体系审核中心、中国新时代质量管理体系认证中心、中国船级社质量认证公司、中国质量管理协会质量保证中心、广东质量管理体系认证中心和天津长城质量保证中心六家质量管理体系认证机构。

90 年代中期，质量认证的国际多边承认取得了实质性进展。在 ISO，IEC 和 IAF(国际认可论坛)三方的共同努力下，于 1996 年 7 月在美国西雅图召开了包括我国在内的 IAF 第八次工作会议。会议总体确定了认证机构、国家认可制度实现国际多边承认的基本原则和程序。会议三方达成的协议包括：认可机构多边承认协议(MLA)的程序由 IAF 负责制定，经 ISO/IEC 质量管理体系评定承认制度(QSAR)管理委员会批准后作为 QSAR 程序实施；加入 QSAR 制度的同行评审活动由 IAF 组织实施，QSAR 管理委员会承认 IAF 的评审结果。

1998 年 1 月 22 日和 24 日，国际认可论坛多边承认协议(1AF/MLA)和太平洋认可合作组织多边承认组织(PAC/MLA)分别在我国广州正式签署。

IAF/MLA 签约的国家认可机构有：

中国　中国质量管理体系认证机构国家认可委员会(CNACR)
美国　美国国家标准协会—注册机构认可委员会(ANSI—RAB)
加拿大　加拿大标准协会(SCC)
日本　日本合格评定认可委员会(JAB)
澳大利亚　澳大利亚—新西兰联合认可制度(JAS—ANZ)
新西兰　同上
荷兰　荷兰认可理事会(RVA)
德国　德国认可协会(DAR/I，GA)
英国　英国认可委员会(UKAS)
瑞典　瑞典认可委员会(SWENAC)
西班牙　西班牙认可委员会(ENAC)
意大利　意大利认可委员会(SINCERT)
丹麦　丹麦认可组织(DANAK)
瑞士　瑞士认可委员会(SAS)
法国　法国国家认可委员会(COFRAC)
挪威　挪威国家计量与认可组织(NA)
芬兰　芬兰国家认可委员会(FINAS)

IAF 主席刚德莱克(H. C. W. Gundlach)曾经指出：“ISO 9000 系列标准和 ISO 14000 系

列标准能否真正地减少国际贸易中存在的技术壁垒,为各国对外的产品出口创造更多的商业机会,在很大程度上取决于体系认证工作的开展","认证证书的全球承认制度是建立在对各国认证机构能力信任的基础之上,而各国的认可机构能够为其认证机构的能力提供证明。"

5.7 质量认证

5.7.1 质量认证

质量认证也称合格认证(conformity certification)。一般是指产品认证和质量管理体系认证。

产品认证:第三方依据程序对产品、过程或服务符合规定要求给予的书面保证。

质量管理体系:第三方依据程序对质量管理体系符合规定要求给予的书面保证。

5.7.2 认证的目的

质量认证的目的为

- 企业:通过取得合格证书或合格标志向顾客证实自己的产品水平或企业的质量保证能力,从而提高企业信誉,增强市场竞争能力。
- 顾客:可通过识别合格标志选择供方或选购满足自己要求的产品,从而起到"导购"作用。

质量认证的另一目的是减少重复性检查,做到相互认可。由于质量认证实施的是统一标准、统一的程序,并由认证机构进行统一管理,故有条件做到"一家认证,多方认可",从而减少不必要的重复性检查和减轻企业的负担。

5.7.3 质量认证的作用

质量认证制度之所以得到世界各国的普遍重视,关键在于它是由一个公正的机构对产品或质量体系做出正确、可靠的评价,从而使人们对产品质量建立信心,这对供方、需方、社会和国家的利益都有重要意义。

① 提高供方的质量信誉和市场竞争能力。通过公正机构对其产品或质量体系的认证,获取合格证书和标志,通过注册和公布,取得质量上的信誉,有利于在激烈的市场竞争中取胜。

② 促进企业完善质量体系提高管理水平。企业要取得第三方认证机构的质量体系认证或按典型的产品认证制度实施的产品认证,都需要对其质量体系进行检查和完善,以提高其对产品的质量保证能力,并且对认证机构对其质量体系实施检查和评定中发现的问题及时进行纠正,这对企业完善其质量体系起到有力的促进作用,从而提高企业的管理水平。

③ 有利于保护消费者的利益。实施质量认证,对通过产品质量认证或质量体系认证的企业,准予使用认证标志或予以注册公布,使消费者了解哪些企业的产品质量有保证,从而可以

帮助消费者防止误购不符合标准的产品，起到保护消费者利益的作用。

④ 减少社会重复评定费用。每个需方在采购产品时都需要进行检验。如果所供产品的供方取得了权威第三方的产品质量认证，具有较高的质量信誉，则各需方对购进产品质量的检验均可大大地减少，可节省大量的检验费用和时间。据统计，不同用户或机构对一个企业质量体系评定，其中有 80％以上工作是重复的，如果一个供方质量体系按国际公认的标准评定并通过注册，则评定只需限于余下的 20％特殊要求部分工作，这样既省时又省钱。

5.7.4　质量认证的特点

质量认证具有以下特点：

① 认证是以标准或技术规范为准则的。认证的基础是标准，没有标准就不能进行认证。

② 认证的标准包括基础标准、产品标准、实验方法标准、检验方法标准、安全和环境标准及管理标准等。ISO 9000 族质量管理标准是认证中对供方质量体系做出评价的国际性标准，供各国及国际间选择使用。

③ 认证的最大特点是第三方进行的活动。所谓第三方是指独立于第一方（承制厂、卖方及供方）和第二方（客户、买方及需方）之外的一方。第三方与第一、二方之间没有直接的经济利益关系，体现了认证的公正性和客观性。

5.7.5　认证的对象

按照合格评定的范围，认证的对象是产品或质量管理体系。“产品”包括硬件、软件、流程性材料和服务四个通用产品类别。当只对产品进行安全认证时，认证的对象特指产品的安全特性。

5.7.6　认证的依据

认证的依据是标准。产品认证应符合具有国际水平的国家标准或行业标准。现行标准内容不能满足认证需要的，应由认证委员会组织制定补充技术要求。对名特产品，可以依据国家技术监督局确认的标准实施认证。

对质量管理体系认证，则根据现行的质量管理标准进行。对于军工企业质量管理体系认证，则要依据 GJB/Z 9001A—2001 或 GJB 9001A—2001 标准。

5.7.7　认证的主体

认证主体指的是质量认证或质量审核的执行机构。质量认证应由独立于第一方（厂家、卖方及供方）和第二方（顾客、买方及需方）的并经国家认可的第三方认证机构实施，以保证认证的客观性、公正性和权威性。我国经认可的（产品）质量认证委员会和（质量管理体系）认证机构都属于第三方。

5.7.8 认证的性质

认证就其性质可分为强制性认证和自愿性认证。由国家法律、行政法规及规章规定应执行强制性标准的产品(这类产品多与安全、人体健康有关)应执行强制性认证,即产品未经认证合格不得销售、进口和使用。对于执行推荐性标准的产品和企业的质量管理体系一般不执行强制性认证,而执行自愿性认证的原则。这里讲的"自愿"应体现在:① 是否申请认证;② 申请哪一家认证机构认证;③ 质量管理体系认证采取哪一种质量保证模式(该条应征得认证机构的同意)都是申请方的自主行为。

5.7.9 认证的证明方式

认证(certification),原意是出具证书的活动。当产品或质量管理体系经认证合格则可用合格证书或产品认证标志的形式向顾客和有关方面传递"符合标准"的信息。注意:只有认证合格的产品才允许在产品上使用认证标志。

5.8 质量认证制度与类型

5.8.1 质量认证制度

质量认证制度是指为了进行质量认证工作而建立的一套程序和管理制度的总称,包括企业质量体系认证制度和产品质量认证制度。

质量体系认证制度是指依据一定的标准和要求,由认证机构对企业质量体系进行审核及评定,确认符合标准和要求时由认证机构向企业颁发认证证书,以证明企业质量体系符合相应要求的活动过程等有关制度规定的总称。质量体系认证是目前国际上通行的一种产品质量监督管理制度。

5.8.2 质量认证类型

① 型式试验。按规定的试验方法对产品的样品进行试验,以证明样品符合标准或技术规范的要求。

② 型式试验加认证后监督——市场抽样检验。监督的办法是从市场购买样品或从批发商、零售商的仓库中随机抽样进行检验,以证明认证产品的质量持续符合标准或技术规范的要求。

③ 型式试验加认证后监督——供方抽样检验。从供方发货前的产品中随机抽样进行检验。

④ 型式试验加认证后监督——在市场和供方抽样检验。监督检验所用的样品既有市场

上的又有供方随机抽取的。

⑤ 型式试验加供方质量体系评定再加认证后监督——质量体系复查加供方和市场抽样检验。特点是在批准认证的资格条件中增加了对产品供方质量体系的检查和评定，在批准认证后的监督措施中也增加了对供方质量体系的复查。

⑥ 供方质量体系评定。这种认证制度是对供方按既定规范要求提供产品的质量保证能力进行评定。

⑦ 批检。根据规定的抽样方案，对一批产品进行抽样检验，并据此作出该批产品是否符合标准或技术规范的判断。

⑧ 全数检验。对每一件产品在出厂前都要依据标准经认可的独立检验机构进行检验。

5.9　质量认证程序

5.9.1　质量认证过程

一般来说，质量管理体系的审核过程与质量管理体系认证过程如图 5.1 所示，审核准备开始至提交审核报告结束。所以审核过程是认证过程的核心阶段，而并非是认证过程的全部。

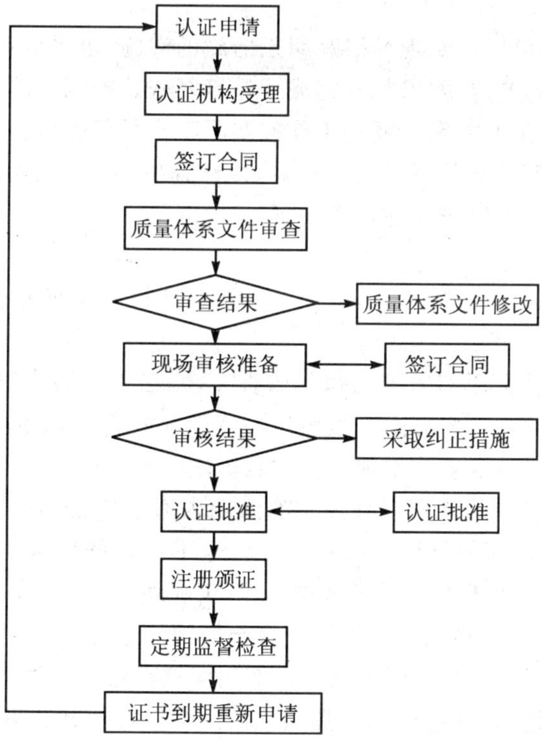

图 5.1　认证与审核过程

① 信息交换：通过信函、电话、传真及相互访问等各种形式进行接触，相互了解。报价，

有意向的单位填写调查表,认证机构收到调查表后作出书面的报价。需要时,可以访问现场,了解工作场所与环境。

② 签订合同:申请单位接受报价后正式填写申请表。认证机构收到申请表后签订提供认证服务的合同,随后指定项目负责人(审核组长)并通知客户。

③ 文件审查:客户将正式发布的质量手册送交认证机构,由审核组长作文件审查,并将审查结果书面告知客户。如有不符再送交认证机构,直到符合标准要求。

④ 现场初访:了解客户管理基础状况,确定是否可以进行现场审核,商定现场审核计划。必要时可抽取一些要素作预审,以加深了解。

如客户要求对所有要素作一次全面的预审,则不在本程序包含内容范围内,需另签预审服务合同。但此类预审只作评价不提建议。

⑤ 现场审核:认证机构派出审核组按计划进行现场审核,审核要求覆盖申请认证的全部范围及所要求标准的全部要素,用抽样方式进行。现场审核将对发现的不合格项开出不合格报告,并要求实施纠正。现场审核结束后将给予书面的审核报告,现场审核结束会议上将口头报告审核结果,告知是否推荐认证通过,然后将全面审核报告送受审方及认证机构项目主管。

⑥ 纠正措施:是对现场审核中发现的不合格项由审核组长(也可由参加现场审核的审核员)对纠正措施的效果进行验证。验证的方法有如下几种。

- 现场验证;
- 由申请方提供客观证据验证;
- 与下次监督审核合并进行验证。

对推荐通过的客户,可以不到现场跟踪纠正措施的实施,也可以在实施后到现场跟踪查核一次。对于不推荐通过的单位,要求整改完成后进行复查。根据问题涉及面的大小,复查可能针对几个要素,也可能是全部要素。复查工作按实际工作另行收费。

⑦ 核准发证:待全部不合格项验证合格后,由认证机构或其技术委员会决定是否同意注册。认证机构项目主管负责审查由审核组长送交的审核报告。认证机构主任负责批准认证通过。

认证机构项目管理部门负责发放由审核组长及认证机构主任签署的认证证书,证书有效期为三年。

⑧ 证后监督:第一次证书有效期内每年监查 2 次,三年期满换证后每年监查 1 次。获证单位的法人代表、组织结构、生产方式或覆盖产品范围等如有变化,应及时通知认证机构。

必要时认证机构将派员复查或增加监查次数。

⑨ 持证要求:证书的持有者可以在证书有效期内通过广告、宣传资料介绍所获的证书及认证机构与 CNACR 标志,但不得直接用于产品,也不得以任何可能误导产品合格的方式使用。若经监查证书的持有者达不到原定标准,又不实施纠正措施,或不能按规定交纳费用,或违反其认证合同规定要求的,经核实可以暂停直至撤销体系证书。

⑩ 我国规定,注册证书的有效期为三年。期满应重新组织复评。若证书的持有者在有效期到达前未提出重新申请,或在有效期内提出注销的可以注销其证书。凡暂停、撤销或注销证书,由认证机构在原公告范围内重新公告,并收回其有效证书。

5.9.2　合格评定

合格评定（conformity assessment）是指以直接或间接的方式确定相关要求被满足的活动。

合格评定包括认证和认可两个方面，参见图 5.2。

- 合格评审
  - 认证
    - 产品质量认证
    - 质量体系认证/注册
  - 认可
    - 校准/检验机构认可(中国实验室国家认可委员会,NACL)
    - 认证机构认可(中国产品质量认证国家认可委员会,CNACP)
    - 审核机构认可(中国产品质量认证机构国家认可委员会,CNACP)
    - 审核员/评审员资格认可(中国认证人员国家注册委员会,CRBA)

图 5.2　合格评审的主要活动

5.10　产品认证和质量管理体系认证的关系

5.10.1　产品认证与体系认证的关系

产品质量认证和质量管理体系认证都要求对申请方的质量管理体系进行检查评定。如何将产品认证中的体系评定与质量管理体系中的要求相协调，以避免不必要的重复检查，是当前认证工作中的重要课题，也是发展趋势。但由于产品认证有较长的历史，这种协调还要有个过程。

根据近几年国内外认证实践，以及我国颁布的有关行政法规和规章精神，现对产品认证和质量管理体系认证的主要区别及其关系分析如下：

(1) 认证对象不同

产品认证的对象是指特定的产品，而不是泛指一种产品的各类别或型号。即使在原认证证书中要求增加同种产品的型号、规格都应当重新取证。

质量管理体系认证的对象则指一个组织的质量管理体系。

(2) 申请认证的条件不同

申请产品认证的组织必须具备以下条件：

- 中国企业持有工商行政管理部门或其他法定部门颁发的《企业法人营业执照》，外国企业持有有关机构的登记注册证明。
- 申请认证的产品应符合具有国际水平的中国国家标准或行业标准。我国的名、特产品，可以依据国务院标准化行政主管部（国家技术监督局）确认的标准实施认证。
- 产品质量稳定，能正常批量生产，并能提供有关客观证据。
- 企业的质量管理体系应符合指定的质量管理标准及其补充要求。

5.10.2 证明的方式和证明使用的区别

国家质量检验检疫总局统一管理、审批及发布认证证书和产品认证标志的样式。

产品认证的证明方式是产品认证证书和产品认证标志。其认证证书是证明产品质量符合认证要求和许可使用产品认证标志的法定文件。只有在获准认证注册的产品上允许使用产品认证标志。认证证书和质量管理体系认证标记都不能直接用到产品上。

质量管理体系认证的证明方式是体系认证证书和体系认证机构专有的特定标志。其认证证书是证明申请方质量管理体系符合选定的质量保证标准的要求,和可以按照体系认证机构的规定使用其专有标志的法定文件。产品认证标志不能用来表示质量管理体系认证合格。

5.10.3 强制性认证和自愿性认证

如前所述,产品认证就其执行标准的性质可分为强制性认证和自愿性认证。对执行强制性认证的产品,企业必须主动申请认证,这类产品未经认证和产品上不带有认证标志不得销售和进口。质量管理体系认证则采用自愿原则。

5.11 质量认证的选择

质量认证的选择包含产品认证和体系认证之间的选择,以及认证机构的选择。

5.11.1 产品认证和体系认证的选择

一个企业是选择产品认证还是选择质量管理体系认证,或者两种认证都申请,主要取决于企业的产品特点和生产性质。

(1) 以下企业只能或优先选择体系认证

- 没有产品的企业,如银行、培训中心和咨询机构等。
- 虽有产品,但产品不是自己生产的企业,如商店、供销社等。
- 试验性或试制性生产企业。
- 单件、小批量产品的生产企业。
- 顾客要求提供质量管理体系认证证书的企业。

(2) 对于生产单一产品的企业

如生产水泥、汽车玻璃等企业应优先考虑产品认证。因为产品认证同样也包含质量管理体系的评定,而且产品认证的标志可用于产品上。

我国法律、行政法规或规章规定需强制认证的产品必须申请产品认证。

(3) 对于主导产品较多且又能够形成批量生产的企业

其选择主要取决于市场和顾客的需要。对这类企业也可采取两步走的办法,即先申请质量管理体系认证打好管理基础,然后再有选择地申请产品认证。

5.11.2 认证机构的选择

根据近几年的认证实践，以下几个原则可供参考：

① 对国内、国外认证机构而言，应优先选择国内认证机构。

这主要由于国内认证机构收费标准比国外认证机构低，而且注册后的监督检查也方便。

② 若国外顾客指定提供某个认证机构的认证证书时，则应向外商指定的认证机构申请认证。

③ 无论是国内还是国外认证都应选择经国家认可的认证机构。

④ 在经国家认可的认证机构中又要优先选择信任程度高的认证机构。

复习思考题

5-1 什么是质量审核？质量审核的主要内容是什么？

5-2 简述质量审核的作用。

5-3 质量管理体系审核有什么特点？

5-4 如何确定质量审核的时机，并说明原因。

5-5 简述质量认证的产生和发展。

5-6 简述质量体系认证的重要性。

5-7 简述质量认证制度的类型和典型产品质量认证制度的基本要素。

5-8 简述质量认证机构的职责和质量认证的条件。

5-9 简述质量认证机构实施质量认证的一般程序和组织开展质量体系认证工作的步骤和方法。

5-10 简述质量认证制度及其类型。

第6章　质量信息工程

6.1　信息概述

6.1.1　信息概念

随着计算机、网络和通信等技术的发展，21世纪一个最明显的特征是信息技术日新月异，尤其是网络无孔不入，对整个商业环境中的运作概念带来了强烈的冲击，企业向小批量、柔性化和敏捷化方向发展。以知识为基础，以Internet为沟通，形成全球化的发展是新时期的突出特点，信息扮演着极其重要的角色，当代人们正面临着“海量信息”的挑战。

信息技术高度发展使得产品的竞争日趋激烈，顾客的要求向多样化、个性化、质量好和可靠性高等方向发展，满足顾客要求将日益困难。特别是对于军工企业来说，军工产品具有技术密集、系统复杂以及研制周期相对缩短等特点，信息技术加速了科学技术的发展，促进了产品质量可靠性水平的提升，同时又向质量与可靠性提出了严峻的考验。

当今世界正处于以信息为中心的新技术革命时代，信息与物质、能量并列为现代社会资源的三大支柱。信息技术的发展是促进社会生产力迅速发展的重要基础，信息是改造客观世界的巨大资源。

在日常生活中，信息一词已被滥用，关于信息的定义至今争论不休，没有定论。有人说信息是消息，有人说信息是知识，有人说是运动状态的反映，当然也有人说是经过加工后的数据。信息是不是物质，信息有无重要价值，至今也争论不休。总之，信息是一个社会概念，信息是人类共享的一切知识、学问以及客观现象加工提炼出来的各种信息之总和。

6.1.2　信息定义

(1) 管理信息的定义

在工作及日常生活中，人们经常将数据和信息不加区分，但在管理信息系统的概念中，数据和信息是两个不同的概念，有着不同含义。一般在管理信息系统中，将信息定义如下：信息是经过加工后的数据，它对接收者的行为能产生影响，它对接收者的决策具有价值，可以比喻数据是原料，而信息是产品。

(2) 信息的一般定义

一般可以认为，信息是客观世界中各种事物状态和变化特征以及事物之间相互联系、相互作用的反映和表征，是客观事物经过传递后的再现，并可以被人们所接收。

信息是客观世界各种事物状态和变化的反映。客观世界中任何事物总是在不停顿地运动着、变化着，并呈现出不同的状态和特征，作为客观事物状态和变化的反映的信息，也总是在不断地产生。例如，一种产品的发明和发展，都可以通过其性能指标、使用条件、价格及其变化等各种信息反映出来。

信息是客观事物之间相互联系、相互作用的表征。客观世界的各种事物总是在一定的条件下相互联系、相互作用；伴随事物各个过程的变化所产生的信息可以真实地反映出事物相互联系和相互作用的关系。例如，产品销售量的变化可以反映供与求两者之间关系的变化；又如，产品的质量与可靠性随环境条件变化的数据，可以反映出环境条件作用于产品引起的质量与可靠性变化的规律。

信息可以被传递是信息的一个基本特征。信息可以再现客观事物的状态和变化，但信息只有经过传递才能被人们接收、认识和利用。所以，有用的信息是指按现代科学技术的水平经过努力可以被人们所接收、认识和利用的那部分信息。

从以上对信息含义的说明可知，信息是客观事物状态和变化的反映，信息从生产、处理、传递、接收和认识到利用需要有个过程。研究信息的目的，就是要不断地完善信息收集、分析及传递等的方法和手段，提高对信息的理解和认识水平，以便加深对客观事物规律性的认识，进而能够有效地利用信息，为认识和改造客观世界服务。通俗地说，开展信息工作的目的就是为了更好地开发信息资源和利用信息资源。

6.1.3　信息载体

信息载体，也可称为信息储存的设备。主要有纸、胶卷、软盘、光盘、磁带和计算机存储器等。

① 纸是储存信息的主要材料，用纸存信息的主要优点是存量大、体积小、便宜以及永久保存性好，并有不易涂改性。其优点就是存数字、文字和图像一样容易。用纸存储信息的缺点就是传递信息慢，检索起来不方便。所以要掌握纸的特点，在信息系统合适的地方恰当地应用纸介质存储信息，扬长避短。用纸传输信息的形式是多种多样的，与电子计算机结合应用，又发展了纸带、穿孔卡等。

② 胶卷起初用来作为纸的补充，存储图像，以后也用来存储文字和数字，用它存储文字和数字的主要好处是存储密度大，1 平方厘米胶卷上可存 1 024 页 16 开纸面信息。因而它可以代替纸存储书籍上的信息内容，所以许多图书馆把书拍到缩微胶卷上存放。胶卷的特点是查询容易。其缺点是阅读时必须通过接口设备，不方便，且价格昂贵。因而现在也只是把最常用的或贵重的书籍存入胶卷。

③ 计算机存储器主要用来存储变化的业务和控制信息，随着技术的进步其单位成本在不断的下降。目前，用计算机存储器存储信息的成本已经很低，只是其读出还不如纸方便。无纸的管理系统已经开始应用。但是，它用不着也不可能完全代替纸张。

计算机存储器的形式很多，按其功能主要分为内存和外存。内存放在主机板上，计算机可以只靠电子线路直接存取数据，存取速度极快，而且可随机存取存储器中任何地方的数据，且速度一样。外存由磁盘、磁带、光盘等组成。它存储的数据量大，伴随着机械运动，数据才能被读出，所以读出的速度有时较慢，而且和数据所在的位置有关，但随着科学技术的发展，这已经不能成为问题。

数据存储的介质还有软盘、磁盘和磁卡等，软盘是一种由塑料做成的类似唱片的盘片，由于它携带方便，现在广泛用来在机器之间作离线通信，俗称“跑盘”。许多国家的邮局已开展了邮寄盘片的业务，但软盘不易于作长期存储用。

磁卡一般是作为便于携带的存有数据的凭证，例如信用卡、电话卡等，实际上它是一种电子货币。现在各种磁卡已经成为人们生活和工作中不可缺少的物品。

此外，计算机活动硬盘、U 盘等各类闪存已是常用、方便和快捷的信息存储介质。

6.1.4 物流与信息流

在客观事物的活动中，存在着两种运动过程，一种是物流，一种是件随着物流所产生的信息流。物流是客观事物运动变化的过程，例如，在企业生产活动中，从原材料、设备和技术的输入到生产出产品的过程，是物流的过程。而伴随道该物流过程而产生的反映物流状态和变化特征的数据、报告与资料，则又形成一个信息流。物流与信息流是相辅相成互为条件的，信息流产生于物流，而物流又需要信息流的控制，虽然物流是不可逆的，但可以用信息流的反馈作用，不断地对物流的进程加以控制，这就是物流与信息流的关系。图 6.1 表示了产品生产过程中物流与信息流的关系。

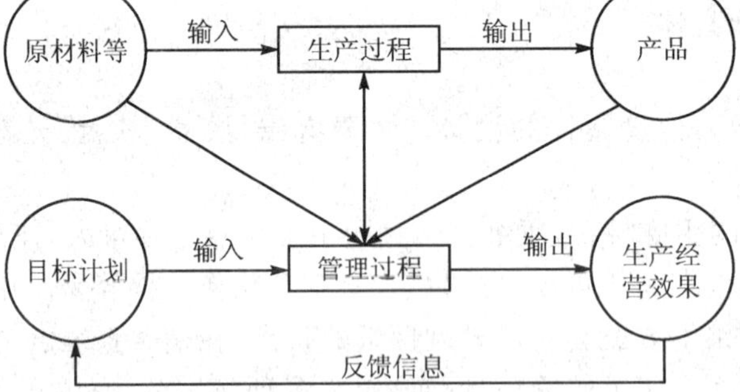

图 6.1 产品生产中的信息流与物流

6.1.5 信息与管理

管理的基本职能是根据所承担的任务，确定工作的目标，制订工作计划，并组织、协调和控制计划的实施，保证各项工作目标的实现。为了合理地确定目标，制订计划，首先要进行科学的预测；为了计划的顺利实施，又要对各个管理层次的工作进行控制和调节。

而无论是进行预测还是控制，都需要以信息为依据，加上管理者的智慧和判断，才能对其做出科学的决策。因此，可以说管理的核心就是各级管理者在掌握信息、分析信息的基础上进行决策的过程。决策贯穿于管理的全过程，而且，根据各个管理层次对信息的需求，获得的信息越及时、越准确和越完整，决策就越正确。图 6.2 所示表示了决策过程与所掌握信息的关系。

另外，由于决策受多种不定因素的影响，因此决策不可能一成不变，还必须根据在计划实施过程所反馈的信息以及内、外部环境情况的变化，及时地对各种决策进行修正和调节，以期

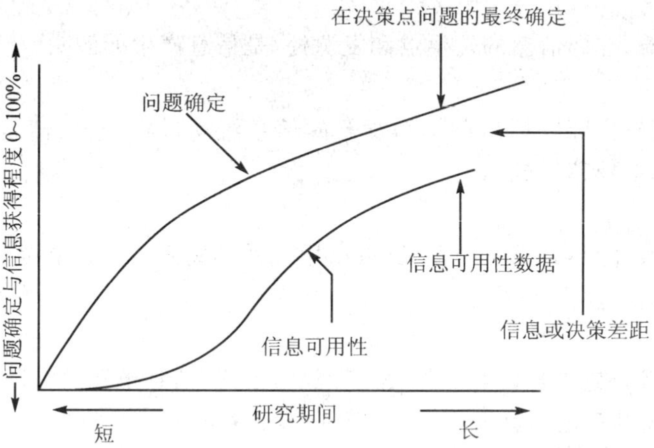

图 6.2 决策过程与所掌握信息的关系

尽量使其符合工程实际。所以说决策是一个以信息为依据，不断对目标和计划进行修正的动态过程，没有信息，就难于决策；没有信息，就没有管理。

6.2 质量与可靠性信息概述

6.2.1 质量与可靠性信息的概念

质量信息是指反映产品在不同寿命阶段质量与可靠性状况及其变化规律的数据、报告和资料的总称。

现代质量观认为，产品的质量特性除一般性能外，还包括产品的可靠性、维修性、保障性、测试性、安全性、环境适应性和经济性等特性。对于武器装备来说，随着现代武器装备发展中采用的新技术不断增多，所需投资大幅度增加，为了提高武器装备的作战效能，降低寿命周期费用，武器装备的可靠性被提出了越来越高的要求，它们已成为与性能同等重要的质量特性。因此，作为反映武器装备重要质量特性状况和变化特征的可靠性等信息是质量信息的重要组成部分。

装备质量与可靠性信息概念可以定义为有关装备的性能、可靠性、维修性、测试性、保障性、安全性、可生产性和费用等数据、报告与资料的总称。

质量与可靠性信息既包括产品研制生产过程的信息，也包括使用过程的信息等。

6.2.2 质量与可靠性信息基本术语

信息工作是质量与可靠性管理的一项基础工作。对于信息相关人员来说，为了做好质量与可靠性信息工作，应掌握以下基本概念及术语：

(1) 信息源

产生信息的始端，亦即信息的发生点和发源处，是信息产生的源头。

(2) 信息流

信息的流动过程，亦即以信息载体为媒介的信息流动过程，它由信息收集、加工处理、储存、反馈与交换等基本环节组成。

(3) 信息单元

信息的基本要素，它具有唯一的含义，可以用一系列特定的信息内容来描述。如“产品名称”、“故障模式”等。

(4) 信息项

描述信息单元的特定信息内容。如，描述“故障模式”信息单元的“短路”、“断裂”等。

(5) 正常质量与可靠性信息

产品在研制、生产、试验及使用过程中满足规定要求的质量与可靠性信息。

(6) 一般异常质量与可靠性信息

产品在研制、生产、试验及使用过程中不满足规定要求，但不致严重影响完成规定任务和不导致人或物重大损失的质量与可靠性信息。

(7) 严重异常质量与可靠性信息

产品在研制、生产、试验及使用过程中严重影响完成规定任务、导致或可能导致人或物重大损失的质量与可靠性信息。

6.2.3 质量与可靠性信息的分类及内容

1. 质量与可靠性信息分类

按照不同的分类原则，质量与可靠性信息可以分成不同的类别。对于装备来说，一般可按照质量与可靠性信息的产生分类，可以分为A类信息和B类信息。

(1) A类信息

在产品的论证、研制、生产及使用等过程中产生的质量与可靠性数据和报告等属A类信息。一般指在产品开发过程中产生的，直接反映产品质量特性的数据、报告及资料等信息。

(2) B类信息

A类信息经过汇总、分析和整理后形成的在一定范围内具有指导意义的报告、手册等属B类信息。

2. 质量与可靠性信息内容

(1) A类信息内容

1) 研制生产过程中的信息

- 战术技术指标、研制任务书与合同中规定的质量与可靠性参数及其指标；
- 可靠性大纲、维修性大纲、安全性大纲、质量保证大纲及其评审报告；
- 可靠性、维修性指标的分配和预计结果；
- 故障模式、影响分析或故障模式、影响及危害度分析报告；

- 有关保障性的分析报告；
- 故障报告、分析和纠正措施及其效果；
- 关键件和重要件清单；
- 设计定型与生产定型时产品的质量与可靠性分析报告；
- 性能试验、环境试验、耐久性试验、可靠性及维修性试验、试车、试飞与试航等结果与分析报告；
- 可靠性增长计划及实施情况；
- 功能测试、包装、贮存、装卸、运输及维修对产品质量与可靠性的影响；
- 严重异常、一般异常质量与可靠性问题，分析、处理及其效果；
- 设计质量、工艺质量和产品质量评审结果及首件鉴定情况；
- 质量审核报告；
- 对关键件、重要件和关键工序质量控制情况；
- 不合格品分析、纠正措施及其效果；
- 外购件(含元器件、原材料)、外协件质量复验报告；
- 产品的改进与改型情况；
- 产品验收及例行试验合格率；
- 质量成本分析报告；
- 其他有关信息。

2）使用到退役过程中的信息

- 产品的使用状况；
- 故障报告、分析、纠正措施及其效果；
- 可靠性增长情况；
- 维修时间、工时、费用及其他维修性信息；
- 产品的贮存信息；
- 产品的检测信息；
- 产品的使用寿命信息；
- 严重异常、一般异常质量与可靠性问题、分析、处理及其效果；
- 产品的改装及其效果；
- 综合保障情况、存在问题及分析；
- 产品质量与使用可靠性的综合分析报告；
- 产品在退役、报废时的质量与可靠性状况等。

(2) B 类信息的内容

- 可靠性数据手册；
- 产品故障模式手册；
- 重大故障案例等。

3. 质量与可靠性信息的其他分类

按照不同的分类原则，质量与可靠性信息有不同的分类方式。

(1) 按照信息的来源

① 内部信息：本信息系统内部所产生的信息；

② 外部信息：由本信息系统外部产生的与本信息系统密切相关的信息。

(2) 按照信息的作用

① 指令信息：是指与质量和可靠性工作有关的来自上级的指令和规定，以及各级领导层各种决策目标和工作计划等。

② 反馈信息：指在执行决策过程中所反映决策目标的正确性或偏离程度，以及顾客对产品质量与可靠性的反映等信息。

(3) 按照问题的影响后果

① 严重异常的质量与可靠性信息；

② 一般异常的质量与可靠性信息；

③ 正常的质量与可靠性信息。

6.2.4 质量与可靠性信息的特征

信息的范围广泛，不同类别的信息既有其共同的特点，又都有其各自的特征。全面认识质量与可靠性信息的特征，将有助于对质量与可靠性信息工作的有效管理。质量与可靠性信息的特征主要有：

(1) 信息的分散性与相关性

质量与可靠性信息存在于产品寿命周期的各个过程，并产生于各有关部门和人员的质量与可靠性实践之中，体现了它的分散性。但各种信息之间往往又相互联系、相互影响，从而又具有相关性。这一特点决定了质量与可靠性信息工作是项多层次、多环节且又相互关联的工作。因此，质量与可靠性信息工作必须由各有关单位相互配合、共同完成。

(2) 信息价值的潜在性和待开发性

质量与可靠性信息是一项丰富的社会资源，但有待于人们去开发。只有将分散的、大量原始信息有目的地进行收集、筛选、整理和分析处理，并加以反馈，才能充分体现它的价值。由于人们对质量与可靠性信息的认识、管理和技术水平的不同，所开发出的信息价值将会有很大的差异，信息开发的程度及其效益取决于对信息驾驭的能力。因此，我们需要不断提高对信息收集、分析处理和反馈的水平，以适应有效地开发和利用信息资源的实际需求。

(3) 信息发生的随机性和度量上的时间性

在产品的寿命周期中，随时都可能产生质量与可靠性信息，但什么时间会发生什么样的信息往往是随机的。如装备会发生故障，但哪个产品在什么时间发生故障是随机的。另外，产品的质量与可靠性一般均与其工作时间(或次数)有关，因此，质量与可靠性的度量一般均采用与工作时间有关的单位或概率表示。这一特点决定了质量与可靠性信息收集和处理上的特殊性。

(4) 信息的可继承性和时效性

随着产品的发展与更新，不断地丰富着质量与可靠性信息资源的宝库。它们可以被积累和继承，使新一代产品能吸取已有的经验，从而不断提高产品的质量与可靠性水平。但是，质量与可靠性信息往往又有很强的时效性，信息的价值会随着时间的推移而衰减。有些信息一经生成就需要传输到有关单位，以便及时地采取措施，避免不应有的损失。所以说，质量与可靠性信息工作既是一项长期性的工作，又是一项具有很强的时效性的工作。

6.2.5　质量与可靠性信息的重要性

质量信息是质量管理的基础工作之一。国内外的实践说明，质量与可靠性信息是实施质量与可靠性工程技术和管理的基础，是开展各项质量与可靠性工程活动的重要依据，是各级领导部门进行科学决策的依据。

质量与可靠性信息的重要性表现在：

(1) 质量信息是各级领导部门实施质量管理和进行科学决策的依据

质量管理的过程是一个决策的过程，而决策离不开信息。产品开发及使用过程中不可避免地会发生各种质量问题，这些问题的解决及预防均是以质量信息为基础的。可见，质量信息是各级领导部门实施质量管理及进行科学决策的依据。

(2) 质量信息是质量与可靠性工程技术活动的基础

质量与可靠性是设计出来的、制造出来的以及管理出来的。质量特性的形成和实现是在产品全寿命周期中发生的，是由一系列质量和可靠性工程技术方法来保证的。如在产品开发过程中应用的质量功能展开(QFD)、统计过程控制(SPC)、6σ 管理、故障影响及模式分析(FMEA)、故障树分析(FTA)、可靠性设计、预计及分配等均必须由相应的质量与可靠性信息支持。相关信息的数量及准确性直接影响了这些工程技术方法效果。因此，没有质量信息，就不可能应用质量与可靠性工程技术方法。同样，质量与可靠性信息是武器装备论证和确定装备战术技术指标、产品改进和改型以及可靠性增长的基础，是企业实现产品质量改进与可靠性增长的必要支持。

(3) 质量信息是评价装备质量与可靠性水平的依据

根据装备在研制、生产和使用中存在的质量问题，分析问题产生的原因，采取具有针对性的措施，实施质量问题的闭环监控，达到质量和可靠性水平提高的目的。根据装备使用中产品的故障等信息可以评估产品的可靠性水平，这是目前装备承制方及使用方共同关心的问题。通过可靠性评估，反映产品的可靠性水平，评价产品是否达到了论证要求等。

(4) 质量信息是指导装备使用部队管好、用好装备，充分发挥其使用效能的重要依据

装备要充分发挥其使用效能，不但要靠本身所具有的优异的性能和高的质量与可靠性，还要依赖于在使用中不断提高使用、维修和管理水平。为此，就必须以使用中反馈的信息为依据，不断完善装备的维修方案、备件管理以及设备、人员和技术等方面的支援保障工作，这也是一个以信息为依据的闭环控制过程。同时，这些信息也是提高承制方售后服务工作水平的重要依据。

(5) 质量信息是提高在役装备质量与可靠性水平的重要依据

由于历史条件的限制，我国的在役武器装备大多数缺少可靠性设计环节，不少装备在使用中暴露出故障多、寿命短以及维修性和保障性差，一定程度上影响了装备正常使用，甚至影响安全。为了能有针对性地解决装备所存在的质量问题及提高装备的使用效能，近年来在我国航空企业等行业均开展了对重要质量问题的攻关、产品的定寿、产品的延寿以及以质量与可靠性为中心的维修改革等一系列工作，这些工作也都是以大量使用信息为依据进行的，并取得了

重大的成效。

在我国武器装备的发展过程中，质量信息的重要性已经引起各方的关注，人们的信息意识有了普遍提高，但由于以往对质量信息的重视程度不够所带来的问题，也在一定程度上影响了我国武器装备的快速发展。为此，应加大质量与可靠性信息工作力度，做好信息工作。

6.3 质量与可靠性信息工作程序

信息工作流程是一个闭环控制的过程。通过质量与可靠性信息的闭环归零管理，实现产品故障及质量问题的闭环控制。

信息工作流程包括信息收集、加工处理、贮存、反馈与交换、信息共享、信息综合分析及开发应用等环节。信息的价值和作用只有通过信息流程才能得以实现，因此，对信息流程每一环节都要实施科学的管理，保证信息流的畅通。一般信息工作流程如图 6.3 所示。

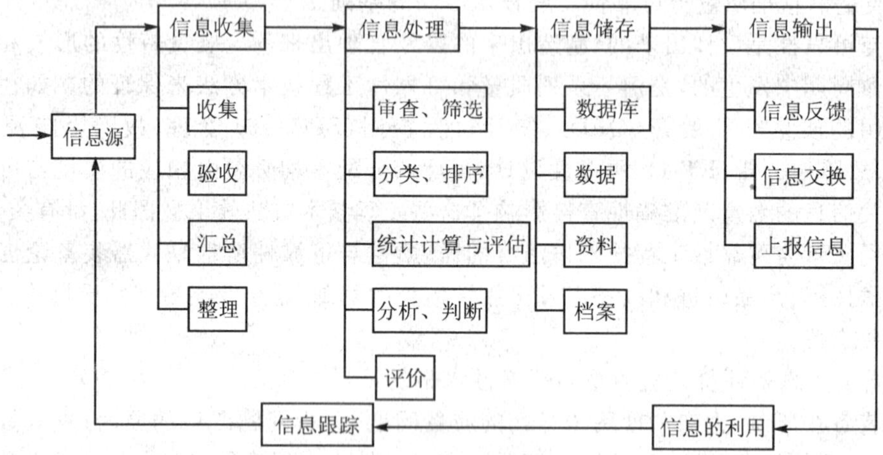

图 6.3 一般信息工作流程图

6.3.1 信息收集

将产品各承制单位及各阶段分散的、随机产生的信息有目的地收集起来，并加以处理才能利用它。信息收集是开展可靠性信息工作的起点，也是做好信息工作的难点与关键。

1. 信息收集的要求

为了保证信息收集的质量，满足对信息的实际需求，信息的收集要做到及时、准确、完整、连续与规范等。

① 及时性：信息的及时性要求是由可靠性信息的时效性所决定的。信息的价值往往随时间的推移而降低，及时收集信息才能充分发挥其应有的价值。特别是影响安全、可能造成重大后果的严重异常的质量与可靠性信息，一经发现就应立即提供，以免造成重大的损失。

② 准确性：信息的准确性是信息的生命。信息必须如实地反映客观事实的特征及其变

化情况，信息失真或畸形，不但没用，还会造成信息的“污染”，导致错误的结论。一个错误的信息，就可能造成一场灾难，或全盘皆输的局面。

③ 完整性：信息的完整性是使信息能全面、真实地反映客观事实全貌的必要条件。为保证信息的完整性，一是要求对信息的需求内容要全，因为信息之间往往是相关的，丢失一项就可能使信息失去应有的价值；二是要求信息数量上的完整，数量不足或不连续就难于找出事物的规律，而且数量多也是弥补个别信息不准确的有效措施之一。

④ 连续性：信息的连续性对于信息的应用至关重要，尤其对于开展可靠性阶段评估、使用评估及验证工作，没有连续的质量与可靠性信息，很难得到相对准确的评估结果，也降低了信息的应用价值。因此，在产品全寿命阶段，均应开展信息工作，保障信息工作质量，提高信息的应用价值。

⑤ 规范性：只有做到信息收集的规范化，才便于对信息实施现代化的管理，进行广泛的信息交流。信息的标准化、规范化也是保证信息准确性的重要措施。

2. 信息收集的程序

(1) 确定信息收集的内容和来源

各级信息系统均应根据所承担的任务，在对信息需求进行论证的基础上，具体确定信息收集的类别和内容。要逐项选择和落实它们的来源和渠道。

质量与可靠性信息内容繁多，在产品各个寿命周期阶段都会产生大量的可靠性信息，对于装备研制生产及使用过程来说，一般其范围及内容主要包括：

- 研制任务书或合同中规定的及不同阶段产品实际达到的可靠性、维修性与保障性（简称 RMS）等指标；
- 可靠性大纲、维修性大纲、保障性大纲及其评审报告；
- 可靠性、维修性指标的分配及预计结果；
- 有关保障性的分析报告；
- 故障报告、分析和纠正措施及其效果；
- 性能试验、环境试验、耐久性试验、可靠性试验与维修性验证、试车、试飞与试航等结果与分析报告；
- 严重异常、一般异常的质量与可靠性问题、分析、处理及其效果；
- 生产中对不合格品的分析及处理情况；
- 生产中产品验收及例行试验合格率；
- 产品的使用状况及故障、缺陷信息；
- 产品的储存可靠性信息；
- 产品的使用寿命信息；
- 产品的维修方式、周期、工时和费用信息；
- 维修差错及其后果统计；
- 通用和专用保障设备的种类及清单；
- 保障设备的供应情况及存在的主要问题；
- 使用维修技术资料清单、供应情况及其适用性信息；
- 产品的 RMS 综合分析报告；

● 各类 RMS 数据手册；

● 事故和重大质量问题案例分析；

● 开展可靠性工程活动总结、经验及教训等。

(2) 编制规范的信息收集表格

表达和记录信息可以采用语言、文字、表格、磁带或软盘等不同的形式。其中，信息表格是最基本的记录形式。因此，需按照信息收集的类别和内容设计一系列的规范的信息表格。以航空产品为例，常用的质量与可靠性信息参考表格类别如表 6.1 所列。

表 6.1 航空产品质量和可靠性信息系统用表

<table>
<tr><th>信息类型</th><th>表格名称</th><th>信息类型</th><th>表格名称</th></tr>
<tr><td rowspan="5">飞机、发动机出厂及使用状况信息类</td><td>飞机出厂状况信息表</td><td rowspan="3">航空产品内厂试验信息类</td><td>航空产品筛选试验信息表</td></tr>
<tr><td>发动机出厂状况信息表</td><td>航空产品可靠性增长试验信息表</td></tr>
<tr><td>飞机现场月信息调查表(军机)</td><td>航空产品贮存试验信息表</td></tr>
<tr><td>飞机现场月信息调查表(民机)</td><td rowspan="2">航空产品维护修理信息类</td><td>航空产品修理记录卡</td></tr>
<tr><td>发动机使用月调查表</td><td>飞机直接维修工时统计表</td></tr>
<tr><td rowspan="8">航空产品出厂及故障、换件、缺件信息类</td><td>航空产品技术指标及使用维护要求调查表</td><td rowspan="5">航空产品外场重要质量故障及其纠正措施信息类</td><td>航空产品外场重要质量故障卡</td></tr>
<tr><td>航空产品改进、改型信息表</td><td rowspan="2">航空产品外场重要质量故障处理回复卡</td></tr>
<tr><td>装机产品初始信息表</td></tr>
<tr><td>航空产品现场可靠性信息调查表(集中调查用)</td><td rowspan="2">航空产品外场重要质量故障纠正措施卡</td></tr>
<tr><td>航空产品故障信息卡</td></tr>
<tr><td>航空产品非故障换件调查表</td><td rowspan="3">航空产品重要质量问题及其纠正措施信息类</td><td>航空产品重要质量问题报告表</td></tr>
<tr><td>结构裂纹调查表</td><td rowspan="2">航空产品重要质量问题纠正措施调查表</td></tr>
<tr><td>飞机缺件情况报告表</td></tr>
<tr><td rowspan="3">航空产品内场试验信息类</td><td>航空产品内厂寿命与可靠性试验信息表</td><td rowspan="3">航空产品故障模式、影响及其纠正措施信息类</td><td>故障模式及其影响和纠正措施分析表</td></tr>
<tr><td>航空产品加速寿命试验信息表</td><td rowspan="2">故障模式及其影响统计表</td></tr>
<tr><td>航空产品定期试验信息表</td></tr>
</table>

根据所确定的信息收集内容，在信息表格的制订中应注意：

① 信息表格能够反映产品的层次性和信息管理组织的系统性，也就是需要考虑信息表格中内容的完整性；

② 信息表格中的信息单元及信息项等必须与相关的标准、规范及要求等相适应，也就是需要考虑信息的标准化和规范化。标准和规范的信息单元、信息项是在特定领域中的“共同语言”，是“技术性语言”，为此，应避免信息表格填报的随意性，只有使用标准化及规范化语言，才能有效进行传递“顾客的声音”，才能进行信息的交流及共享。

(3) 收集、审核和汇总信息

各信息源按信息收集的计划和要求，选用所需的信息表格进行信息的采集和填写，并应有专人对所填信息表进行校核和审查。最后对信息进行汇总，并及时将信息按规定的信息流程提交或反馈给有关部门和信息组织。

3. 信息收集的重点

在可靠性信息收集中，要特别强调对产品故障和重大质量问题信息的收集。因为通过产品故障的分析，可以掌握产品的可靠性状况和故障规律，找出故障原因及薄弱环节，从而有针对性地对设计、生产和使用维修中存在的问题采取纠正措施，防止故障的重复发生，从而提高产品的质量与可靠性水平。

6.3.2　信息处理

信息的加工处理是提高信息可用性的重要手段，也是对信息价值的再开发，以扩大其可用的范围。通过对大量信息的去伪存真、去粗取精和综合分析的处理过程，可以得到更系统的信息资料，以便为各管理层提供决策的依据，并为新品的研制和生产积累宝贵的技术资源。

1. 信息处理的基本要求

信息加工处理应满足以下几方面的基本要求：

① 真实准确。这是对信息加工处理最基本的要求。所谓真实准确，是指经过一系列加工处理所形成的信息资料能更真实、准确地反映客观质量活动的状态和变化。

② 实用。实用包含两方面的含义：一是加工后的信息要符合对信息的实际需求，以便充分发挥信息的预测和控制作用。二是对信息加工处理所采用的程序和方法要符合实际情况。

③ 系统。这是指加工后的信息应能全面反映客观事物的变化规律。这就要求既要对各类信息分别进行加工，更要注意对各类信息的综合分析处理，使原始的、彼此孤立的信息变成有序的、系统的以及彼此紧密联系的信息，以便输出价值更高的信息资源。

④ 浓缩、简明。这是要求加工后的信息要浓缩，表达上简明、清晰，要尽量用图、表的形式输出。

2. 信息处理的程序及方法

信息加工处理没有固定的模式，不同的信息管理层次对不同的信息、加工的程序和内容各不相同。一般，对信息加工处理的程序及其内容应包括：

(1) 信息的审查和筛选

对收到的各类原始信息首先要进行再次的审查和筛选，审查信息的完整性和准确性，对不符合要求的信息，要求重新提供或加以剔除或进行必要的技术处理。总之，要尽量减小信息的失真度，提高信息的完整性和准确性。

(2) 分类的排序

将收集到的原始信息按规定的信息分类进行分类，在分类的基础上，再根据信息的重要程度对信息进行排序。在实际工作中信息的排序就是要提出那些严重异常的信息，或是与进行重大决策有关的信息，以便及时地予以提交和处理。

(3) 统计计算

统计分析方法是处理可靠性信息最基本的方法。从大量数据的统计结果，往往就可以一目了然地看出产品可靠性的高低或发展趋势。数据不仅指的是数值，也包括任务完成与否，问题的严重程度等被量化了的定性信息。统计、计算内容及分析参数则应按对信息的需求来选取。另外，在建立计算模型时，应注意要简单易行，便于在计算机上进行数据的录入和处理，输出结果要易于为使用者所了解。

(4) 分析判断

这是在上述工作的基础上，以决策目标和有关的指令和标准为依据，加上人的经验和知识作出分析判断，并确定信息输出的内容、流向、方式和时间要求等。

(5) 编写输出报告和输出信息

将上述经过分析的信息定期或适时地编制成信息报告(或资料)，用于信息的输出或储存。输出信息应尽量以图、表的形式来表达，这样可以一目了然，给人一个形象的整体概念。常用信息分析工具有直方图、趋势图和主次排列图等。

3. 信息的综合分析及应用

(1) 综合分析的内容

系统综合分析是"系统论"的重要原则和方法，同时，由于装备的使用可靠性、维修性与装备的设计、生产、使用维修与综合保障水平以及环境条件等多种因素有关，且各种因素之间又相互影响。所以，在对装备的可靠性信息进行分析处理时，除了对信息要进行分类处理外，还必须从各类信息综合分析的角度研究系统的运动规律，以达到最优处理的目的。实践表明，局部的信息往往很难显示出整体的关键，但大量信息的汇集和综合分析，即有可能对整体及其分系统和设备的可靠性进行全面的评价，并抓住问题的关键。

通过对装备可靠性信息的综合分析，可以：

① 全面了解装备的使用状况；

② 评价装备及其主要系统和设备的质量与可靠性水平；

③ 找出影响进一步提高装备及其主要系统和设备的质量与可靠性的薄弱环节；了解有关设计、生产或使用工作中存在的主要问题；

④ 掌握主要故障件及其故障模式、原因和影响后果；

⑤ 预测装备及其重点系统和设备可靠性的变化规律；

⑥ 掌握保障方面的问题及预测可能造成的后果；

⑦ 提出必要的建议等。

综合分析的成果可以为解决装备在设计、生产、使用或保障中存在的主要问题提供依据，并可以为有关部门的宏观决策提供有力的支持。

(2) 信息的综合应用

通过信息的不断积累，可以建立、编制各类数据库和数据手册。也就是说，信息不但是控制当前可靠性系统工程活动的重要依据，而且通过对大量信息的深加工，可以输出具有普遍指导意义的信息，以便在更广泛的范围内为产品的研制、生产、使用和维修提供决策的依据。为此，在可靠性系统工程活动中要注意对各类信息的积累，当信息达到一定数量时，应按照信息的类型，采取统计计算、综合分析等工程方法，对信息进行科学的加工处理，建立各类内容充实而实用的数据库，或编制信息手册，提供使用。如：

- 产品的故障率数据库(集)；
- 产品的主要故障模式数据库(手册)；
- 产品重要质量问题数据库(汇编)；
- 产品的维修工时和费用数据库(数据集)；
- 产品优选数据库(手册)；
- 可靠性工程经验数据库等等。

上述数据库和信息手册不但对改进现有产品的生产和使用维修水平具有广泛的指导意义，同时，也是开发、设计新产品的重要依据。

6.3.3　信息的储存

信息的储存是为了便于对信息的查询、利用及信息资源的积累，并有利于信息资源的再开发。

1. 信息储存的要求

① 在信息的储存期内，应能安全、可靠和完整地保管好各类信息。

② 在需要信息时，能方便地进行信息的查询和检索，保证信息的可追溯性。

③ 信息的储存应按分级集中管理的原则进行。分级就是各管理层次的信息组织应按所承担的信息管理任务分工来储存信息；集中则是指高一级的信息组织应对信息进行集中的储存。

2. 信息储存的方式

信息的储存有多种多样的方式，如文件、缩微胶片、计算机数据库和声像设备等。过去传统的办法一般是采用文件的方式来储存信息。随着信息量的猛增以及计算机的广泛使用，信息的储存已逐渐被计算机数据库的方式所替代。应根据信息的利用价值和查询、检索要求以及技术与经济条件来确定不同管理层次信息的储存方式，实施科学地管理。另外，还要按照信息的利用价值，对不同的信息确定不同的储存期限。

6.3.4　信息的反馈和传递

信息的反馈和传递是利用信息、发挥信息价值的重要环节。信息反馈也要做到及时、准确、完整和规范。信息传递是实现信息资源共享的有效手段。

1. 信息反馈

(1) 信息反馈的作用

信息反馈是把决策信息实施的结果输送回来，以便再输出新的信息，用以修正决策目标和控制、调节受控系统活动有效运行的过程。其中，输送回来的信息就是反馈信息。信息反馈是一个不断循环的闭环控制过程。信息的闭环控制系统如图 6.4 所示。

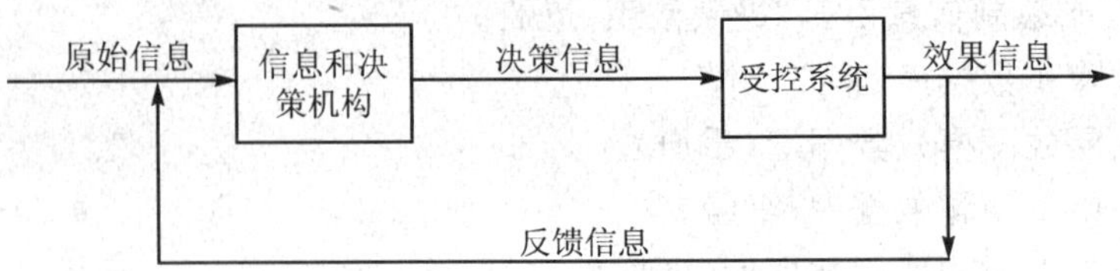

图 6.4 闭环控制系统框图

它是一种用系统活动的结果来控制和调节系统活动的方法。美国科学家、控制论的创始人维纳说："反馈是控制系统的一种方法"，它的特点是"根据过去的操作情况去调整未来的行动"。

信息反馈的理论同样适用于可靠性信息系统，通过信息反馈，实施闭环控制是有效地开展各种可靠性工程活动，提高产品可靠性的基本途径。

(2) 信息反馈的实施

从闭环控制的角度看，信息反馈指的是从受控系统向决策者输送信息。从信息系统的角度看，信息反馈也就是通过信息的收集并对其分析处理后，有目的的信息输出。所以对信息收集的要求，对信息反馈都适用，即信息反馈要及时、准确、完整和规范，并要求合理地确定信息的流向和时限，按规定信息流程图来进行。对内部信息的反馈比较容易保证，关键在于加强管理。对外部信息应积极沟通信息渠道，并通进制定必要的信息反馈制度或签订合同等措施，以保证信息反馈的正常进行。信息反馈的时限要求，可根据信息的重要程度分为定期反馈和紧急反馈。

2. 信息传递

信息传递是相关方获取信息的重要来源，是实现信息资源共享，避免重复收集、重复试验，节约经费，争取时间，经济而有效地获取信息的重要手段。各单位和各部门都应积极支持并参与信息传递工作，为了做好这一工作，各单位或各部门之间应制定必要的制度，以使信息传递工作能顺利地进行。

任何形式的信息收集、反馈与交换都是通过信息的传递实现的。信息只有经过传递才能发挥它的作用。可靠性信息的传递是实现可靠性信息闭环流动的必要手段，也是将可靠性系统工程活动连成一个有机整体的纽带。因此，必须合理地选择信息传递的方式。

信息的传递要借助于一定的信息载体，如语言、文字、磁带、电波及光波等，并通过一定的通道和方法，才能得以实现。因此，要根据信息量的多少、信息的重要程度和时限要求以及技术、经济条件来合理地选取信息的通道和信息的传递方式。

信息的传递方式主要有：

① 直接传递，可采取文件、通报和会议的形式直接传递信息，这种方式主要是用于单位内部或近距离的信息传递。

② 邮寄或专人传递，即通过邮政通道或派专人将信息用文件、表格或软盘传给对方。

③ 电讯传递，用电报或电话传真等工具传递信息。

④ 计算机联网传递，通过计算机的联网，可以随时或按时间分割的方式互相传递、调用计算机所储存的信息。这种方式无论用有线或无线联网都需要大量的投资，特别是对军事系统受"秘级"的限制，目前，在我国除少数部门外，一时尚难以做到远程的计算机联网。但它是信

息传递发展的方向，应统筹规划逐步予以发展。

信息的传递形式具有多样性和灵活性，针对具体情况可以灵活应用，但应符合及时传递及保密等工作要求。

6.4　质量与可靠性信息系统

从职能上来说，企业的质量与可靠性信息系统是企业管理信息系统的组成部分，是企业管理信息系统的一个职能分系统。因此，有必要首先对企业管理信息系统进行必要的论述。

6.4.1　管理信息系统的概念

(1) 管理信息系统的定义

1985 年管理信息系统的创始人，明尼苏达大学卡尔森管理学院的著名教授高登·戴维斯(Gordon B. Davis)给管理信息系统下了一个相对完整的定义，指出"它是一个利用计算机硬件和软件，手工作业，分析、计划、控制和决策模型，以及数据库的用户—机器系统。它能提供信息，支持企业或组织的运行、管理和决策功能。"这个定义说明了管理信息系统的目标、功能和组成，而且反映了管理信息系统当时已达到的水平。它说明了管理信息系统的目标是在高、中及低三个层次，即决策层、管理层和运行层上支持管理活动。

在朱镕基主编的《管理现代化》一书中，给管理信息系统的定义如下："管理信息系统是一个由人、机械(计算机等)组成的系统，它从全局出发辅助企业进行决策，它利用过去的数据预测未来，它实测企业的各种功能情况，它利用信息控制企业行为，以期达到企业的长远目标。"

这个定义指出了当时中国一些人认为管理信息系统就是计算机应用的误区，强调了管理信息系统的功能和性质，再次强调了计算机只是管理信息系统的一种工具。对于一个企业来说没有计算机也有管理信息系统，管理信息系统是任何企业不能没有的系统。所以，对于企业来说管理信息系统只有优劣之分，不存在有无的问题。

当代的世界有了巨大的变化，管理信息系统的环境、目标、功能和内涵等均有很大的变化。

① 从环境上来说，当今世界已变成市场全球化，需求多元化，竞争激烈化，战略短线化。一切事物变化加快，企业不得不更加重视变化管理和战略管理。

② 从目标上来说，企业要在激烈的竞争中立于不败之地，首先产品或服务要适应市场的需要，其次企业要有效益和效率。要在交货时间(T)、产品或服务质量(Q)以及产品或服务成本(C)方面处于优越地位。再次就是不仅在短期而且能长期保持战略优势。企业的管理信息系统应有利于企业战略竞优，有利于企业提高效益和效率，有利于改善 TQC。

③ 从支持层次上来说，管理信息系统可分为高管理、中层控制和基层业务处理。

④ 从功能上来说，管理信息系统能够进行信息的收集、传输、加工、储存、更新和维护。

⑤ 从组成上来说，管理信息系统是由人工手续、计算机硬件、软件、通信网络、其他办公设备(复印、印刷、传真、电话等)以及人员构成的有机系统。

根据以上理解，可以给管理信息系统理解为管理信息系统是一个以人为主导，利用计算机硬件、软件、网络通信设备以及其他办公设备，进行信息的收集、传输、加工、储存、更新和维护，以企业战略竞优、提高效益和效率为目的，支持企业高层决策、中层控制和基层运作的集成化的人机系统。

(2) 管理信息系统应用技术

1) 计算机系统

主要包括计算机的硬件和软件。硬件的发展情况大家相对比较清楚，这里主要指计算机软件，包括平台软件，如 Windows，Visual Basic，Visual C++，FoxPro，Deliph，PowerBuilder 等。以及应用软件，应用软件的使用情况每个企业可能不会完全相同。

2) 通信与网络

主要包括通信系统、网络系统。目前在工业部门和军方常使用的网络主要包括局域网和广域网。

3) 数据资源管理技术

信息是重要的组织资源，它同企业其他重要的资源如人力、原材料、资金和设备等一样，应放在同等重要的位置上进行管理。许多企业由于缺乏关于企业内部运作和外部环境的有关质量与可靠性信息，而在竞争中失败。这就是为什么企业的组织者应当重视并参与企业的信息资源管理实践，并应用信息技术和管理工具实现管理组织信息资源。当代管理者应该把掌握信息资源管理，作为一个重要的资源管理目标来实现。

6.4.2 质量与可靠性信息系统概念

质量与可靠性信息系统是企业管理信息系统的重要组成部分，它和市场信息系统、财务信息系统以及人事信息系统等一样属于企业职能信息系统的范畴。但是质量与可靠性信息系统又和其他系统相互联系和相互作用，其管理的信息涉及其他各过程，因此，质量与可靠性信息系统又具有综合性和系统性。

质量与可靠性信息系统是由一定的组织、人员、设备和软件组成的，按照规定的程序和要求，进行质量与可靠性信息的收集、分析处理、储存、反馈与交换，以支持质量与可靠性工程活动有效运行的有机整体。

质量与可靠性信息系统可以理解为一个以人为主导，由一定的机构与人员，利用计算机硬件、软件、网络通信设备以及其他办公设备，按照规定的程序和要求进行质量与可靠性信息的收集、传输、加工、储存、更新和维护，以企业产品质量与可靠性竞优、提高效益和效率为目的，控制和监督质量与可靠性工程活动的有效运行，支持企业高层决策、中层控制和基层运作的集成化的人机系统，是专门从事质量与可靠性信息工作的实体。

6.4.3 型号质量与可靠性信息系统

现代武器装备结构复杂、技术含量高、投资大以及研制周期相对缩短，其发展以高科技为特点、高质量及高可靠为标志，反映了一个行业的科学技术发展和应用水平、管理水平以及人员素质高低等各方面情况。从其系统组成来说，型号可划分为装备系统、装备、功能系统、子系统和设备等产品层次；从研制历程来说，型号研制经过了论证阶段、方案阶段、工程研制阶段、生产与部署阶段、使用和保障阶段以及退役处理阶段等全寿命过程；从组织形式上来说，行业集团公司发挥着全面组织、协调、监督和检查等管理工作，各参研单位由主机厂（所）、设备承制单位、配套单位及二次配套单位等形成了一个跨行业、跨部门，具有多功能、多层次、多专业和综合交叉的型号研制组织结构。可见，型号研制过程是一项复杂的系统工程，型号研制成功与否取决于型号研制各过程的质量与可靠性状况，质量与可靠性已成为武器装备发展的核心，也是型号研制质量与可靠性管理的一项基础工作之一，而反映质量与可靠性水平的依据是型号质量与可靠性信息。因此，必须以型号为对象，根据型号的组成和组织机构等特点，以质量与可靠性信息为主线，建设型号研制阶段的质量与可靠性信息系统并使之有效运行，以使各级领导部门全面掌握型号研制各阶段产品的质量与可靠性状况并对研制过程实施有效质量管理和控制，从而保证型号的研制质量与可靠性水平。

型号质量与可靠性信息系统是一个以人为主导，由一定的机构与人员，利用计算机硬件、软件、网络通信设备以及其他办公设备，按照规定的程序和要求进行质量与可靠性信息的收集、传递、加工、储存、更新和维护，以型号产品质量与可靠性竞优、提高效益和效率为目的，控制和监督型号质量与可靠性工程活动的有效运行，支持高层决策、中层控制和基层运作的集成化的人机系统，是专门从事型号质量与可靠性信息管理及应用的工作系统。

需要说明的是型号质量与可靠性信息系统并不只是计算机软件系统，它涉及质量与可靠性管理、信息及系统。所以，只要开展型号研制，无论形式如何，就必然存在一个型号质量与可靠性管理信息系统，但该系统却有优劣之分，必须应用系统工程的理论和方法精心建设和实施，才能真正发挥应有的作用。

6.5　型号质量与可靠性信息系统的建设

6.5.1　型号质量与可靠性信息系统的功能

型号质量与可靠性信息是型号中产品质量特性形成过程的反映，是关于型号的性能、可靠性、维修性、测试性、保障性、安全性、可生产性和费用等数据、报告与资料的总称。其主要功能是从型号整体的角度，进行质量与可靠性信息的收集、处理、传递、储存、更新、维护及实现信息共享。

6.5.2　型号质量与可靠性信息系统的目的

建设型号质量与可靠性信息系统的目的是为了使各级领导部门及承制单位及时全面地掌握型号研制各阶段质量与可靠性状况和进行科学决策以及为产品承制单位质量持续改进和可靠性增长提供信息支持，从而保证型号研制质量，提高可靠性水平。主要表现在：

- 使各级领导部门全面地掌握型号研制各阶段整机、功能系统及设备等产品层次的质量与可靠性状况，为各级领导科学决策及过程控制提供技术支持。
- 保证型号的研制进度，提高产品实物及服务质量，降低产品及服务成本，提高产品承制单位的效率及经济效益。

- 更好地沟通主机厂(所)、设备厂及用户之间的信息渠道,使信息工作做到系统化、经常化和规范化。
- 促进产品承制单位信息组织的建设或完善,有效促进各级 FRACAS 的有效运行。
- 有效积累和利用信息资源,为产品承制单位开展质量改进和可靠性增长提供信息支持,以不断改进和提高研制产品的质量和可靠性水平。
- 为后期产品定型、交付验收等进行质量与可靠性评估及验证积累信息,提供依据。
- 为后续产品的改进、改型等积累信息及经验,提供支持。

可见,型号质量与可靠性信息系统建设的目的和意义从小的方面来说是为了保证型号实物质量和可靠性水平,保证部队拿到好用、管用和顶用的装备;从大的方面来说是为了满足国防建设的需要,提高国防能力,保卫国家安全。

6.5.3 型号质量与可靠性信息系统的属性

型号质量与可靠性信息系统可认为是一个整体,它由产品用户、领导部门和参研单位等组织机构及人员,相应的规章制度,质量与可靠性信息,计算机、网络及办公设备等若干个具有独立功能的元素组成,这些元素之间相互联系、互相制约,共同完成型号质量与可靠性管理、质量持续改进和可靠性增长等总目标。

任何系统均具有一定的属性,型号质量与可靠性信息系统的主要属性包括:

- 整体性:整体性是该系统最基本、最核心的特性,是系统最集中的体现。通过该系统的建设和运行应能全面反映整个型号的质量与可靠性状况,能够全面反映整机质量与可靠性特性。
- 关联性:构成系统的要素是互相联系、互相作用的,同时,所有的要素均隶属于系统整体,并具有互动关系。
- 环境适应性:系统的开放性和环境影响的重要性是当今系统问题的新特性。对于型号来说,其大的环境是保证对国防装备的需求,满足型号对高质量及高可靠性等环境的变化,因此,质量与可靠性信息系统的功能及结构应符合型号研制过程质量与可靠性状况的变化和适应环境的变化,并在此基础上使环境得到改善。
- 目的性:为各级领导部门或技术人员提供型号整体的质量与可靠性信息,为高层决策、中层控制和基层实施提供信息和数据支持。
- 层次性:型号质量与可靠性信息系统的组织机构的层次性、系统运行的层次性、信息内容的层次性以及信息来源的层次性等。

6.5.4 型号质量与可靠性信息系统建设的时机及要求

(1) 型号质量与可靠性信息系统建设的时机

质量与可靠性信息系统应在型号研制初期开始建设,越早越好,并在系统建设和运行过程中进行持续改进,不断满足研制过程各阶段对质量与可靠性信息管理的需要。

(2) 型号质量与可靠性信息系统建设的要求

对质量与可靠性的信息需求是型号信息系统建设与运行的推动力,是开展信息工作的基本依据，也是建设质量与可靠性信息系统首先要解决的问题。要在产品研制及使用的不同阶段，以满足开展整个型号质量与可靠性工程工作的实际需要出发，从必要性、整体性、系统性、层次性、经济性及可行性等方面进行信息的需求分析，合理地确定信息收集的范围、内容和来源。在进行信息需求分析时，应本着实事求是、讲究实效的原则，有针对性、有选择地确定信息需求和工作重点，使信息工作尽快地收到效益，要避免贪大求全、事倍功半或因重复收集信息、重复试验造成的浪费，只有这样，才能提高信息系统建设与运行的有效性。

6.5.5　型号质量与可靠性信息系统建设的内容

型号质量与可靠性信息系统建设的主要内容包括：

(1) 各级信息组织机构建设

它是由有关人员、采用一定的结构形式和管理办法所形成的各级信息管理系统，负责该系统的质量与可靠性信息管理工作。建设符合实际需要、完善的组织机构是信息系统有效运行的重要保证。完善的组织机构是信息系统建设和运行的保障，各部门、各级领导的高度重视和大力支持是信息系统成功建设和有效运行的重要保证。为此，首先应建设信息系统组织机构。

(2) 规章制度的建设

规章制度建设是保证型号质量与可靠性信息系统有效运行的依据。根据该系统的组织结构，从系统性、整体性和规范性的要求出发，应制订信息系统“章程”和“实施细则”等规范性文件，以指导和规范信息系统的工作；同时，应根据型号的研制进度等实际情况，制订年度信息工作计划及重点等文件。

(3) 技术基础建设

主要指为开展质量与可靠性信息工作所需的设备、技术手段与方法以及文件资料等。如计算机、信息传递设备、信息表格与代码等信息载体，以及信息分析处理技术、方法、标准与规定等。必要的软、硬件的建设是信息系统正常运转的物质基础。

6.5.6　型号质量与可靠性信息系统建设的程序

通过对国内外质量与可靠性信息系统建设和运行的状况的研究，并对国内在研及在役型号质量与可靠性信息系统的建设经验进行总结，可以归纳出型号质量与可靠性信息系统建设和运行程序，一般包括以下内容：

1. 质量与可靠性信息需求分析

(1) 重要性分析

信息需求是信息系统运行的推动力，是开展型号信息工作的基本依据，因此也是型号质量与可靠性信息系统中各成员单位首先要解决的问题。要在不同的时期，以满足开展质量与可靠性工程工作的实际需要出发，从必要性、经济性和可行性等方面进行信息的需求分析，合理地确定信息收集的范围、内容和来源。只有这样，才能增强型号信息系统运行的有效性。在进行信息需求分析时，应本着实事求是、讲究实效的原则，有针对性、有选择地确定信息需求和工作重点，使信息工作尽快地收到效益。要避免贪大求全、事倍功半或因重复收集信息、重复试验造成的浪费。

(2) 层次需求分析

各产品承制单位及各部门中有不同的管理层次,每个管理层次承担的决策任务不同,因而所需的信息也不同。

① 最高管理层:实施战略性决策。需向最高管理层提供经过精炼的、高度概括的信息。提供的信息不仅来自部门内部,还大量来自部门外部。尤其应当向该层领导提供时间范围较长、带有预测性的信息。

② 中级管理层:进行战术性决策。需向该管理层提供的信息较多,其中包括各种例行报告和项目决策。

③ 基层管理层:进行与日常业务工作有关的决策。需向该层提供的信息绝大部分来自部门内部并应精确而又具体。

不同管理阶层的决策需要不同的信息,信息系统应当为各决策层提供合适的信息。管理层次与信息流体系之间的关系如图 6.5 所示。

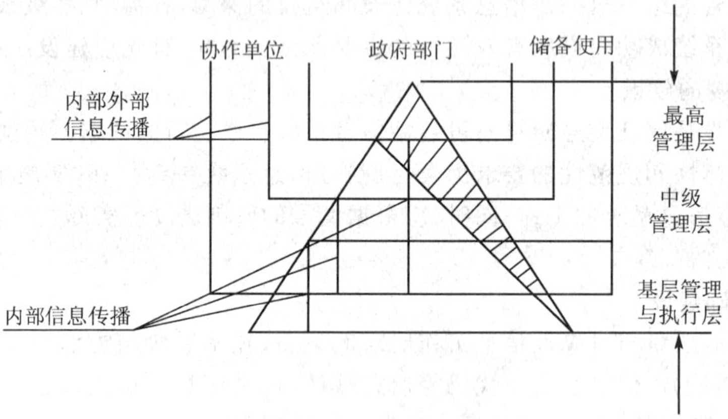

图 6.5 管理层次与信息流体系的关系

2. 组建质量与可靠性信息组织

凡承担装备采购、论证、研制、生产和使用维修等部门及有关单位,均应在其主管部门的领导下,按照集中领导、分级管理的原则,经统筹规划,设置各级信息管理组织,并构成完整的信息网络系统。

3. 制定必要的规章制度和有关规定

为保证型号质量与可靠性信息系统的正常运行,必须制定信息工作的政策、法规、标准和规范以及信息组织的管理章程和有关的工作细则等,使信息工作制度化、规范化。规章制度等是型号质量与可靠性信息系统运行的依据。

4. 技术基础建设

为适应开展质量与可靠性信息工作的需要,要配置必要的技术设备,制定规范化的信息表格和信息代码系统,编制配套的计算机数据库和分析软件,开展信息分析处理、传递和应用等信息技术和方法的研究工作。

5. 技术培训

信息工作人员的素质是搞好信息工作的关键。要有计划地开展技术培训工作，以建设一支从事质量与可靠性信息工作的专业队伍。

6. 实施信息的动态闭环管理

对信息实施闭环管理是开展质量与可靠性信息工作的基本原则。信息的闭环管理有两层含义：一是信息流程要闭环；再是信息系统要与有关的工程系统相结合，不断地利用信息解决实际问题，实施闭环监控。为此，要依据对信息的需求，对信息流程的每个环节进行有效的管理，并对信息的应用效果进行不间断地跟踪。

7. 考核和评定质量与可靠性信息系统的有效性

对信息系统应进行定期的考核和评估，以提高信息系统运行的有效性。

8. 系统的持续改进

通过系统建设及运行情况，根据评价的结果，找到系统建设和运行中存在的问题，分析出原因，实施系统的持续改进，以提高系统的可操作性及有效性等。

6.5.7 质量与可靠性信息系统建设的系统工程方法

现以某型号质量与可靠性信息系统的建设过程来说明该系统建设的系统工程方法。

1. 组织机构建设

根据该系统建设的目的，考虑到质量与可靠性信息管理的层次性，该系统由某集团公司质量部及型号使用领导部门等组成信息系统领导小组，下设由某集团公司总部及型号使用等相关部门领导、集团公司信息中心以及型号主机厂（所）等成员单位的代表组成的信息系统工作委员会（简称信息工作委员会）。信息系统由某集团公司质量部归口管理，由集团公司信息中心承办，其组织机构如图6.6所示。

各单位主要职责如下：

① 信息系统领导小组和工作委员会是该系统的管理机构，负责批准或修改系统章程，领导、规划和检查系统的工作。

② 在可靠性中心设立质量与可靠性信息中心（简称信息中心）作为信息系统的承办机构，负责系统日常业务和组织管理工作。

③ 各成员单位设立质量和可靠性信息站（或指定信息员），该信息站或信息员受厂（所）总工程师或总质量师的领导，同时在业务上接受信息中心的指导。信息站（或指定信息员）负责本单位及其配套单位产品信息的收集和上报工作。

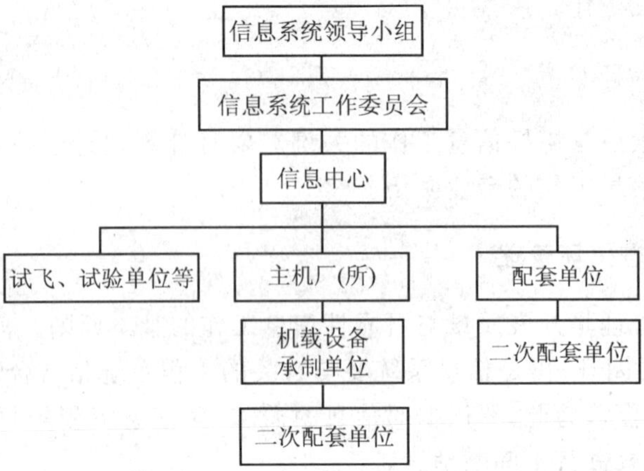

图 6.6 某型号质量与可靠性信息系统组织机构示意图

2. 规章制度建设

规章制度建设是保证型号质量与可靠性信息系统有效运行的依据。根据该系统的组织结构,从系统性、整体性和规范性的要求出发,制定了信息系统《章程》和《实施细则》等规范性文件,以指导和规范信息系统的工作。

(1) 信息系统章程

《章程》中明确了信息系统建设的目的、组织结构、职责及权限等内容,是进行信息系统建设和运行的顶层文件,具有指导性。

(2) 实施细则

该细则是信息系统章程的支持文件,具体说明信息系统建设和运行方式及办法。主要内容应包括以下几方面。

① 信息收集:明确了信息的来源、信息收集的要求、各层次及各单位信息收集的内容等。

② 信息处理:提出了信息处理的要求,给出了信息处理的一般方法和综合分析的方法,制定了信息处理的工作程序。

③ 信息的存储:提出了信息存储的要求,给出了信息存储的方式等。

④ 信息传递的方式:鉴于信息系统具有跨部门、跨厂(所)、跨专业等组成特点,并考虑保密等要求,提出了信息传递的方式及方法。从型号出发,一般采用的信息传递流程如图 6.7 所示,图中的双箭头表示信息的报告及反馈。

⑤ 根据流程,明确信息报告的内容及时限等要求。

(3) 工作计划及重点

根据型号的研制进展、试飞(试用、靶试和航试等)地域以及任务承担单位等情况,制订信息工作计划,明确信息工作的重点等有关内容。

3. 技术基础建设

为保证该系统的顺利建设和有效运行,主要进行了如下几个方面的技术基础建设:

① 根据信息内容和范围,制订相应的信息收集表格,该表格充分考虑了装备、功能系统和

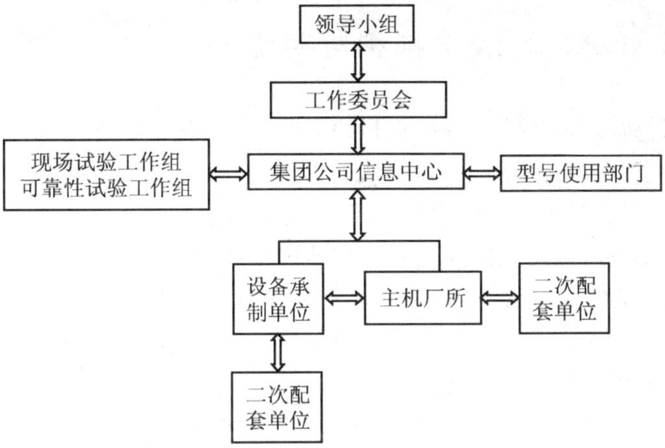

图 6.7　信息传递流程

设备等不同产品层次信息的需求以及不同研制阶段的信息需求，体现了信息需求的系统性和层次性。

② 根据需求进行了信息知识和技术培训。

③ 针对型号研制过程的特点，进行了质量与可靠性信息相关技术研究和应用研究。

④ 开发完成了该型号质量与可靠性信息管理系统工具软件，并发至各成员单位使用。

⑤ 加大了集团公司级及厂(所)级质量与可靠性信息化建设力度，进一步完善信息共享平台，以保证信息传递通畅。

6.6　故障报告分析及纠正措施系统(FRACAS)

6.6.1　FRACAS 的目的

通过建立故障报告、分析和纠正措施系统(FRACAS)并使之有效运行，及时报告产品在研制生产过程中所发生的故障及质量问题或缺陷，分析其原因，制订和实施有效的纠正措施，以防止故障重复发生和消除重大质量隐患，保证产品的研制质量，从而实现产品的质量持续改进和可靠性增长。

6.6.2　FRACAS 工作要求

FRACAS 管理系统是一个闭环的故障报告系统，它由一系列过程组成(主要包括：故障报告、分析和纠正措施过程)，并形成了一个过程网络体系。

该系统将包括研制、采购、生产、试验和使用等方面，涉及各有关单位及各类相关人员，因此必须对其组织机构及其职责，各项过程的程序、内容、方法以及必要的资源等作出全面规划。

6.6.3 FRACAS的组织机构与职责

军工产品总设计师单位应根据型号研制的需要，建立型号的FRACAS。该系统由型号总设计师单位牵头，各参研单位参加，负责对型号研制过程中发生的故障和质量问题的闭环管理。各参研单位亦应建立本单位的FRACAS，负责本单位故障和质量问题的闭环管理工作。

型号的FRACAS应根据研制的需要，建立故障审查委员会(FRB)。该委员会由总设计师单位各职能部门的代表组成，相关参研单位以及顾客代表参加。该委员会一般由型号总设计师担任主任委员，型号总质量师担任副主任委员。故障审查委员会的办事机构一般设在总体单位的质量管理部门或其他技术部门。

1. FRB的职责

- 定期召开会议，审查型号研制阶段及生产阶段反馈的故障信息，包括有关参研单位和顾客反馈的故障信息，分析和评审有关产品的故障趋势和纠正措施的实施效果；
- 对重大的、频繁出现的故障和质量问题及时召开专题会议，对其原因进行分析，提出纠正意见，或审查原因分析的正确性和拟采取纠正措施的有效性；
- 有权要求参研单位对所研制的产品进行故障调查和分析，并评审其纠正措施；
- 对悬而未决的问题进行追查，提出处理意见，审查其可行性，必要时向有关领导部门报告。

2. FRB办事机构的职责

- 负责处理故障审查委员会的日常事务；
- 负责对合同规定层次产品的故障和质量问题进行收集、分类和汇总，并按规定的程序向有关单位或部门传递；
- 及时向故障审查委员会报告重大的故障和质量问题及有关情况与资料；
- 负责检查所有报告的故障与质量问题的分析和纠正措施的进展情况；
- 定期向故障审查委员会报告产品质量和故障情况的综合信息，提出故障趋势的意见，为故障审查委员会分析故障趋势和质量与可靠性状况提供依据；
- 负责提供故障审查委员会组织召开审查会议所需要的有关资料，并对会议记录进行整理，完成会议纪要和会议文件的归档；
- 建立型号故障信息数据库，并将FRACAS活动的有关资料、记录归档保存。

6.6.4 故障信息和故障件的传递流程

FRACAS工作信息及故障件的传递流程如图6.8所示。

1. 故障报告

(1) 故障报告的范围

军工产品在研制过程中发生的所有故障和重大质量问题等(以下简称为故障)都应及时记

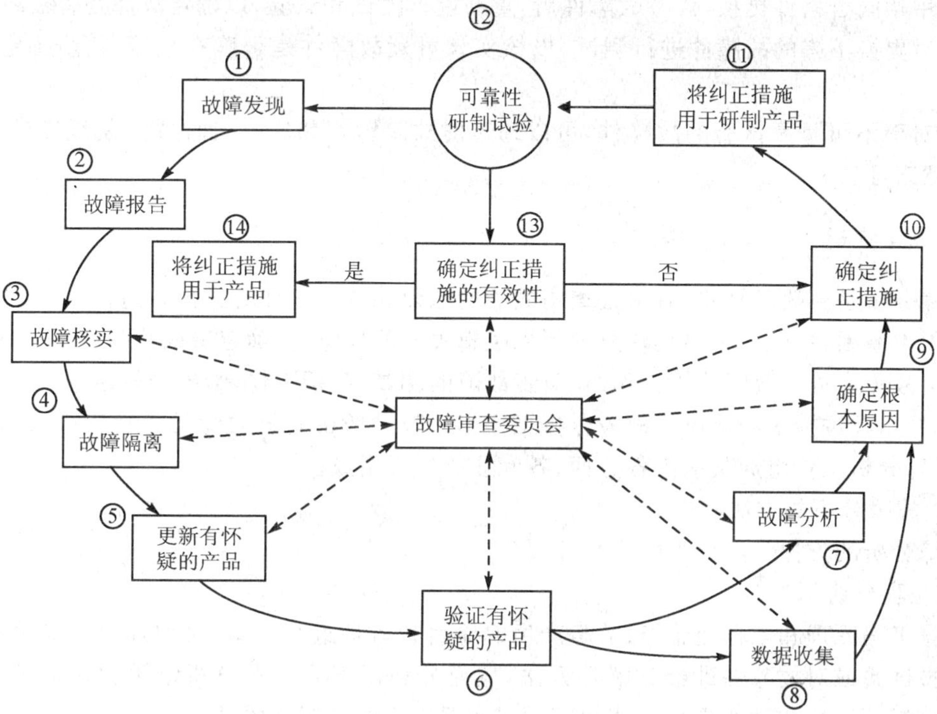

图 6.8 故障信息及故障件传递流程图

录，并填写故障报告表。

（2）故障报告的内容

故障报告的内容应能完整、真实地反映故障发生时的一切情况，一般包括：

- 产品发生故障的时间、地点及何种试验；
- 发生故障时产品所处的工作状态及环境条件；
- 故障产品的详细描述；
- 故障现象和特征的详细描述；
- 故障的观测者及观测故障时的环境条件等。

（3）故障报告要求

① 各产品研制单位应根据实际情况，制定统一的故障报告的表格，以便对故障报告进行传递、统计处理和储存；

② 产品的故障报告应按不同的层次（如总体、系统、设备和部组件等）和故障的严重等级规定故障报告应报告到哪一级；

③ 故障报告应规定报告的时限，如重大故障应在多少小时内报到最高管理级，一般故障应在多少小时内报告到规定的管理级等；

④ 供方在产品研制过程中出现的一般故障由各单位自行处理，但应经常与总体单位保持联系，通报故障的处理情况。

（4）故障核实

① 重新证实初次观测故障的真实性，进一步录取故障信息；

② 查找故障的部位，一直到最低一级可更换的故障件；

③ 用相同合格件更换、代替故障件后，重新进行测试和试验，以确定故障是否被纠正；

④ 对更换下来的故障件进行测试，以核实该可疑故障件是否确有故障，初步确定故障的范围；

⑤ 对于不可重复试验的故障件，可以通过对故障影响和后果（如泄露、断裂与损坏等）的详细观察来证实。

2. 故障分析

故障分析是由故障现象、后果去查明故障的原因和故障机理的过程。追查故障原因，应一直查出根本原因，并能构造出反映故障因果逻辑关系的故障链，确定造成故障的责任方。对于特别重大故障应成立故障分析工作组，负责故障的调查、分析工作，给出分析结论，完成故障分析报告，提出改进措施的建议。故障分析工作组组长一般由与该故障无直接责任关系的专家担任；故障分析工作组成员应由各方面、各专业的代表组成。

（1）故障分析的方法

故障分析的方法一般分为以下三种：

1）工程分析

根据工程原理和工程经验，对故障产生的原因和机理进行分析，可以通过理论分析计算、故障模拟试验或对故障件进行分解等方法，应充分利用 FMECA 分析结果提供的信息，运用故障数分析（FTA）方法来帮助查明故障模式和原因之间的逻辑关系。

2）失效机理分析

利用观察、测试、理化分析、解剖、X 光检查、电子扫描显微镜观测等方法，去研究物质结构、工艺过程可能产生的缺陷，分析导致这种缺陷的机理和过程。该方法主要适用于元器件、零部件和材料等硬件。

3）统计分析

通过对故障产品累计工作时间、次数和出故障次数，对该故障模式在类似产品出现的次数加以系统的整理，以估计该故障模式的性质和出现的概率。

（2）故障分析的要求

无论采用上述哪一种故障分析方法，其分析的结果都应能判明以下问题：

- 该故障是相关故障还是非相关故障，以便估计产品在未来使用环境中是否会发生类似的故障；
- 该故障是责任故障还是非责任故障，以便在估计产品可靠性时考虑是否记入该故障，同时也利于分清故障产品是故障源还是受害者；
- 确定引起故障的责任方面，如是设计、制造的原因，还是元器件、原材料、外购件的缺陷；是设备的问题还是人为操作的错误，或是其他未查明的原因等；
- 该故障是初次发现，还是类似产品中早已出现过的故障；
- 该故障是需要纠正的系统性问题引起的，还是偶然性问题引起的，如果是偶然性故障，它出现的概率是多少，是否需要纠正。

（3）故障分析报告

一般故障的分析报告可参照故障分析报告表，完成对故障的分析和拟采取纠正措施的建议。

重大故障应由相关职能部门或故障分析工作组完成故障分析报告。

故障分析报告是对整个故障分析处理过程的总结，是确定和实施纠正措施的依据。重大故障的分析结论应由有关方面组织评审，确认后方可提出纠正措施的建议。

故障分析报告一般包括以下内容：

- 对产品工作的历史和对故障件的故障现象、特征的描述；
- 故障调查和分析过程；
- 故障原因和机理的分析、论证；
- 建议的纠正措施和需说明的问题建议等。

6.6.5　故障纠正

对于已查明原因的故障，责任单位的有关部门应依据对故障分析的结论制定纠正措施，防止故障的再发生。故障的纠正按以下程序进行：

- 纠正措施的确认；
- 故障纠正措施的报告；
- 纠正措施的实施；
- 纠正措施效果的验证；
- 管理改进。

1. 故障纠正措施的确认

纠正措施必须通过试验来验证其有效性。同时应分析纠正措施实施的可行性，是否会带来新的故障模式或附加的不可靠性。所以在对提出的重大故障或质量问题纠正措施正式批准前，应组织有关专家和部门的代表对纠正措施进行评审，经故障审查委员会批准后实施，以确保纠正措施的有效性、可行性，并与其他相关部分接口相协调。

2. 故障纠正措施的报告

故障单位的有关部门在进行故障分析和制定纠正措施后，应及时按规定的要求准确、规范地填写故障纠正措施实施报告表；

对于重大故障或质量问题，由该组织的故障审查委员会填写；一般故障由该故障单位的质量管理部门负责人填写，作为对故障及其纠正措施的确认，并发给有关部门贯彻实施。

3. 故障纠正措施的实施

批准的纠正措施反馈到设计、生产及试验过程中，要通过技术状态管理系统完成相应的文件和产品的更改。

对于可能出现相同的故障模式的类似产品，应本着“举一反三”的原则，研究是否需要采取措施；

对于与故障有关联的其他可疑产品，应进行必要的分析或试验，证明其可靠性并未降低，寿命未受损。

故障审查委员会办公室负责跟踪检查纠正措施的落实情况。

4. 故障纠正措施的效果验证

对于已采取纠正措施的故障产品，有关部门应通过试验或试用等方法，验证纠正措施的有效性，如达不到预期的效果，则需进一步分析故障的原因或采取其他的纠正措施，直到故障得到彻底解决。最后将纠正措施纳入有关技术文件，并落实到所有产品上。发现有效性不能满足要求时，应纳入新一轮循环改进。

5. 管理改进

通过分析产品的故障原因，还应进一步从管理上、质量管理体系上等多方面入手查找需要解决的问题，以进一步完善制度，改善体系，促进产品质量和可靠性的不断提高。

6.6.6 故障件的标识与控制

1. 故障件标识

故障件应加以明显的标记或加标签，在标签上应记录以下内容：故障发生日期，故障发现者，故障件名称、型号(或图号)、生产厂、批次号及所属系统(或设备)以及故障和处理情况的简述等。

2. 故障件控制

所有故障件均应予以控制，以确保按合同要求进行处置，在发现故障之后到纠正措施实施之前，故障件应妥善保管和控制，不应丢失或随意处理。对典型的、重要的故障件在完成故障调查和分析以后仍应妥善保管。

6.6.7 文件资料的编制

1. 文件资料项目分类

各级 FRACAS 的文件资料项目规定如下：

① 报表类：统一规定的报表有故障报告表、故障分析报告表和纠正措施实施报告表以及 FRACAS 流程卡等。

② 专题报告类：有关故障现象等情况的描述或状态，故障分析及纠正措施等信息除采用表格形式外，也可用专题报告的形式提供，例如故障调查报告、专题分析报告、综合分析报告、故障趋势分析报告和纠正措施实施有效性报告等。

③ 刊物类：各级 FRB 应定期或不定期出版通报、简报和 FRACAS 专刊，在合同层次范围内交换，并报送上级 FRB 办事机构。

2. 文件资料格式

多级 FRACAS 文件资料应规定统一格式，根据不同项目类型作如下建议。

① 报表类：同一层次的 FRB 应统一信息报表格式，并有统一的编号；

② 专题报告类：同一层次的 FRB 应统一规定专题报告的封面，首页格式及文件编号；

③ 刊物类：统一规定其刊物名称；

④ 数据库类：组织编制标准化信息代码，以实现故障信息标准化及规范化管理，从而确保信息处理和分析的准确性。

6.6.8　FRACAS 与质量和可靠性信息系统的关系

对故障信息的收集、分析和反馈等工作是型号 FRACAS 系统的主要任务。质量和可靠性信息系统可以为 FRACAS 提供故障信息的来源。FRACAS 的有关信息也应纳入到型号质量与可靠性信息系统中，以实现质量与可靠性信息的统一管理，也便于实施计算机数据库管理。

6.6.9　FRACAS 与 FME(C)A 的关系

故障报告分析及纠正措施系统(FRACAS)和故障模式、影响及危害性分析(FME(C)A)是两个互相可以独立完成的可靠性工作系统。FRACAS 给出了真实的故障及其后果的实际经历，而 FME(C)A 是根据相似产品的信息等通过分析确定的产品可能会发生的故障及其对系统和任务的潜在不良影响。由 FME(C)A 获得的故障模式、影响及其危害性的综合信息，为 FRACAS 评价实际发生的故障提供了方向及依据。

FRACAS 与 FME(C)A 配合进行具有协同效果，如若这两种系统的工作效果存在较大差别，就要重新评价产品可靠性设计依据和故障判断准则。

复习思考题

6-1　一般来说数据和信息有何区别？

6-2　信息的载体有哪些？各有什么特点？

6-3　举例说明物流和信息流之间的关系。

6-4　简述信息与管理的关系。

6-5　装备质量与可靠性信息一般是如何分类的？各包含哪些内容？

6-6　说明质量与可靠性信息的特征并解释。

6-7　说明质量与可靠性信息的重要性。

6-8　论述质量与可靠性信息工作的一般程序。

6-9　信息的收集和处理各有什么要求？为什么？

6-10　何时建立型号质量与可靠性信息系统？系统建设主要包括哪些内容？

6-11　试从系统工程的观点论述型号质量与可靠性信息系统建设的方法。

6-12　FRACAS 建设的目的是什么？在产品开发历程中何时建设和运行 FRACAS？

6-13　从信息闭环归零的观点画图并说明 FRACAS 工作流程。

6-14　FRACAS 与质量和可靠性信息系统有何关系？

6-15　FRACAS 与 FME(C)A 有何关系？

第7章 质量功能展开

7.1 QFD 概述

7.1.1 QFD 的定义

质量功能展开(quality function deployment，QFD)这一技术产生于日本，后在美国得到进一步的发展，并在世界范围内得到广泛应用。QFD 产生初期，主要用于产品设计和生产的质量保证，其应用对象还限于不太复杂的产品，如咖啡机、打火机和自动销售机等。20 世纪 80 年代，美国在飞机、通信工程等大型复杂系统开展并行工程设计中运用了 QFD，并得到成功。最近十多年来，它不断向管理、服务等各个领域渗透，表现出广泛的适应性。

1987 年美国空军颁布的《美国空军 R&M 2000 大纲》(USAF R&M 2000 Process)对 QFD 的说明是："QFD 是保证用户、消费者需求，并能推动产品设计和生产工序设计改进的一种方法。也即把用户、消费者需求变换成产品特性和工序特性，并由企业来完成这些需求的系统方法。"明确地将 QFD 作为减少质量波动、提高产品可靠性的方法之一，并明确规定 QFD 为承制美军产品的厂商所必须采用的技术。

一般认为，质量功能展开就是指将顾客的需求转换成明确的代用特性，确定产品的设计质量，然后经过各功能、部件的质量，直至各部门的质量和工序要素，对其中的关系进行系统地展开，包括质量展开、技术展开、成本展开和可靠性展开。通俗地讲，质量功能展开就是把顾客的期望和要求转换为公司内部的"语言和程序"，并进行传递和实现的闭环系统。

7.1.2 QFD 作用

质量功能展开能够帮助产品研制人员真正关注顾客的需求和市场的导向，在产品开发的全过程传递顾客的需求，重点关注那些常常不能完全满足要求的高风险的研制过程，而采用一般的运作系统去管理为数众多的低风险的过程。QFD 作用主要包括：

① 尽早明确设计开发目标，有助于提前考虑产品的生产或制造方法；

② 改进部门之间的协作和联系，有助于打破部门之间的壁垒，促进并行工程的开展；

③ 在早期进行低成本设计，有助于显著地降低企业的管理费用；

④ 有效地减少后期的设计更改，有助于提高设计可靠性，缩短研制周期；

⑤ 突显与产品设计相关的主要问题，有助于优化资源配置；

⑥ 提高产品乃至整个企业竞争力；

⑦ 为开展其他方面的工作提供有益的信息支持(如实验设计、故障模式与影响分析

FMEA 以及故障树分析 FTA 等等)。

7.1.3　QFD 与并行工程

传统的产品开发过程一般是按照设计、工艺、制造、检验、包装、运输、销售与售后服务等一环套一环进行的,这种产品开发过程不仅研制周期长,而且后期出现的质量问题也多。并行工程着眼于所有的开发环境都应尽早开始,甚至同时开始。这样做可以有效地解决各环境之间可能出现的矛盾,及早发现问题。QFD 作为一个策划工具,将产品开发过程的各个环境都考虑在内,体现了并行工程的思想。

并行工程(Concurrent Engineering,CE)的概念是 20 世纪 80 年代后期在美国首先提出的,到了 20 世纪 90 年代已经发展成为系统工程中的一项新技术。它是对产品及其相关过程进行的并行及综合设计的一种系统化工作方法。传统的产品开发模式往往是先开发性能样机,即所谓"先解决有无问题",然后再根据其他方面诸如可靠性、维修性、保障性、测试性及安全性等要求予以修改补充。其缺点在于以性能为质量主体的样机设计完成之后,要兼顾其他质量特性如可靠性、维修性及保障性等要求时,往往需要进行很大的设计、工艺等更改,这样不仅浪费资源、延长开发周期,有时甚至是只能推倒重来。并行工程方法力图使开发者一开始就考虑到产品效能及全寿命周期费用的所有影响因素,包括产品的用户需求、质量特性、进度及经费等等。从 1990 年起,这门学科开始称为并行工程或综合产品研制(Integrated Product Development,IPD)。目前 CE 及 IPD 两名词并用,越来越多的单位及资料称之为 IPD。负责产品综合研制的组织叫综合产品工作组(Integrated Product Team,IPT)。据波音、麦道和 IBM 等公司近年来推广 IPT 的经验,说明研制费用可降低 30%～60%,研制周期可缩短 35%～60%,大大减少了重新设计、工程更改、返工、废品及产品的故障率。

7.2　QFD 基本原理

质量功能展开通常是通过一系列矩阵和图表或称质量屋来传递和分解顾客要求的,其基本原理包括三个方面:

① 质量屋建造;

② 质量功能的矩阵展开;

③ 质量功能展开矩阵的分析与评价方法。

也就是 QFD 小组通过将质量功能的矩阵图展开原理和质量功能展开矩阵的分析与评价原理结合起来,建造各级质量屋。

7.2.1　质量屋建造

质量功能展开的过程是通过一系列图表和矩阵来完成的。这些矩阵和图表的形状很像一系列的房屋,所以被形象地称之为"质量屋"。质量屋也称质量表,是由顾客要求质量(左墙)、质量要素(天花板)、关系矩阵(房间)、设计质量(地板)、相关矩阵(屋顶)、市场评价与质量策划

(右墙)以及技术能力评价(地下室)等要素构成的形似房屋的图形，如图7.1所示。

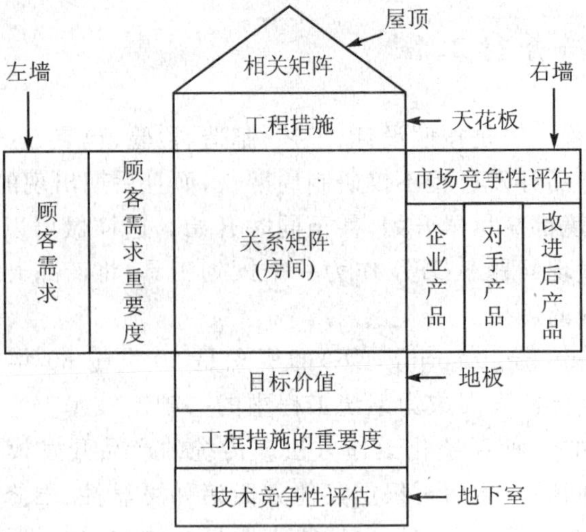

图7.1 质量屋的基本结构

(1) 左墙——顾客需求及其重要度

由顾客需求确定产品或服务的质量特性，并根据顾客需求进行定量评价，以表明各项需求对顾客的重要度。

(2) 天花板——工程措施

将顾客需求转换成可执行的、可度量的技术要求或方法。

(3) 房间——关系矩阵

描述顾客需求与实现这一需求的工程措施之间的关系程度。一般用◎表示关系密切，○表示关系一般，△表示关系不密切。

(4) 屋顶——相关矩阵

表明各项工程措施之间的相互关系，一般常用♯表示强负相关，×表示负相关，○表示正相关，◎表示强正相关。

(5) 地板——工程措施的指标及其重要度

表示各项工程措施的重要程度。

(6) 右墙——市场竞争能力评估

对应顾客需求进行的评价，用来判断产品在市场上的竞争能力。

(7) 地下室——技术竞争能力评估矩阵

企业内部的人员对工程措施的技术水平的先进性进行的评价。

以上所述是质量屋的一般结构。在实践中，质量屋的结构可以灵活地进行剪裁或扩充。质量屋的结构借用了建筑上的术语，好懂易记，并形象地喻示QFD方法的结果是使顾客可以在质量大厦的庇护下，满意地享用他们所需要的产品或服务。采用质量屋的形式进行矩阵展开，不仅直观易懂，而且它在分析、处理和利用的信息量方面，以及在处理的深入程度和量化程度上比其他的质量控制工具要好得多。由于所分析的产品或服务过程的规模、初创性及复杂性等方面的差别，在实际应用中，通常可以对质量屋的结构进行某些调整或简化，从而得到各种不同适应性的质量屋模式。QFD小组通过将质量功能的矩阵图展开原理和质量功能展开矩阵的分析与评价原理结合起来，建造各级质量屋。由此，质量屋能够同时直观地展示诸多要素之间的各种定性、定量关系或影响模式。

为了建立质量屋，开发人员必须掌握第一手的市场信息，整理出对该产品的顾客需求，评定各项需求的重要程度，填入质量屋的左墙。

从技术角度，为满足上述顾客需求，提出对应的工程措施（产品设计要求），明确产品应具备的质量特性，分析整理后填入质量屋的天花板。

质量屋的房间用于记录顾客需求与工程措施之间的关系矩阵，其取值 r_{ij} 代表第 i 项顾客需求与第 j 项工程措施的关系度，关系越密切，取值越大。

屋顶用于评估各项工程措施之间的相关程度。主要是因为各项工程措施可能存在交互作用（包括互相叠加强化或互相抵触削弱），在选择工程措施及指标时必须考虑交互因素的影响。

在质量屋的地板上填入工程措施的指标及其重要度。给产品的市场竞争能力和技术竞争能力进行评估打分，填入质量屋右墙和地下室的相应部分。这样，质量屋的建造即告完成。

在质量屋的建造过程中，需要特别强调的是建造质量屋是 QFD 的主要内容之一，而不是 QFD 的目的，QFD 的主要目的是接触顾客、了解顾客并开发出顾客满意的产品和为顾客提供满意的服务。

7.2.2 QFD 矩阵展开原理

QFD 是把顾客（用户、使用方）对产品的需求进行多层次的演绎分析，转化为产品的设计要求、零部件特性、工艺要求及生产要求的质量策划、分析与评估的工具，可用来指导产品设计和提供质量保证。也就是说，QFD 用比较清晰的图表法，把这些复杂的关系系统地表达出来，使人们易于理解和掌握，进行综合权衡分析，提供优化方案的决策依据。

一般复杂产品系统的构成层次为：整机、系统、分系统和零部件。根据广义的顾客概念，则上一层次为下一层次的顾客。上一层次对下一层次的顾客需要应转化为下一层次的质量要素。因此要用 QFD 把顾客对系统的需要逐层转化为整机质量要素、系统质量要素、分系统质量要素、零部件质量要素、加工过程的工艺质量要素以及生产质量要素。最后输出一层层的质量规范。

设计质量特性要求转化为工艺质量要素，工艺质量要求转化为生产质量要素，这些生产质量要素通过生产操作指令传达下去予以执行。

也就是说，对于一个复杂产品系统，应用质量功能展开原理，QFD 小组能够把顾客对产品系统的要求质量逐层转化为产品系统级质量要素与设计质量、产品分系统级质量要素与设计质量、产品整机级质量要素与设计质量、产品部件级质量要素与设计质量、产品制造过程的质量要素与设计质量以及产品制造方法的质量要素与设计质量等等。

对于一个简单的产品，QFD 小组可以把顾客对产品的要求质量逐层转化为产品质量要素与设计质量、产品零部件质量要素与设计质量、产品零部件制造过程的质量要素与设计质量以及产品零部件制造方法的质量要素与设计质量等等。

对于服务过程，QFD 小组可以按照服务过程的自然阶段或流程分析来确定顾客的要求质量，并进行类似于简单的产品形式的质量功能展开。

无论是对于复杂的产品系统，还是对于简单的产品或服务过程，所有质量功能展开都是通过逐层细化的质量功能矩阵表达的。就结构而言，流程中的每一个矩阵图都表现为所谓“质量屋”模式。

7.2.3 QFD矩阵的分析与评价方法

对于各个层次上的矩阵图而言，列入其中的各个质量要素，即顾客要求质量并不是同等重要的。由此，QFD小组需要对矩阵图中的各个质量要素的作用或影响进行对比分析，并分配适当的权重，其目的是合理反映各个质量要素的相对重要度。确定质量要素权重的方法通常有两类，即“加权评分法”和“层次分析法”。前者比较简单，但精度较差；后者相对复杂，但精度较高。

(1) 加权评分法

建立质量屋时，除了要将顾客需求进行逐层展开外，还要对顾客需求的重要度 $K_i(i=1,2,\cdots,m)$、质量要素(或工程措施)与顾客需求之间的关系度 $r_{ij}(i=1,2,\cdots,m;j=1,2,\cdots,n)$、工程措施两两之间的相关度(正相关、强正相关、负相关、强负相关)、工程措施的重要度 $h_j(j=1,2,\cdots,m)$以及产品的市场竞争能力 $M_i(i=1,2,\cdots,m)$和技术竞争能力 $T_j(j=1,2,\cdots,n)$进行量化评估，并由此计算出新产品的综合竞争能力。为了提高“加权评分法”在实际应用中的规范性，减少随意性，在利用该方法进行质量屋有关信息的量化评价时，涉及如下几个方面的评分规则与评价内容：

① 测定顾客需求重要度。对顾客需求重要度 $K_i(i=1,2,\cdots,m)$进行评分时，可采用1，2，3，4，5的重要度等级，即1级：不影响功能实现的需求；2级：不影响主要功能实现的需求；3级：比较重要的、影响功能实现的需求；4级：重要的、影响功能实现的需求；5级：基本的、涉及安全的以及特别重要的需求。

② 测定关系度或关系矩阵。对关系度 $r_{ij}(i=1,2,\cdots,m;j=1,2,\cdots,n)$，可采用1，3，5，7，9的关系度等级，即1级：该交点所对应的技术措施和顾客需求之间有微弱影响；3级：该交点所对应的技术措施和顾客需求之间有一定影响；5级：该交点所对应的技术措施和顾客需求之间存在比较密切的关系；7级：该交点所对应的技术措施和顾客需求之间存在密切的关系；9级：该交点所对应的技术措施和顾客需求之间存在非常密切的关系。

此外，根据实际需要，必要时也可采用中间等级，即2级：介于1级与3级之间；4级：介于3级与5级之间；6级：介于5级与7级之间；8级：介于7级与9级之间；而0级(空白)，表示两者不存在关系。有时，也可以只采用1，3，9三个关系度等级，并用符号“◎”表示9，“○”表示3，“△”表示1。

③ 测定相关度。对相关度(相关矩阵)，可采用下列四个符号表示：一是强正相关“◎”，表示该交点所对应的两项工程措施(或质量要素)之间存在很强的互相叠加的交互作用；二是正相关“○”，表示该交点所对应的两项工程措施之间存在较强的互相叠加的交互作用；三是强负相关“××”，表示该交点所对应的两项工程措施之间的作用强烈排斥，有很大矛盾；四是负相关“×”，表示该交点所对应的两项工程措施之间存在较大的互相减弱、互相抵消的作用。此外，还用“空白”表示该交点所对应的两项工程措施间不存在交互作用。

④ 测定市场竞争能力。对市场竞争能力 $M_i(i=1,2,\cdots,m)$可采用下列5个等级，即1级：无竞争能力可言，产品积压，无销路；2级：竞争能力低下，市场占有份额递减；3级：可以

进入市场,但并不拥有优势;4级:在国内市场竞争中拥有优势;5级:在国内市场竞争中拥有较大优势,有能力参与国际市场竞争并占有一定的国际市场份额。

⑤ 测定加权平均重要度。对加权后工程措施的重要度 $h_j(j=1,2,\cdots,n)$ 可采用如下公式:

$$h_j = \sum_{i=1}^{n} K_i \cdot r_{ij} \tag{7.1}$$

如果第 j 项工程措施与多项顾客要求均密切相关,并且这些顾客要求又较重要(K_i较大),则 h_j就取值较大,即该项工程措施就较重要。

⑥ 测定技术竞争能力。对技术竞争能力 $T_i(j=1,2,\cdots,n)$,可采用下列5个等级,即1级:技术水平低下;2级:技术水平一般;3级:技术水平达行业先进水平;4级:技术水平达国内先进水平;5级:技术水平达国际先进水平。这里,技术水平涉及如下几个因素,即企业的设计水平、工艺规划水平、制造水平和技术测试水平等。

⑦ 计算市场竞争能力指数。在对企业的市场竞争能力 $M_i(i=1,2,\cdots,n)$ 进行综合后,可获得产品的市场竞争能力指数 M。显然,M 值越大越好,其计算公式如下:

$$M = \frac{\sum_{i=1}^{n} K_i \cdot M_i}{5 \times \sum_{i=1}^{n} K_i} \tag{7.2}$$

⑧ 计算技术竞争能力指数。在对技术竞争能力 $T_j(j=1,2,\cdots,n)$ 进行综合后,可获得产品的技术竞争能力。显然,T 值越大越好,其计算公式如下:

$$T = \frac{\sum_{j=1}^{n} h_j \cdot T_j}{5 \times \sum_{j=1}^{n} h_j} \tag{7.3}$$

⑨ 计算综合竞争能力指数。产品的综合竞争能力指数是市场竞争能力指数与技术竞争能力指数的乘积,即 $C=M\times T$。显然,C 值越大越好。

(2) 层次分析法

对于质量屋建造过程中涉及的各个层次上的矩阵图而言,列入其中的各个质量要素(或顾客要求质量)并不是同等重要的。由此,QFD工作小组需要对矩阵图中的各个质量要素的作用或影响进行对比分析,并分配适当的权重,以合理反映各个质量要素的相对重要性。通常,在利用层次分析法进行质量屋中有关信息的量化评价时,常见步骤如下:

1) 建立判定矩阵

层次分析法(analytic hierarchy process,AHP)在20世纪70年代末,由美国运筹学家T. L. Saaty提出以来,就作为一种将定性分析和定量分析相结合的系统分析方法得到了广泛的应用。层次分析法作为科学的确定权数的一种方法,是一种有效的分析工具,他把给出了定性描述的一组目标成对地加以比较,分析起相对重要程度,据此定量地得出各目标的权重,以指导进行科学决策。

今要确定 n 个用户需要重要度的权重 $W_1,W_2,\cdots,W_n$,这些权如果已规范化,则定义用户各需要之间的相对重要度:

若第 i 个要素与第 j 个要素同样重要,定义 $r_{ij}=1$;

若第 i 个要素比第 j 个要素略为重要，定义 $r_{ij}=2$；

……

若第 i 个要素与第 j 个要素相比是极为重要的，定义 $r_{ij}=9$。

这样定义的 r_{ij} 值从 1 到 9(也可定义从 1 到 3，从 1 到 5 等等)。

此外，$r_{ji}=1/r_{ij}$。

用两两比较法判定两两要素间的相对重要度 r_{ij}，得相对重要度矩阵 $R=(r_{ij})n\times n$，即建立判定矩阵。其中，r_{ij} 表示质量要素 r_i 对质量要素 r_j 的相对重要性。通常情况下，可以根据下列原则对 r_{ij} 赋值：

① 当质量要素 r_i 与 r_j 同等重要时，$r_{ij}=1$ 且 $r_{ji}=1$；

② 当质量要素 r_i 比 r_j 稍微重要时，$r_{ij}=3$ 且 $r_{ji}=1/3$；

③ 当质量要素 r_i 与 r_j 重要时，$r_{ij}=5$ 且 $r_{ji}=1/5$；

④ 当质量要素 r_i 与 r_j 显著重要时，$r_{ij}=7$ 且 $r_{ji}=1/7$；

⑤ 当质量要素 r_i 与 r_j 比极端重要时，$r_{ij}=9$ 且 $r_{ji}=1/9$。

根据心理学的研究成果，五级赋值标准非常合乎人们的主观判断能力。在某些情况下，也可以采用九级赋值标准，这时可以增加 2，4，6，8 及 1/2，1/4，1/6，1/8 作为质量要素之间的比较结果。

2) 求解(或近似求解)判定矩阵的最大特征值及相应的特征向量

判定矩阵的最大特征值及相应的特征向量对应着所有质量要素的相对权重向量 $\boldsymbol{W}=[w_1\quad w_2\quad\cdots\quad w_n]^{\mathrm{T}}$，该向量并不总是必然存在的，因此，在多数情况下，QFD 小组可以采用下列近似方法求解判定矩阵的最大特征值及相应的特征向量，并检验判定矩阵的 CI，这里 CI 称为一致性指数。一致性指数通常被用来评价判定矩阵的合理性水平，当不同质量要素之间的相互比较完全无矛盾时 CI=0。显然 CI 越大，判定矩阵的一致性越差。

① 计算第 i 行各个 r_{ij} 的几何平均值 $\overline{r_i}$，$\overline{r_i}=\sqrt{r_{i1}\times r_{i2}\times\cdots r_{in}}$。

② 计算各行几何平均值 $\overline{r_i}$ 的总和 $\overline{r_i}+\overline{r_2}\cdots\overline{r_n}$。

③ 计算近似最大特征值及相应的特征向量 $\boldsymbol{W}$，即所有质量要素的权重向量 $\boldsymbol{W}=[w_1\quad w_2\quad\cdots\quad w_n]^{\mathrm{T}}$

$$W_i=\frac{\overline{r_i}}{\sum_{i=1}^{n}\overline{r_i}}\tag{7.4}$$

④ 计算近似最大特征值 $\lambda_{\max}$。如果 $(RW)_i$ 是向量 RW 的第 i 个分量，则有

$$\lambda_{\max}=\sum_{i=1}^{n}\frac{(RW)_i}{nw_i}\tag{7.5}$$

3) 检验判定矩阵的一致性

检验判定矩阵的一致性 CI。

$$\mathrm{CR}=\frac{\lambda_{\max}-n}{n-1}\tag{7.6}$$

考虑到判定矩阵的阶数对 CI 的影响，研究人员通常采用相对一致性比 CR 来评价判定矩阵的一致性水平。

$$\mathrm{CR}=\frac{\mathrm{CI}}{\mathrm{RI}(n)}\tag{7.7}$$

式中：RI(n)为判定矩阵的随机化一致性水平，它与判定矩阵的阶数 n 有关。其数值如表 7.1 所列。

表 7.1　RI 与 n 关系表

n	2	3	4	5	6	7	8	9	10
RI	0.00	0.58	0.90	1.12	1.24	1.32	1.41	1.45	1.49

如果 CR<10%，则认为判定矩阵具有良好的一致性；如果 CR≥10%，则认为判定矩阵的一致性较差，需要对质量要素之间的关系进行重新认识，建立新的判定矩阵，并重复上述分析过程。

7.3　QFD 应用程序

产品设计中的一个首要问题是如何把用户、顾客(即使用方)对产品质量需要转化成实现用户需要的设计质量。提出需要的一方就是用户。如程控电话系统对程控电话系统的设计单位是用户，程控系统的总体部对程控系统用的计算机设计单位是用户，计算机设计单位对不间断电源研制生产单位亦是用户，等等。下一道工序也就是上一道工序的用户。

QFD 的重要工作是弄清用户、消费者对产品的需要。对于整个产品而言，用户的需要可能是由委托开发的甲方研制任务书中规定的，也可能是由企业本身的市场部门通过对市场调查、分析后提出经企业决策机构确定的。对下一层产品而言，上一层次提出的质量要素即本层次的用户需要。

在某些情况下，用户需要是明确的。例如，对于一项电子产品整机而言，电源是它下一层次的组成部分。整机对电源有具体的用户需要，例如输出电压的标称值、上下规格限、功率等等。但在另一些情况下，用户需要可能是不太明确的。例如，用户可能希望电视机的 MTBF 愈长愈好。这种愿望是可以理解的，在现今的技术水平下，MTBF 为几万小时是可以达到的，成本也还不是过高。但如果要求 MTBF 达到一二十万小时，则并非目前技术上做不到，而是成本太高，从而需要合理地予以权衡。还有一些情况是用户需要不是产品开发研制方所能完全解决的。例如，用户对某产品有使用可用性 Ao 的定量要求。Ao 取决于产品的可靠性、维修性和保障性，其中可靠性、维修性可以在产品的开发研制中设计进去，而保障性与用户的维修体制安排有密切关系，不是开发研制方所能决定的。因此对用户的各种需要要进行整理分析。

通常，质量功能展开的应用是从绘制质量表(矩阵图)开始的，这是展开和传递顾客需求的首要步骤。而其他步骤的取舍则取决于应用质量功能展开的目的差异、产品或服务特性的差异以及生产形态的差异等等。

下面介绍 QFD 技术应用的一般程序。

7.3.1　确定应用 QFD 的对象

应用 QFD 进行用户需求分析，第一步工作应当是确定 QFD 的应用对象，包括有形的产品和无形的服务,即进行 QFD 必须完成的项目。不同的研究项目往往意味着质量功能展开的不同侧重点。对全新产品和对改进型产品而言,两者在应用质量功能展开方面的侧重点是截然不同的。前者的不确定性较大,应用质量功能展开方面的侧重点通常是防范和克服产品设计、开发和生产中蕴藏的各种风险性细节,在这种情况下,确保成功至关重要;后者的不确定性较小,应用质量功能展开方面的侧重点通常是强化那些不能很好地满足顾客需求的产品特性,在这种情况下,确保更好至关重要。

7.3.2 成立综合 QFD 小组

在应用 QFD 时,必须强调矩阵管理,既要加强纵向(专业内部)的联系,也要加强横向(项目方面)的联系。就像编织一块布,经线和纬线都要结实,织出的布质地才均匀坚实。通常工程专业的纵向联系较密切(与行政隶属关系一致),而横向联系则较薄弱。加强专业横向联系的行之有效的方法是成立一个多功能的、综合的 QFD 工作小组,这个小组应有项目负责人 1 名或 2 名,有市场营销、设计、工艺、制造、计划管理、质量管理、财务、成品附件、器材、销售及售后服务等有关部门人员参加。QFD 小组的活动,有助于消除不同部门、不同专业间的壁垒和隔阂,使产品或服务更好地满足顾客的要求。为了便于小组高效率地完成工作,小组成员不宜过多。

为了更充分地分析和准确地把握顾客的需求(包括明示的和隐含的),在有条件的情况下,应邀请顾客代表参加 QFD 小组,并充分地利用从各种途径获得的产品质量与可靠性信息。

当 QFD 工作对象为某项质量问题的改进、某个故障的纠正、某个部件的设计更改,或某道工艺的改进时,QFD 小组成员的范围可适当缩小,只要有关人员参加即可。

由于 QFD 小组要在某项产品研制全寿命周期内发挥作用,因而在开展 QFD 工作中应充分发挥领导的作用。也就是 QFD 小组的负责人应由熟悉该项工作各方面情况的技术或行政负责人或具有组织能力的资历深有威望的人士来担任,以便使 QFD 小组卓有成效,QFD 分析结果能迅速付诸实施。在一段较长的时间内,该项工作的技术或行政负责人可能变动,QFD 小组负责人也应视情况相应变动。必须推选或指定 1 名责任心强、知识面宽以及熟练掌握 QFD 方法的人作为 QFD 小组的记录员,全面地记录整理 QFD 小组活动开展中的情况,并形成必要的报告。

7.3.3 顾客需求分析

顾客需求的分析是质量功能展开的关键环节,必须给予充分的重视。在国外,这一过程被称为收集"顾客的声音"(voice of the customer,VOC)。应注意"顾客的声音"中的"顾客"是一个广义的概念。除了产品使用者和潜在使用者,必要时还应包括主管部门、分销商及产品维修人员等在产品寿命周期内关系密切的组织和人员。对于大型复杂产品的开发,顾客的声音将来自更多的方面。另外,涉及环境、安全等方面的国家和行业的法令、法规和标准、规范,由于它们构成了产品开发的约束条件,也应列入顾客需求的范畴。从企业长远的利益考虑,还必须深入地分析研究和考虑顾客的潜在需求和产品的更新换代规划、企业的发展方向和发展战略等。

为全面收集顾客的信息，主要从以下几方面入手：

① 研究需求市场的顾客特征，如顾客的年龄、性别、受教育情况、收入、个人偏好甚至风俗习惯与家庭结构，确定现实和潜在的顾客群，可能时落实为具体用户。将顾客的需求与公司的目标与能力相协调。

② 充分理解顾客对产品基本功能的要求。满足基本功能要求是产品开发与研制的着眼点与归属。

③ 全面而又有重点地考虑顾客的特殊要求或偏好。

④ 绘制顾客需求质量展开表。通常包括三个步骤：

a) 收集原始情报和属性资料

QFD 小组通常借助于问卷调查、人员或电话访谈、顾客建议或投诉意见分析、顾客消费行为研究以及行业信息分析等手段收集顾客（或潜在顾客）对对象产品（或服务）的期望、要求或抱怨，由此获得有价值的原始情报和属性资料。

在进行市场调研时，应对不同层次、有不同要求的顾客进行区分。为更好地了解顾客对产品的需要，可以设计和采用相应的表格，对顾客展开调查。一般而言，在设计调查表时，通过更好地融合产品的实际使用情景，了解顾客的使用方式及要求，经整理后提炼出顾客需求，会取得很好的效果。利用现代的摄影、摄像技术拍摄顾客对产品的使用场景，进行细致的分析，也是有效的调研方式。

顾客对产品的需求可区分为基本需求（basic needs）、特性需求（performance needs）和激动人心的需求（excitement needs）。“基本需求”是顾客对产品的基本要求，界定了此类产品的必备能力，如汽车应能行驶、轮胎应能承载车身。这类需求由于被视为理所当然，因此在顾客提供的信息中往往被遗漏，但如果得不到满足，会大幅增加顾客不满意度。“特性需求”是顾客对产品功能和性能的期望，如汽车的时速、乘坐舒适度等，在市场调查中得到的大部分需求属于特性需求。对这类需求，顾客的满意程度与需求实现程度大致成正比。“激动人心的需求”是顾客潜在的或尚未考虑到的需求，主要靠生产商发掘。如能提出这样的令顾客喜出望外的需求并在产品中实现，会使产品具有“魅力质量”，极大地吸引顾客，显著提高顾客满意度。在收集顾客需求时，应注意这三类需求的区分，不要遗漏。当然，这三类需求也是相对而言的，随着产品的进步、顾客要求的提高，原来激动人心的需求会逐步转化为特性需求，原来的特性需求则会转化为基本需求。

b) 变换为要求质量

QFD 小组所收集到的原始情报和属性资料通常是零碎的，有要求、意见、抱怨、评价或希望，有关于质量的，有涉及功能的，还有涉及价格的。因此，QFD 小组需要对这些零碎的情报或资料进行分类、整理甚至转换，以获得有价值的信息（原始情报所反映的顾客要求可能是含糊的），往往需要进行转换或翻译，以得到规范化的要求质量。对顾客需求的表述一般要求做到：

- 用语简洁，无歧义；
- 一项顾客需求只表达一个特定的意思；
- 不把对应的工程措施（技术解决方案）作为顾客需求；
- 便于工程人员理解；
- 同一级别的顾客需求彼此独立，内容无重复及交叉。

“顾客的声音”提供了原始的顾客需求，应按上述原则进行整理。按前三项原则对“顾客的声音”进行分解、归并及筛选。为便于工程人员理解，对用语进行规范化处理，使工程人员可据此提出相应的解决方案。为了准确地传递信息，QFD小组在转换情报资料时，可以分两步进行：

- 将原始资料转换为要求项目；
- 将要求项目转换为要求质量。

c) 绘制顾客要求质量展开表

在将原始情报资料转换成规范化的要求质量时，QFD小组得到的通常是一个由不同层次的要求质量构成的要求质量清单(由于顾客视野的局限性，有一些更基本的关于对象产品的要求质量可能被顾客所“遗忘”。这时，QFD小组可能需要对已有的清单作必要的补充，以加上那些必须具备的要求质量)。为了对要求质量清单有更准确、更全面的理解，QFD小组需要按照一定的层次结构对其进行归纳、合并、提炼和分解等工作，并绘制出相应的要求质量展开表。

⑤ 用户的需要存在着几个问题：

a) 用户的需要有时不一定是可操作的。例如：“发射卫星的运载火箭要100%可靠”，但可靠性100%的要求是不能实现的。因此需要在进度、经费和实际技术基础水平上，提出适当的可靠性要求，例如95%。

b) 用户的种种需要之间需要通过“如何在设计中实现”来协调、权衡。用户的种种需要之间可能是矛盾的，例如：“物美、价廉”，在实现这两项用户需要的设计时就必须对若干种方案进行权衡。

c) 有的用户对设计有一定了解，但也因之而提出了若干设计质量的要求作为用户需要。例如，有的用户对产品要求应用表面组装技术，表面组装技术有它的优点，但是在本产品中从可信性、进度、费用和性能等综合考虑是否应该采用？这点还是由设计部门来权衡决定为好，不宜越俎代庖。

d) 用户需要不完整，从而在研制过程中甚至投产后还需补充。

7.3.4 确定工程措施，开展关键技术攻关

质量屋中工程措施主要通过召开智慧风暴会议来确定。召开智慧风暴会议时应有以下要求：

① QFD小组成员及其他有关人员(例如顾客代表等)参加会议；

② 会前应通知与会人员做好准备；

③ 遵守智慧风暴会议的要求和纪律。

智慧风暴的特点是创造一个富于创造力的宽松的环境，鼓励与会人员充分开动脑筋，畅所欲言，知无不言，言无不尽，发挥集体智慧，使每个与会人员的思想高度兴奋、活跃，互相启发，互相激励，迸发出灿烂的智慧的火花，形成智慧的风暴。会议应由QFD小组负责人主持，会场气氛应活跃，为避免思考的积极性受挫和打消各种顾虑，会议应规定即便对于荒诞可笑的或不切实际的发言，也不得进行反驳或有鄙薄的表示。会议设专人详细记录所有人的发言，会后应整理会议记录，采用亲和图法，列出各种观点、建议和主意，整理分析，寻找出最有价值的意见。

在智慧风暴会议上，应在分析顾客需求的基础上详细讨论满足顾客需求的工程措施。针对如何满足每一项顾客需求，系统分析产品应具有什么质量特性或设计要求，即工程措施。如圆珠笔开发中，“书写流利”所对应的工程措施为笔尖组件设计、油墨浓度和油墨成分等。用亲和图法把工程措施系统地、分层次地组织起来，由此产生的表格与需求质量展开表形式相同，称为质量特性展开表，构成质量屋的天花板。

对工程措施按以下要求进行分析和确认：

① 工程措施应从产品整体着眼提出，而不是从现有产品的零部件及工艺的技术要求中总结得出，以免限制产品的设计方案，影响创造力发挥；

② 同一级的工程措施应相互独立；

③ 工程措施的组合应是全面系统的，可据此产生完整的设计方案；

④ 对于所选择的工程措施，应有助于提出量化的指标，以便对该项工程措施的实现方法和可实现程度进行科学评估。用 QFD 辅助大型、复杂产品的开发时，对其顶层质量屋的工程措施难以量化，此时工程措施及其指标的组合应能为后续的方案开发等工作指明方向，使设计人员可据此判断设计工作是否偏离轨道；

⑤ 在提出工程措施时，应调查同类产品在售后服务中发现的设计缺陷，检查是否有对应的工程措施进行改进，避免同类故障或质量问题的发生。确认后的工程措施可用亲和图法进行分级。

7.3.5 绘制质量特性展开表与质量表

质量要求可包括诸如性能、适用性、可靠性、维修性、保障性、安全性、测试性、环境、经济性和美学功能。

产品的用户、消费者对产品有多种质量需要。把用户对产品的要求质量转化为一组对某产品的定量或定性的要求的表述，使之得以实现并能对其进行考核，这些要求称为质量要素。质量要素要用功能性术语来表述。如果是定量化要求，则还包括诸如规定值、标称值、上下规格限值等。定量的质量要素即设计指标。

用户对产品的一项需要有时可以通过一项质量要素来达到，但在不少情况下，需要通过一组质量要素来达到。例如，用户需要产品的可信性好。可信性是一个非量化的术语，它用于描述产品的可用性和对它的影响因素，需要用一组可靠性、维修性及保障性的定量质量要素来反映。

一方面，用户对产品的一项需要要用一个或多个质量要素来满足。另一方面，用户对产品的需要往往不止一项，一个质量要素又往往与一项或多项用户对产品的需要有关，在某些情况下可能存在矛盾。例如可靠性与成本之间就可能存在矛盾。因此，在把用户对产品的需要转化为质量要素时，就有一个综合权衡的问题。

通过将用顾客语言表达的要求质量转换成用技术语言表达的质量特性，QFD 小组最终从原始情报资料中归纳和提炼出了明确的产品质量特性。由于产品或服务过程的多样性，将某些感性特性（顾客通过其主观感受来描述的定性特征）转变成可以计量的质量特性通常相当困难。QFD 小组在归纳和提炼质量特性时通常可以借助于“亲和图”和“矩阵图”工具。

QFD 小组并不总能直接将顾客的要求质量转换为可以准确计量的质量特性，这时，QFD

小组可以先从顾客的要求质量中抽象出特定的质量要素，再进一步地将这些质量要素（特别是那些相对重要的质量要素）归结为可以准确计量的质量特性。

QFD 小组参照质量要素分类表，将顾客的要求质量归纳为相应的质量要素，进而转换为可以准确计量的质量特性，并形成质量特性展开表。

为了揭示顾客要求质量与质量特性之间的各种形式和程度的对应关系，QFD 小组需要应用矩阵图原理绘制质量表。

7.3.6 进行质量策划，绘制功能展开表

QFD 小组应将顾客要求质量的重要度、其他竞争企业所达到的水平以及企业现有的技术和设备条件作为确定质量策划的出发点。

顾客要求质量的重要度可以通过“问卷调查”或“专家评分法”获得。

7.3.7 建造全面质量屋

(1) 全过程 QFD

产品的开发一般要经过以下四个主要过程：产品规划、零部件展开、工艺计划和生产计划阶段，因此在产品开发过程中应主要针对这四个主要阶段进行质量功能展开，如图 7.2 所示。

根据某层次的产品就是其隶属产品的“顾客”和本道工序就是上一道工序的“顾客”的思想，各个开发阶段均可以各自进行质量功能展开，且其内容必定有内在的联系。从质量屋的建立过程来看，上一阶段质量屋天花板的主要项目，即关键工程措施及指标，将转换为下一阶段质量屋的左墙。质量屋的结构要素在各个阶段大体通用，但可根据具体情况适当裁剪和扩充。产品规划阶段的质量屋一般是最完整的，其他阶段的质量屋有可能将右墙、地下室等要素裁剪。

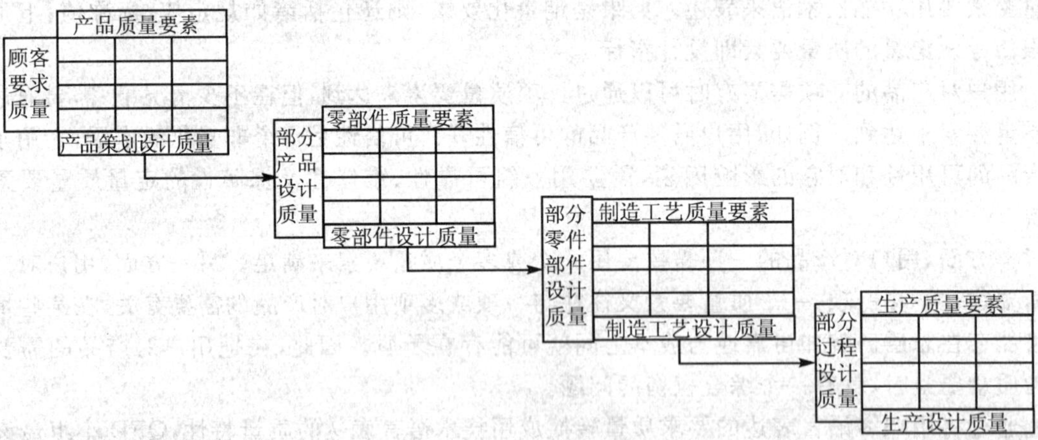

图 7.2 QFD 规范化流程

(2) 产品各层次 QFD

QFD 可以从系统、分系统、整机及部件等逐级展开，如果用户需求是用户对产品的可信性

使用指标，则设计质量就是可信性合同指标，因此QFD是把可信性使用指标转化为可信性合同指标的重要工具之一。

7.3.8　关键过程优化设计与控制

通过四个阶段的质量功能展开，确定了关键环节，为深入的产品开发指明了方向，对于关键措施与瓶颈技术攻关及产品和工艺的健壮设计则有赖于其他质量和可靠性工具，因此，有必要将QFD与其他质量和可靠性工具结合使用，开发出优化的产品。根据情况可采用系统设计(如TRIZ等)、试验设计、参数设计与容差设计、故障模式与影响分析(FMEA)、故障树分析(FTA)、价值工程/价值分析(VE/VA)、数字仿真以及以顾客为中心的可靠性设计分析等各种方法，以便实现稳定性的设计优化、工艺优化，充实和完善质量屋。对关键零部件和关键工艺，在生产制造阶段还要采用与健壮设计相适应的监控方法，例如统计过程控制(SPC)、先进质量体系(AQS)等，进行严格的质量控制。

7.3.9　质量屋的动态持续改进

第一轮四个阶段的质量屋建造大致在产品初步设计结束时完成。随着产品研制工作的深入，需要对各阶段的质量屋及时地、不断地进行迭代、完善，尤其在初步设计结束和投产决策两个节点，应进行QFD的评审。在产品进入市场前形成最终的四个阶段的质量屋，成为产品技术归档资料的一部分。质量屋的迭代与完善可结合设计评审、工艺评审和产品评审进行。

在新产品上市后，应继续应用QFD方法，开展和优化售后服务，收集、研究顾客的意见，应用QFD方法不断改进产品，提高产品质量，推出新的款式、型号，满足市场新的需求。

复习思考题

7-1　什么是质量要求？什么是质量要素？他们之间有什么关系？

7-2　顾客对自动售咖啡机要求的质量是：热的、色正、味香的、口感好的、价格适当的、量足的，经分析，质量要素为咖啡温度、香料成分、香味浓度、咖啡成分、咖啡因含量、售价及体积。试根据读者理解，做出质量屋。

7-3　结合工程实际，选择一产品，设计一个QFD示例。

7-4　QFD可用于分析哪些问题，试举例说明。

第8章　并行工程

8.1　并行工程概述

8.1.1　并行工程的定义

随着计算机、网络和通信等科学技术的发展，世界一体化进程加快，世界市场逐渐形成和发展，世界范围内的市场竞争变得越来越激烈。全球性的竞争要求生产者对市场变化作出迅速准确的反应，以最短的时间开发并生产出高质量、低成本的产品，并提供良好的服务。各国制造企业纷纷采用各种新思想、新方法和新技术来改进自己的产品开发模式，力图使企业及其产品具有较强的竞争力和生命力。

当今世界已进入信息时代，并迈向知识经济时代。以信息技术为主导的高技术为制造业的发展提供了极大的支持，并推动着制造业的变革与发展，计算机集成制造系统(computer integrated manufacturing systems，CIMS)技术的应用及其产业化是其中最重要的组成部分。现代集成制造系统是信息时代提高企业竞争力的综合性高技术，它将信息技术、现代管理技术和制造技术结合，应用于企业产品全生命周期(从市场需求分析到最终报废处理)的各个阶段。通过信息集成、过程优化及资源优化，实现物流、信息流和资金流的集成和优化运行，达到人(组织、管理)、经营和技术三要素的集成，以缩短企业新产品(P)开发的时间(T)、提高产品质量(Q)、降低成本(C)、改善服务(S)、有益于环保(E)，从而提高企业的市场应变能力和竞争能力。

并行工程(CE)是近年来新出现的一种产品开发模式，是先进制造技术中的一种。并行工程既是一种指导新产品开发的先进的理念，又是一门综合的自动化制造技术。并行工程的哲理和技术不是简单的发明或创造，而是集成了制造业中许多新的技术、模式及思想，经过系统化的抽象发展而成的。并行工程是针对企业中存在的传统串行产品开发方式的一种根本性的改进，是一种新的产品开发哲理与产品开发技术。

关于并行工程的定义，目前国际上有多种提法，许多研究者从不同的角度对并行工程进行了定义，最有代表性和普遍采用的有以下两种。

定义1：(取自美国防务分析研究院的R. I. Winner于1988年提供的R—338研究报告)并行工程是对产品及其有关过程(包括制造过程和保障过程)进行并行设计的一种系统的综合方法。它要求研制者从一开始就考虑产品整个寿命周期(从概念形成到产品报废处置)中的全部要素，包括质量、成本、进度和用户需求。

定义2：(取自美国派梅特宁小组于1989年提供的《工业界对国防部并行工程项目的看法》研究报告)并行工程是一整套方法、技术和实践。它包括在设计阶段就对寿命周期的诸多因素作最大的考虑；在产品设计过程中同时形成生产中使用的工艺；缩短从设计转入生产所需的时间并增强产品满足用户期望和需求的能力；良好的研制工程管理是并行工程的一个基本要素。

并行工程是集成地、并行地设计产品及其相关过程的系统化方法。它要求产品开发人员从设计一开始即考虑产品寿命周期中的各种因素。其主要目标是缩短产品开发周期，提高产品质量，降低产品成本，从而增强企业的竞争能力。并行工程这种优秀的产品开发模式是对传统产品开发模式的一次变革。

8.1.2　并行工程的内涵

并行工程通过组织以产品为核心的跨部门的综合产品开发团队来进行产品开发，通过产品开发过程的重组与改进来实现产品开发流程的合理化与优化，并采用各种并行工程使技术与工具支持产品开发过程，实现产品的全寿命周期数字化定义和信息集成，同时，采用新的质量哲理满足不断变化的用户需求。它能够保证在产品开发过程中作出正确决策，有效减少设计修改，缩短产品开发周期，降低产品的总成本。

并行工程注重以产品为中心建立一层或多层综合产品研制小组，运用全面质量管理原理、质量工程技术、计算机辅助设计制造技术和现代信息管理技术，开展设计、生产、保障及质量等并行综合研制，以达到缩短周期、提高质量、降低成本和改善服务的目的。

并行工程既涉及自动化、信息领域的多种支持技术，同时又涉及企业管理的范畴，它既是多种技术的集成，同时也是技术与管理的集成。因此，并行工程不仅需要引起企业工程技术人员的高度重视，同时也需要企业管理者的大力支持与积极参与。

并行工程作为一种管理方法，它建立在合理的商业惯例和决策常识的基础上，它将合适的人员在最佳的时机配置到适当的地点，去做出正确的决策。并行工程作为一种工程方法，它系统地运用一组有特定功能的专业学科，使所有需要的过程被综合，被并行使用，从而生产出满足用户需要的高效有用的产品。并行工程是一种系统工程管理方法，它体现了组织—管理—技术的高度集中，该集成同时又是用户需求、产品开发、信息系统和过程管理等因素的综合平衡。

8.1.3　并行工程的特点

并行工程的显著特点在于充分重视用户需求，能从全局化的角度出发，对产品整个开发过程进行集成管理和控制。它强调质量的提高是过程改进的结果，而改进设计过程、生产过程和保障过程是整个企业永无止境的追求。具体来说，采用并行工程技术进行产品开发具有以下一些特点：

① 在产品设计期间，并行地处理整个产品寿命周期中的关系，体现了综合产品开发小组成员之间的合作、协同、信任及信息共享的价值，因而消除了由串行过程引起的信息孤立、分散及质量责任中的“扯皮”等现象。

② 在产品开发过程中，开发人员分属于不同层次的产品开发小组，通过并行规划，这些小组将设计工作最大限度地集中起来作并行处理，因此缩短了产品开发周期，加快了进度。

③ 在设计一开始就考虑到影响产品质量的所有因素。可以在开发过程早期发现不同工程学科设计人员、功能、性能、可制造性、可装配性、可靠性、维修性、保障性、测试性及安全性等

因素之间的冲突关系，最大限度地避免设计缺陷和错误，减少设计的更改和重复次数，提高产品质量，降低成本，使产品开发过程起到质量问题预防和接近一次成功的目标。

④ 并行工程强调倾听“顾客的声音”，对用户更加负责，用户可以尽早地参与到产品开发过程中，开发的产品能够更好地满足用户和市场的要求，体现了质量第一和顾客至上的质量管理原则。

8.2 并行工程的产生及发展

8.2.1 国外并行工程的发展概述

生产力的迅速发展和市场的需求催生了并行工程的产生，并有力地推动了并行工程的发展。

20 世纪 80 年代以来，自动化、信息、计算机和制造技术相互渗透，发展迅速，新知识应用于生产实际的速度是惊人的。随着航空技术的进步、信息时代的到来，世界大大变小了，这一切大大加速了世界市场的形成与发展；而世界市场的形成与发展又使得在世界范围内的市场竞争变得越来越激烈。竞争有力地推动着社会进步，使技术得到了空前发展。但同时，竞争也是残酷无情的，适者生存，给企业造成了严酷的生存环境。不论一个企业原来的基础如何，是处于先进、后进抑或中间，都遵循着同一竞争尺度，即用户选择原则。随着竞争的加剧，竞争的焦点变为以最短的时间开发出高质量、低成本的产品投放市场，而核心是时间；同时，技术的飞速发展以及产品复杂程度的不断提高，都大大增加了新产品开发的难度。企业为适应市场竞争的需要，就必须不断想办法，采取措施，提高企业的效率及效益。谁能在最短的时间内，把采用最新技术生产出的高质量低成本的产品推向市场，谁将是竞争的胜利者。制造业将提高竞争能力的要素总结为 TQCS，即短时间(time)、高质量(quality)、低成本(cost)和好服务(service)。TQCS 成了企业追求的目标。为提高 TQCS，企业不断地更新着自己的技术和手段，使它们与当时的科技发展水平相适应。随着世界工业市场竞争的不断加剧，各国企业纷纷采用各种新思想、新方法和新技术来改进自己的产品开发模式，力图使企业及其产品具有较强的竞争力和生命力。而用户对产品的需求呈多元化和个性化，降低产品成本的主要手段不再是廉价的原材料和劳动力，而是快速、准确的信息来源和高技术含量。另外，随着产品性能的提高，产品开发周期也越来越长。这种形势要求企业不断寻找新的途径来追求企业的 TQCS 效益目标，增强企业的竞争能力。

由于在产品开发过程中采用了计算机辅助工具，如 CAD(计算机辅助设计)，CAE(计算机辅助工程分析)，CAPP(计算机辅助工艺规划)，CAM(计算机辅助制造)等，新产品开发能力得到了增强。在这种形势下，以信息技术为基础的并行工程技术应运而生。

并行工程作为一个系统化的思想，是由美国国防先进研究计划局(DARPA)最先提出的。1987 年 12 月，美国国防先进研究计划局组织进行了并行工程专题讨论会，提出了发展并行工程的 DICE 计划(DARPA's Initiative in CE)。与此同时，美国国防部指示美国防御分析研究所(IDA)对并行工程及其用于武器系统的可行性进行调查研究。IDA 通过研究与调查，1988

年发表了其研究结果，公布了著名的 R—338 研究报告，明确提出并行工程的思想，发出了并行工程倡议，为此美国的西弗吉尼亚大学设立了并行工程研究中心(CERC)，美国很多大的软件公司、计算机公司开始对支持并行工程的工具软件及集成框架进行开发。并行工程在国际上引起了各国的高度重视，并行工程的思想正在被越来越多的企业及产品开发人员接受和采纳，各国政府都在加大力度扶持并行工程技术的开发，把它作为抢占国际市场的重要技术手段。经过十多年的发展，并行工程已在一大批国际上著名的企业获得了成功的应用，如波音、洛克希德、雷诺和通用电力等大公司均采用并行工程技术来开发自己的产品，并取得了显著的经济效益。

归纳国外并行工程的产生、发展和应用情况：

① 1988 年，美国国防先进技术规划局组织了一个并行工程研究会，并制订了长期的并行工程研究计划，对并行工程的技术和方法进行全面研究。同年，美国防务分析研究所关于“并行工程在武器系统采办中的作用”的研究报告，不仅完整全面地定义了并行工程，而且指出了并行工程在武器装备采办中对工程设计工作具有重大效益。

② 1989 年，美国国防部接受了并行工程的概念，把它作为一项应在 20 世纪 90 年代予以重点发展和推广的新观念，并称并行工程是 90 年代的挑战。

③ 在 20 世纪 90 年代，美、英等国在新型武器系统和民用产品的研制中竞相采用这一新的产品开发理念。

- 美国普惠公司在 ATF 计划的动力装置 F 119 研制中设置了综合产品开发(integrated product and process development, IPD)机构。
- 美国通用电气公司在 GE 90 发动机研制中开展并行工程。
- 英国罗罗公司在湍达 800 发动机研制中采用“同期工程”。
- 美国波音公司在波音 777 飞机研制中采用“设计制造工作组”方法。
- 美国波音公司在新一代波音 737 飞机研制中推行“综合产品团队”(integrated product team, IPT)这种产品开发组织模式。
- 美国洛克希德公司在新一代战斗机 F 22 研制生产计划中采用 IPT 工作方法。

其中，IPT 方法作为目前最新最有效的并行工程方法，据美国斯坦福大学研究人员调查，已有 500 多家美国公司在尝试 IPT 工作方法。

④ 1991 年，国际性的专业杂志(Concurrent Engineering)创刊问世。

⑤ 1993 年，在美国西弗吉尼亚大学成立了并行工程研究中心，重点对有关并行工程的各种方法和技术进行实践、集成、评价及验证。

⑥ 从 1994 起，在美国国防部的推动和 BOEING, GE, IBM 等公司企业的积极参与下，每年举行一次国际性的并行工程学术会议。其中，第三届并行工程国际会议于 1996 年 8 月在加拿大多伦多大学举行，该会议对并行工程中涉及的群组协同工作、组织与管理、产品与过程集成、数据交换、信息与过程建模、规划和调度等诸多领域进行了深入的研究和交流。

总之，自从 1986 年并行工程的系统化的思想被明确提出以来，并行工程在国际上引起了各国的高度重视，各国政府都在加大力度扶持并行工程技术的研究与开发，把它作为抢占国际市场的重要技术手段。国际上许多重要研究机构、计算机公司均对并行工程进行了大量的理论研究及相关支持技术、工具的开发。经过十多年的发展，并行工程在理论上已获得了较大的丰富与完善，在实践上也已在一大批国际著名企业获得了成功的应用，并取得了显著的经济效益。并行工程的思想正在被越来越多的企业及产品开发人员接受和采纳。

8.2.2 国内并行工程的发展及应用概述

客观地说，我国的鞍钢宪法中所提出的“把管理者的管理理论、组织能力，工程技术人员的技术知识和工人的实际操作经验有机地结合起来”的三结合管理方法体现了并行工程的朴素思想。这种管理方法有利于集中企业各方面人才的力量，更加充分地发挥各自的优势；有助于企业的生产经营管理和企业的技术改造、质量攻关等项目的实施。这一管理方法，较好地体现了“以人为本”的思想，体现了“1＋1＞2”的深刻哲理。用今日流行的术语来说，也就是“团队合作”，通过团队合作，取他人之长，补自己之短，才能取得更大的成功。鞍钢宪法以及在20世纪五六十年代就实行的结构工艺性审查等，虽然实际上早就在使用并行工程的朴素原理了，但那还远远不是现代意义上的并行工程。

实际上，1992年，我国才完整地引入并行工程的理念。当并行工程的完整概念被引入我国时就立即引起了国家科委、各研究机构以及航空、航天、电子和机械等领域的应用企业的高度重视。1995年国家有关部门设立了“并行工程”重大关键技术攻关项目，在并行工程的理论研究和应用实施方面取得了许多重大的突破，积累了一定的经验，为在我国企业全面实施并行工程奠定了技术基础，提供了一种可供参考的模式。

当前，随着我国社会主义市场经济的快速发展，企业迫切需要采用有效的产品开发方式来提高企业的新产品开发能力。并行工程就是在当前环境下企业改进与提高自身产品开发能力的有效途径。通过并行工程在我国的研究与实际应用，越来越多的企业意识到了在信息集成的基础上实施并行工程的重要性和可行性。从1998年下半年开始，我国航空、航天、铁路机车和摩托车等行业的企业在科技部等的支持下实施了并行工程项目。2000年后并行工程在更大的范围内推广与应用，企业对并行工程理论与技术的需求显得越来越迫切。

从国内并行工程的发展和应用来看：

① 从20世纪90年代起，国内引入并行工程概念，现在总体上仍属于理论探索和局部工程实践阶段。

② 从1992年起，国内一些先进企业陆续在新型产品特别是一些对外合作或转包生产项目的研制、生产中不同程度地推行并行工程，取得了显著的成效。

③ 1995年，国家科委将并行工程作为计算机集成制造系统(CIMS)进一步的发展方向，设立关键技术攻关项目“并行工程”。

④ 1997年，国家科委和863/CIMS主题专家组对《面向CIMS并行工程集成框架关键技术可行性报告》进行方案评审，明确指出该项目属国家科委“九五”重点项目的重要部分。

⑤“十五”期间，国防科工委组织相关企业、研究所和高校，完成了并行工程相关课题的研究，取得了可喜的成果，并进行了应用探索。

我国在并行工程的应用上，初步实践取得了以下几个方面的成果：

① 研究了产品开发团队的组织结构和工作模式，建立了基于产品的集成团队，以团队方式进行了产品设计。

② 对复杂结构件的开发过程进行了重组，给出了产品并行开发流程，重新定位了有关资源，确定了产品开发各个环节的工具。

③ 建立了支持并行工程的计算机协同工作环境。

④ 应用了并行工程的 DFX 中的 DFA,DFM 等关键技术和工具。

⑤ 采用 CAE,CAPP,CAFD,MPS 工具,初步实现了复杂结构件的无纸设计。

⑥ 总结和归纳了并行工程应用的初步模式。

特别重要的是,通过并行工程的研究与实际应用,越来越多的企业意识到了在现代集成制造系统信息集成的基础上实施并行工程的重要性和可行性,看到了实施并行工程的重要性。

8.3　并行工程的运行特性

8.3.1　并行特性

产品开发过程是指从产品需求分析到产品最终定型的全过程,包括产品的设计、测试、制造和装配过程。对于工业生产过程来说,产品开发过程是一个物流的过程。根据产品(工件)在工序(工位)间的流动情况,一般可以归纳为有三种移动方式,从而构成了三种产品生产方式:

① 顺序移动方式:每批工件在上道工序全部加工完毕后,整批转到下道工序加工。其加工周期为

$$T_s = n\sum_{i=1}^{m} t_i \tag{8.1}$$

式中:m——工序数;

n——工件批量(每批中工件数);

t_i——工件在第 i 工序加工时的单件工时;

T_s——顺序移动生产方式的加工周期。

② 平行移动方式:一批工件投入生产后,工件在各工序间单件转送进行加工,整批工件在各工序上形成平行作业,其加工周期为

$$T_P = \sum_{i=1}^{m} t_i + (n-1)t_L \tag{8.2}$$

式中:T_P——平行移动生产方式的加工周期;

t_L——各工序中最长工序的单件工时。

③ 平行顺序移动方式:该方式为上述两种方式的综合。当 $t_i < t_{i+1}$ 时,采用平行移动方式;当 $t_i \geqslant t_{i+1}$ 时,采用顺序移动方式。当上道工序完工的工件数足以保证下道工序连续加工时,才将积累的工件一起转入下道工序加工,其加工周期为

$$T_{PS} = \sum_{i=1}^{m} t_i + (n-1)\sum_{i=1}^{m-1} t_{is} \tag{8.3}$$

式中:T_{PS}——平行顺序移动方式的加工周期;

t_{is}——前后相邻两工序中取单件工时较小者。

对比三种产品(工件)的移动方式可以看出,顺序移动方式(串行方式)由于工序等待时间

最多，生产周期最长；平行移动方式（并行方式）的工序等待时间最短；生产周期最短；平行顺序移动方式的生产周期居两者之间。

从时序上来说，在传统的串行方式中，产品的研制生产过程是按时间顺序的方式进行的，如图 8.1 所示。按照这种串行产品开发方式，开发人员按要求完成本职工作后将成果抛向下游，出现问题后则抛回上游。由于各部门间缺乏经常性交流，且参与产品开发的人员往往对自己在整个过程中的角色缺乏清晰的认识，上、下游活动间可能存在不可调和的冲突。当最终产品的可制造性、可装配性等较差，不能很好地满足用户需求时，就需重新回到产品设计阶段，重新进行产品设计。这使得产品开发过程变成了设计、加工、实验以及修改设计的大循环，而且可能多次重复这一过程，造成在传统的产品开发过程中存在很多大的反馈，从而导致设计改动量大，产品开发周期长，产品成本高的结果。

串行方式存在的问题有：

① 由于设计时间在整个开发过程中所占比重相对较小，设计时考虑的设计方案非常有限，最后只能选定一种特定方案执行。

② 设计过程是一个刚性序列，即灵敏度不高。

③ 产品开发过程下游存在的问题只有等到过程进行到下游时才暴露出来。此时，为保证产品质量，开发过程不得不返工，既浪费资金又耽误进度。

④ 生产规划、可制造性及可靠性等问题在开发过程中是分别考虑的。

⑤ 设计数据零散分布于开发过程，缺乏统一有效的管理，数据无法保持一致，造成信息资源的流失。

⑥ 设计者通常不知成本信息，故不能有意识地把质量经济性作为设计目标之一。

为解决以上问题，在总结相关技术经验的基础上，引入了并行工程的概念。

并行工程的特点是把原先在时间上有先有后的知识处理和作业实施转变为同时考虑和尽可能同时处理或并行处理，如图 8.2 所示，通过协同工作，可提前发现问题。在研制过程中，当下游阶段发现以前的设计存在问题时，应主动、及时反馈信息给前面阶段的设计人员，以便对现行设计进行修改。同样，前阶段设计人员应当主动将已定的设计方案提交给下游的设计人员，以便观察是否存在矛盾和不协调的问题，如果发现问题，则可在产品的并行研制组内由各方成员共同解决。

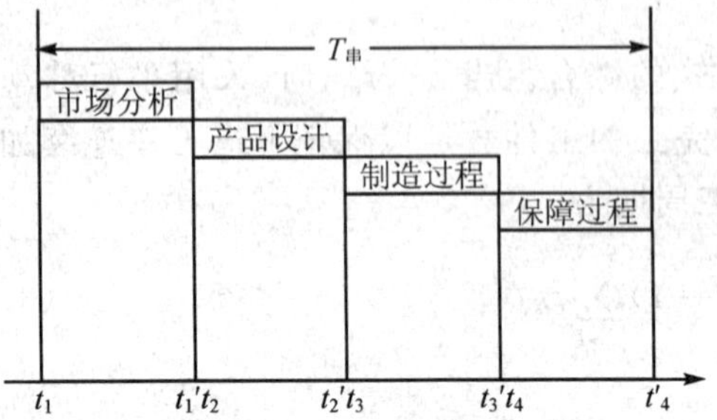

图 8.1 串行工程的时序

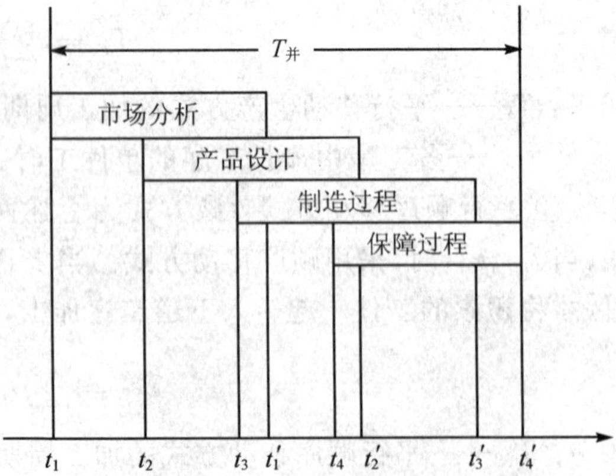

图 8.2 并行工程的时序

并行工程与传统串行产品设计方式的根本区别在于并行工程把产品开发的各个活动看成是一个整体、集成的过程，并从全局优化的角度出发，对集成过程进行管理与控制。

因此，从产品开发的时序上来说，并行开发模式在进度上的结果是：$T_{并}<T_{串}$。

8.3.2　整体特性

并行工程的整体特性表现为：

(1) 强调产品研制开发过程是一个有机整体

产品开发过程中，每一开发人员均隶属于一个或多个多学科小组，而多学科小组中的成员又分属不同的功能部门，他们在工作中要对相互的工作做出评价。通过组建多学科小组不但可以克服来自传统的按功能划分部门的习惯及狭隘的局部利益等方面的阻力，而且还可以使形成的多学科小组间互相合作，使产品开发过程具有合理的信息传递关系及短的产品开发周期，使得整个产品开发过程成为一个有机整体。

(2) 强调从整体上全局性地考虑问题

产品研制者从一开始就考虑到产品全寿命周期中的所有因素。并行工程通过结构重组，将以前不属于同一时间域的问题，如设计相关问题和制造相关问题等提前集中到设计阶段考虑，因而避免了由于时间原因而引起的前后阶段间的不一致，体现了系统工程中的整体性和全局性原则。

(3) 追求整体最优

通过并行工程中的组织结构重组、人员优化组合、资源优化配置、技术集成以及信息集成等，获得优化的过程模型，达到产品开发过程整体最优。

8.3.3　协同特性

① 强调有效的协同组织模式：综合产品开发团队(IPT)。

② 强调一体化、协同并行地进行产品及其有关过程的设计。

③ 强调协同效率："1+1>2"。

8.3.4　集成特性

① 改进组织结构，实现人员集成。

② 并行操作处理，实现功能集成。

③ 多学科综合，实现技术(知识)集成。

④ 运用先进的开发工具、方法和技术，实现信息集成。

8.4　并行工程的效果

美国国防部对并行工程进行了详细而全面的调查，调查结果表明，采用并行工程的力效是巨大的，具体体现在：

(1) 缩短研制周期(time)

对麦道公司等单位调查结果表明，采用综合产品研制可使研制周期缩短 35.60%。对复杂的武器系统研制来说，效果尤为明显。

(2) 显著提高产品质量(quality)

具体包括：

① 减少了重新设计(re - design)和工程更改；

② 减少了返工(re - work)和废品；

③ 减少了缺陷和产品故障率。

(3) 降低研制费用(cost)

对麦道公司、波音公司及 IBM 公司等单位的调查表明，采用综合产品研制可使费用下降 30%～60%，其中包括：

① 降低设计阶段费用；

② 减少了加工、制造和装配阶段的费用；

③ 由于减少了返工和废品以及降低了零部件库存而省下的费用。

(4) 加强了技术支持和售后服务(service)

其中包括：

① 在产品开发早期就考虑并设计技术保障、技术支持方案；

② 降低了用户的使用维护费用；

③ 加强了售后服务工作。

美国各大公司的设计人员和管理人员通过综合产品研制懂得了提高质量并不意味着增加费用。相反的是：如果质量是在产品的研制过程中得以提高，则成本往往会下降。

美国国防部对 IPD 功效的调查结果可参见表 8.1。

另据美国空军的综合分析，采用了 IPD 的美国公司均取得了显著的效益，一般的统计结果表明采用了 IPD 的效益为：

(1) 缩短了研制和生产准备时间

① 产品研制时间缩短 60%；

② 生产准备时间减少 10%；

③ 总的过程(含设计、研制及生产过程)时间缩短 46%。

(2) 改善了产品质量

① 制造缺陷下降了 87%；

② 外场故障率下降了 83%。

(3) 改善了工程过程

① 工程更改与图纸更改量仅为原来的 1/15；

② 早期的生产工程更改减少 50%；

③ 备件储存减少了 60%；

④ 工程原型机的制造工作量减少了 2/3；

⑤ 废品和返工减少了 87%。

表 8.1　IPD 功效调查结果

成果公司	费　用	进　度	质　量
麦道公司	在反应堆项目和导弹项目上节省 60%	某高速飞机的初步设计阶段由 45 周减少到 8 周，TAV-8B 设计周期缩短 18 个月	TAV-8B 飞机：废品下降 58%，返工费下降 29%，由不协调发生的费用下降 38%，每单元缺陷下降 70%，图纸更改下降 68%
波音公司弹道导弹分部	工时费用下降 285/每工时，报价费用下降 30%	部件、器材的生产准备时间下降 30%，部件的设计分析时间下降 90%	器材缺陷从 12%下降到 0 99%部件无缺陷运行
AT&T	新电路产品的包修费用下降 40%	总时间过程缩短 46%	缺陷降低 30%～87%
Deere&Company	研制费用实际节省 30%	研制时间节省 60%	检验员减少 2/3
Hewictt - Packard 仪器分部	制造成本下降 42%	研制周期缩短 35%	产品外场故障下降 60% 废品和返工率下降 75%
IBM	产品直接装配工时费下降 45%	设计周期缩短 40%	工程更改减少、可靠性和可测试性得以保证

国内应用并行工程的 863/CIMS 等重大课题项目已在周期、质量、成本和服务等方面取得了明显成效。现以南昌飞机工业公司对运行并行工程的 JL8 飞机与用传统工程方法研制的 K8 飞机进行比较，其结果如表 8.2 所列。

表 8.2　JL 8 飞机实施并行工程的效益

效益类别		分系统名称	K 8 飞机	JL 8 飞机	效　益
提高质量	安装一次成功率	起落装置		起落装置总装一次完成	提高产品质量
		动力舱段		发动机和空气发生器一次安装成功	提高产品质量
	研制过程中的工程更改量	起落装置		是 K8 飞机的 1/3	工程更改量减少 2/3
		动力舱段	442 次	126 次	工程更改量减少了 71%
缩短研制周期（从打样至首飞时间）/月		起落装置	36	26	研制周期缩短了 27.8%
		动力舱段	27	18	研制周期缩短了 33%
节省成本/万元		起落装置		节省工装费用 40 万节省协调样机 20 万	节省 60 万元
		动力舱段		节省协调样机费用	节省 150 万元

8.5 并行工程的实施要素

8.5.1 把用户需求转化为完整的产品和过程要求的规范化方法

并行工程特别强调用户(使用部门)的需求,并以用户需求作为产品设计和过程开发的依据。它为我们提供了把用户需求转化为完整的产品和过程要求的规范化方法和程序。

8.5.2 研制过程的并行综合方法

交互作用的相协调的并行研制过程是将设计过程、制造过程与保障过程的研制协调地予以综合,将传统的序列化的研制过程转化为并行的、相互间不断有信息交流的交互作用的研制过程。

8.5.3 多学科多专业的综合产品研制机构

多学科、多专业的综合产品研制机构是指打破原来设计部门、制造部门及保障部门之间的界限;组建成自上而下的多学科的综合产品研制组织。从确定产品要求到整个过程的研制均由综合产品研制小组协同进行。小组内和小组间经常交流信息,以确保产品研制成功。

8.5.4 综合计算机辅助工程环境

综合计算机辅助工程环境是在原来已开发的计算机辅助设计与制造(CAD-CAM)的基础上,综合正处于开发中的计算机辅助采办和后勤保障(CALS),形成设计—制造—保障的一体化计算机辅助工程环境。其中重点是开发 CALS,其目的是加速将诸如计算机辅助可靠性、维修性和保障性等设计工具综合到已有的 CAD 和 CAM 系统中去,促进数字式技术信息的使用和综合,以便进行产品的综合设计、制造和保障。CALS 将使现行的大量纸面工作状态转向一个综合的高度自动化的工作状态,从而充分地提高了产品的可生产性、保障性和质量。

8.6 并行工程的运作方式

8.6.1 并行工程的组织方式

采用跨部门多学科的综合产品开发团队是并行工程的重要方法。采用这种团队工作方法能直接面向目标,便于控制和激励,大大提高产品寿命周期各阶段人员之间的相互信息交流和合作，在产品设计时及早考虑产品的可制造性、可装配性及可检验性等。

并行工程强调过程的集成。过程集成意味着打破部门之间的界限，充分考虑任务之间的相互关系，使开发活动并行、交互地进行。组建跨部门多学科的集成产品开发团队，是实现集成产品开发过程必不可少的组织保证。

综合产品开发团队是并行工程的基本组织形式。综合产品开发团队一般由一个系统顶层的综合产品小组和根据工作分解结构选定的下属重要分系统或设备的综合产品小组组成。综合产品开发团队可以是一层，也可以是二、三层的塔形结构。

（1）综合产品开发团队的组织结构

一般综合产品开发团队的人员来自于市场、设计、工艺、生产技术准备、制造、强度、重量、质量、可靠性、维修性、综合保障、销售及服务等各部门的人员，有时还包括用户、供应商或配套厂的代表，甚至有关方面的专家等。总之，只要是与产品整个寿命周期有关的，而且对该产品的设计有影响的人员都需要参加，并任命团队领导，负责整个产品开发工作。

综合产品开发团队中的专业和部门代表受综合产品开发团队和本专业或部门的双重领导，隶属关系仍保留在原专业或部门；他们的主要任务是配合产品开发工作，同时还要承担原专业或部门的工作。综合产品开发团队具有明确的工作目标，团队成员之间互相配合，共担责任，技能互相补充。

有代表性的综合产品开发团队的组织结构如图 8.3 所示。

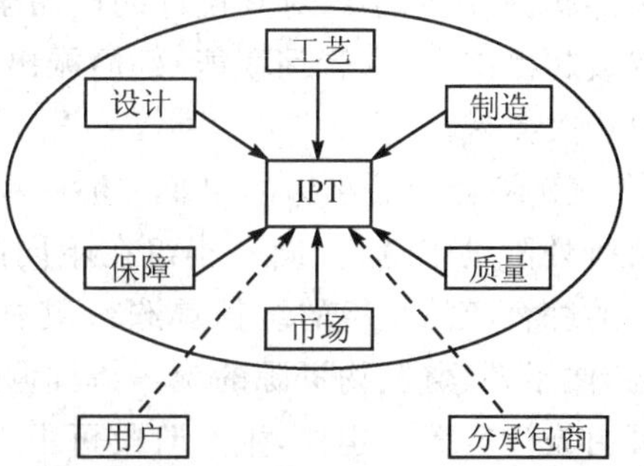

图 8.3　IPT 组织结构

以美国洛克希德飞机公司研制第四战斗机 F－22 为例，其共组建了飞行器系统顶层、6 个主要分系统及下属设备 3 个层次的 84 个 IPT 机构，参见图 8.4。

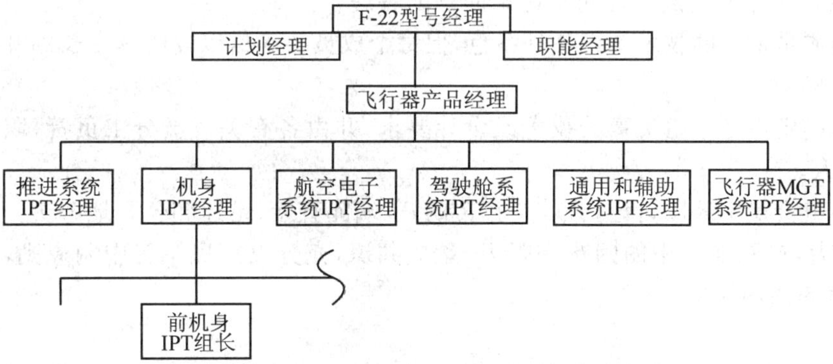

图 8.4　洛克希德公司 F－22 的综合产品研制组织机构

（2）综合产品小组的主要职责

1）顶层的综合产品小组的主要职责

① 负责系统全面的协调和管理；

② 根据用户需求确定产品的综合设计要求，并制订相应的系统规范；

③ 负责制定产品的总体方案（配置），该方案应包括技术方案和生产、保障方案；

④ 负责对下属的综合产品小组提供总的指导并审核其工作；

⑤ 征询用户意见，并注重市场跟踪与分析。

2）分系统或设备层的综合产品小组的主要职责

① 制订研制策略及工作计划；

② 实施研制工作；

③ 评审设计和过程；

④ 负责该小组产品全面的协调和管理；

⑤ 制订并实施验证试验计划、方法。

（3）组建综合产品小组的注意事项

① 综合产品小组必须以产品为中心，而不是以职能部门为中心来组建。小组成员来自有关的部门，他们被授权代表原部门开展工作，对小组组长负责。有条件的话，可以考虑将小组成员集中办公，以提高工作效率。一般而言，围绕产品的有关工作应在该产品的综合产品小组内部解决，IPT 小组对其设计的产品全面负责。当在某一方面，需要该专业（管理职能）部门支持或超出该专业（管理职能）部门派出人员行为能力时，可由派出人员向原部门领导报告以取得相关支持。

② 综合产品小组的组长一般由项目行政或技术负责人担任，要根据综合产品小组的层次及所处阶段来选定，同一小组在不同阶段其组长可由不同方面的人选来担任。例如：系统顶层的综合产品小组的组长首选行政总指挥或项目经理，这样便于设计、制造及保障的并行综合，便于人、财及物资源的统一指挥调度。而产品或设备级的综合产品小组的组长在研制阶段可由设计负责人担任，生产阶段可由工艺（或工程）负责人担任，综合产品小组的成员在不同阶段可根据工作需要作适当调整。

③ 小组成员之间要乐于合作，能专心本职工作，并能不断地接受项目技术方面的挑战。

④ 小组的目标要明确，并征得每个小组成员的同意，使小组成员能一致朝着相同的目标努力，每个成员都相互理解彼此对被讨论问题的看法。

⑤ 小组成员带来的技术知识各具特色，但每个成员要确信以其所具专长的知识、经验，定能完成共同的目标。

⑥ 应当确定由各小组负责的技术或设计要求，并由各有关成员分工负责，职责必须分解落实到岗到人。

⑦ 在小组会议中鼓励讨论，分歧是正常的，争端能直接、迅速和公开地解决。小组工作重点是共同努力，排除前进中的困难和阻力，达成共识，充分发挥民主集中制原则，少数服从多数，取得项目的预期成功。

8.6.2 确定产品与过程要求的规范化运作方式

（1）运用质量功能展开技术（QFD）将用户需求转化为产品与过程要求

① 产品规划矩阵；

② 部件、零件展开矩阵；

③ 过程规划矩阵；

④ 生产规划矩阵。

(2) 产品要求的分析与权衡

产品要求的分析和权衡的目的是综合考虑产品的技术特性、使用特性以及费用、进度和风险等约束后得出一套较优的系统参数。权衡的规范化方法与步骤如图 8.5 所示。

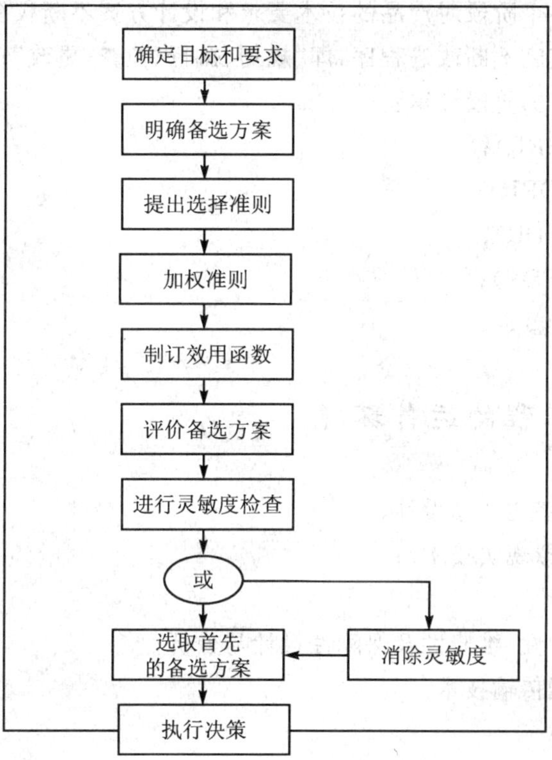

图 8.5　权衡分析的规范化流程

(3) 产品要求的管理

1) 在确定产品要求过程中的管理

① 必须组建由多个专业的顶层技术与管理人员组成的多功能小组，负责将用户需求转化成产品的技术要求，并制订相应的技术要求顶层文件。

② 在利用 QFD 确定产品过程要求时，应根据不同的研制阶段及时发展出相应的 QFD 矩阵。亦即要求在论证阶段完成系统级的产品规划矩阵；在方案阶段完成分系统与部件、零件的展开矩阵；在工程研制阶段的详细设计完成时完成过程矩阵；在工程研制阶段结束时完成生产规划矩阵。

③ 对产品要求的分析和权衡管理。

2) 在产品要求确定后的管理

① 对产品要求进行技术状态管理。

② 对产品技术要求进行过程监控。

8.6.3　研制过程的并行运作方式

① 在研制过程中对产品自身的设计及其相关的制造过程和保障过程要同样重视，采取并

行运作，产品研制过程并行运作的一般程序如图 8.5 所示。

② 传统工程、生产工程和专门工程的综合、并行运作；

③ 运用 QFD 方法保证用户需求主宰产品研制过程；

④ 在研制过程中各个阶段对产品的技术要求和设计方案不断权衡和优化；

⑤ 并行研制过程实施不断改进程序，即“规划、执行、检查、更改”；

⑥ 并行研制过程中的阶段评审：

a) 系统要求评审(SRR)；

b) 研制要求评审(DRR)；

c) 初步研制评审(PDR)；

d) 最终研制评审(FDR)；

e) 产品最终审核与鉴定。

8.6.4 并行工程的运作环境

① 100%的三维数字化产品设计；

② 电子样机(含虚拟现实技术)；

③ 数字化预安装；

④ 计算机辅助可靠性、维修性及保障性设计与分析；

⑤ 交互通信与数据传输技术。

8.7 并行工程中的质量管理

并行工程为缩短研制周期、提高质量、降低寿命周期费用提供了有效的途径，其工作模式需要一种新的组织管理体制与之相适应。这种体制将打破原有的严格的部门界限，建立一种以产品为中心的新型的合作协调关系；将改变原有的工作程序，使设计、生产、保障、质量与可靠性并行综合以追求整体效率和效益。这必然涉及一个问题，即这种组织管理体制与企业现有的按标准建立起来的质量管理体系是否相容，过程质量控制如何实施。

8.7.1 并行工程与全面质量管理

并行工程由系统工程发展而来，但它又吸收了全面质量管理 TQM 的精华，溶入了 TQM 的基本思想，两者在以人为本、领导支持、持续改进、用户满意、协同工作、注重过程及重视培训等方面具有十分相似的观点，如表 8.3 所列。因此，可以说并行工程是系统工程思想与 TQM 理论在产品研制过程和管理过程的全面应用。

表 8.3　并行工程与 TQM 的相似观点比较

基本原则	并行工程的观点	TQM 的观点
以人为本	• 掌握相关的知识与技能的人员集成 • 讲究人员之间的协调	• 全员参与 • 人力资源与经济效益密切相关
领导支持	• 成立综合产品小组 • 明确职责及管理文化	• 强调领导对质量负责，亲自抓质量 • 管理层参与 TQM 小组工作
持续改进	• 并行研制过程是一个不断地、连续地改进的过程 • 及时反馈，尽早改进，避免损失	• 改进与提高是 TQM 的根本原理 • 讲究全方位、全过程的不断改进
用户满意	• 注重用户需求，由用户需求演变为产品及过程要求 • 主张用户或其代表参与综合产品小组	• 倡导供应商与用户的联系 • 确立用户至上的思想
协同工作	• 建立多层次的综合产品小组 • 讲究协作精神 • 强调协同效率	• 全员参与、共同努力 • 视情成立 TQC 小组 • 应用参与式管理方式
注重过程	• 讲究一体化、并行式的过程设计 • 控制过程、缩短过程、提高效率	• 强调全过程管理 • 注重全方位控制
重视培训	• 专业培训、并行工程原理与方法培训 • 提高人员的综合素质	• 讲究全员培训 • 专业技能培训与质量管理思想及方法的培训相结合

8.7.2　并行工程与 2000 版质量标准

质量体系标准发展到 2000 版，逐步走向成熟。新版标准克服了 94 版的缺陷，而更主要的是全面质量管理的哲理充分反映到了质量体系建设之中。质量管理体系运行的核心思想是加强过程管理，以过程为控制对象，持续改进过程来提高企业的业绩，从而满足用户的要求，使用户满意，而这又正是并行工程实践中的核心内容。所以说，并行工程与 2000 版质量标准的基本原则是一致的，两者相互适应。具体表现在：

① 运行的目标都是针对用户。并行工程强调重视用户要求，要尊重用户的意见(VOC)，针对用户需求来建立产品或过程要求，新版质量管理体系则强调以用户为中心，要使用户满意，并对用户的满意度进行监控。

② 运行的方法都是过程管理，尤其强调对过程的筹划、设计和控制。强调过程中信息的及时沟通、反馈；强调对资源特别是信息资源的充分利用，以使过程协调有效，质量高。

③ 获益的基点都是持续改进，尤其强调对过程的改进。持续改进过程、合理安排过程以及严格控制过程是缩短开发周期、减少开发成本和提高产品质量的有效方法和根本途径。

综上所述，2000 版 ISO 9000 系列标准的颁发与实施为并行工程的有效运行创造了良好的环境，而并行工程中质量管理的核心是以用户满意为目标，注重过程质量控制，强化并行交叉模式下的技术状态管理(特别是要完善电子版状态的审签管理制度),并实施持续的改进,以达到提高产品质量、缩短周期和减少费用的最终目的。

8.8 并行工程中的RMS管理

8.8.1 并行工程中RMS的作用和地位

这里的RMS是指reliability(可靠性),maintainability(维修性)和supportability(保障性)首字母的缩写。

现代先进武器装备研制中包括的工程专业越来越多,一般分为三大类,即传统工程专业、生产工程专业和专门工程专业。

传统工程专业是指与传统的产品设计相关的工程专业,如空气动力学、机械学、力学、结构学和电子学等等。

生产工程专业是指各种生产系统设计和各类制造工艺技术门类。

专门工程是指与装备战备完好性和任务成功性密切相关的工程专业,如可靠性、维修性、测试性、保障性、安全性、人素工程等特殊专业。这些专业均与产品故障的发生、发展、预防与消除密切相关;其核心是可靠性、维修性和保障性专业,因为它们对工程系统的设计影响最大。

并行工程的实质就是将传统工程、生产工程和专门工程(RMS等工程)专业相综合,使这三项工程的专业技术能并行地、协调地、交互作用地融入研制过程,使产品的传统性能与质量特性同时得以满足并予以优化。

鉴于传统工程和生产工程的技术已较为成熟,特别是与之相应的计算机辅助工具CAD-CAM也日趋完善,所以在产品研制中设计—生产一体化技术的应用已较广泛。因而有人误将这种一体化技术当作是"并行工程",而忽视了更为重要和更具挑战性的RMS综合技术。在寿命周期的所有要素中,RMS等要素都是对寿命周期费用和装备效能起决定性影响的。就现代工程项目而言,其全寿命周期费用LCC中,使用保障费用占60%,而RMS对使用有重大影响。倘若在装备研制中没有充分考虑RMS要素,则使用保障费用将进一步增加到占LCC的80%左右。因此,RMS综合作为并行工程中不可分割的重要组成部分,要求从产品研制一开始就考虑RMS的诸要素。可以说,没有RMS综合就没有并行工程。

① 美国F-22在方案阶段将40%的工作量放在RMS综合上;

② 波音777则从一开始就全力开发用于维修性、保障性设计的计算机虚拟现实技术和CALS技术。

8.8.2 将RMS综合进并行工程中的要素

① 在组织上,通过建立包括RMS工程人员在内的多功能、多专业的综合产品研制小组,为把RMS综合进并行工程提供组织上的保证。

② 在确定产品及其过程要求时,通过QFD这一规范化的方法,将RMS的技术要求纳入

QFD 矩阵，以确保用户的 RMS 要求得以实现。

③ 在产品及其过程的并行研制过程中，有机地将 RMS 等专业工程，在研制过程的各个阶段(从用户需求、方案设计……直至产品交付)纳入到产品研制过程中。

④ 在综合的计算机辅助工程环境中，引入可靠性维修性测试性安全性保障性(R. M. T. S. S)CAD 技术，使已有的 CAD－CAM 工具与 R. M. T. S. S－CAD 综合在一起，为产品的可靠性、维修性和保障性设计提供有效的技术支撑。

8.8.3　传统工程与专门工程的并行研制框架

如图 10.6 所展示的是较为典型的将传统工程与专门工程相综合的并行研制过程，即在进行工程系统功能分析时，应同时进行 RMS 分析；在进行性能设计时，应同时进行 RMS 设计和保障方案的设计；随后通过系统综合权衡选出优化的设计方案和保障方案并据此进行详细设计。

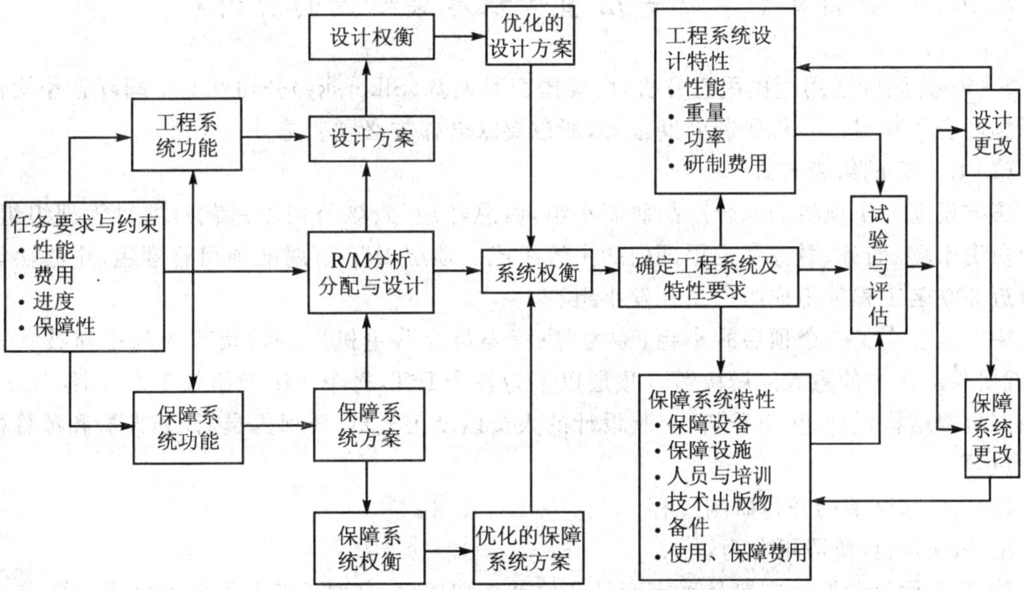

图 8.6　传统工程与专门工程的并行研制框架

8.9　并行工程的应用案例

8.9.1　并行工程在教八飞机研制中应用试点

教八飞机是我国空军 90 年代初新研制的基础教练机，具有研制周期短、经费少且研制质量要求高等特点。为此，南昌飞机制造公司运用并行工程的概念在教八飞机的设计阶段做了初步的尝试，并取得了一定的成效。

① 建立综合产品研制管理组织：成立了1个顶层IPD管理组和2个IPTS小组。

② 人员培训、转变观念：实现从单纯追求性能到全面重视综合效能；从各部门成员各行其是到以产品为中心强调协同、并行和综合的观念转变。

③ 制订IPDM实施方案。

④ IPDM的实施范例：

- 仪表板布局优化设计；
- 发动机拆装方案；
- 在设计方案中充分考虑工艺要求；
- 在设计方案中充分考虑综合保障要求；
- 充分考虑可靠性、安全性要求；
- 制造过程与设计过程并行研制，缩短生产准备时间。

⑤ 综合产品研制管理的实施效益。

8.9.2 并行工程在S-92直升机尾梁研制的应用

S-92是国际通用型民用直升机，由美国西科斯基(Sikorsky)公司和5个国际合作伙伴共同承担的合作项目。飞机研制周期很短，所以要求合作方必须实施并行工程。

(1) S-92的组织方式

美方设立一个顶层的综合产品研制小组，由总经理(兼该公司副总裁)，项目管理组组长，以及负责市场、商务、财务和工程部门的主管组成。顶层IPT下属的项目管理组、中心协调组是由近300名工程师组成的产品开发小组。

中方也设立了一个顶层的小组，称为“决策委员会”，主机厂(所)负责人与中航技代表组成，就研制工作中的重大问题决策。顶层以下为各个IPT，每个小组设组长1人，副组长2人，组内有负责结构设计、重量分析、工装设计的人员以及工艺员、质保人员、计划人员和计算机保障人员等。

(2) 设计、制造的并行研制过程

S-92的设计阶段可分为：

① 25%设计阶段。主要是确定产品几何基准和接口，并对工艺与可生产性提出要求。

② 40%设计阶段。运用三维实体模型进行结构分析、确定尺寸与重量。

③ 65%设计阶段。主要任务是减轻重量。通过打样、余度分析修改结构方案以减轻重量。

④ 100%设计完成阶段。发放符合设计规范要求与标准的二维图纸、零部件明细表及图纸脱机。

在设计过程中，制造工装、夹具及零部件制造等与设计并行进行；工厂工装、夹具及模具等均一次到位，无生产定型阶段。工艺审查也贯穿于产品设计全过程。

(3) 先进的计算机辅助工程环境

S-92研制中采用了先进的计算机辅助工程环境CATIA软件包。该软件的功能为：

① 进行100%的三维数字化产品设计，产生唯一的电子数据库。

② 数字化预安装，在计算机上进行结构与系统的协调。

③ 计算机辅助的结构分析、重量分析及工装设计。

④ 零件、模具的数控加工。

(4) 并行工程与传统设计方法的比较

以下是 S-92 研制人员对并行工程与传统设计方法的比较,详见表 8.4。

表 8.4　并行工程与传统设计方法比较

项　目	并行工程	传统方法
结构设计	二维实体	一维图形
结构设计、分析、重量的关系	三者交叉进行	常规顺序
设计和制造的关系	并行进行	常规顺序
图纸审查	小组集体评审	个人各自评审
图纸发放	陆续分批发放	全部图纸一次发放
设计周期	较长	较短
产品研制周期	短	长
设计工具	CATIA 软件包	硫酸纸上作业
设计任务分配	一人一项任务	一人多项任务
工作方式	集中一处办公	各职能部门异地办公
计划管理方式	动态管理	静态管理

(5) S-92 实施并行工程的效益

S-92 采用了并行工程后,提高了产品质量,降低了成本,缩短了研制周期。

① 提高了产品质量:大量减少了由于不协调而引起的设计更改,在总共 85 套 10000 张图纸中只更改了 75 张,工装、夹具、斜梁等都是一次到位,没有返工现象。

② 降低了成本:降低了由于设计更改和返工带来的工时和器材消耗成本。节省了做协调样机、进行静力试验以及疲劳试验等的费用。

③ 缩短了研制周期:由于减少了设计更改和返工,使研制周期大为缩短。从开始设计到向美方交付首件斜梁只用了 16 个月,采用并行作业,使设计和制造过程并行进行能节省大量时间,例如 S-92 前梁从完成设计到发图,只用了 15 天,经过 2 个月时间就完成了该前梁制造。

复习思考题

8-1　什么是并行工程?如何理解并行工程的基本思想?

8-2　实施并行工程能够产生什么效果?

8-3　简述并行工程的运行特性。

8-4　简述综合产品开发组一般构成。

8-5　并行工程中如何开展质量管理?

8-6　并行工程中如何开展可靠性维修性保障性等管理?

第9章 健壮性设计

9.1 健壮性设计概述

9.1.1 健壮性设计的发展历程

健壮性设计又称稳健性设计或鲁棒设计(Robust Design)。健壮性设计是质量设计的新理念和新思维,是一种科学、高效的质量工程优化设计技术,它是现代质量工程技术的重要组成部分,而田口方法则是健壮性设计的核心技术。田口方法是20世纪70年代日本著名质量工程学家田口玄一博士所创立的一种新的质量工程新技术和新方法,这种设计方法将传统的产品设计程序归纳为三个相继的过程来完成产品的优化开发,即通过系统设计、参数设计和容差设计三个主要过程完成产品的高可靠、高效率及低成本的优化开发,因此,也称为三次设计。其主要思想是通过三次设计使得产品的性能等质量特性对产品生产过程中容许的参数波动及产品使用环境容许的参数波动不敏感,即使产品组成部分的性能参数在其寿命周期内出现一定的在容许范围内的漂移,产品还能完成规定的功能和任务。这种设计方法的目的在于提高产品输出特性的抗干扰性,也即提高产品的健壮性。因此,通常将该方法称之为健壮设计,也有人根据其英文 Robust Design 将其称为鲁棒设计。

健壮性设计技术自创立以来,已经在日本、欧美广泛应用于产品设计、工艺设计、计量测试和技术开发。进入21世纪以来,其应用已经由工业界发展到生物工程技术研究等领域,同时由硬件产品的功能性开发发展为软件功能性评价,其应用范围越来越广泛,其有效性也越来越显著。资料表明,在日本,每年用健壮性设计方法取得的成果数以十万计;在美国,每年用健壮性设计方法取得的成果大约有5 000个以上。20世纪80年代中期以来,田口方法引入中国,我国兵器、机械和航空等国防科技工业大力推广应用田口方法,尤其是兵器工业,历年来在研究应用田口方法方面已经取得了几百项成果。田口方法应用于我国国防工业领域,对于提高产品研制质量和可靠性、缩短产品研制周期以及节省产品研制费用发挥了很大作用。

9.1.2 减少波动设计思想

健壮性设计的主要目的在于减少产品质量特性的波动性。产品的质量波动大小一般可用产品的容差或概率容差来反映。

容差(tolerance limit)是指在给定条件下一个物理量 X 可能的最大值范围$[X_L, X_U]$,或记为$[X_-, X_+]$。

例如,某合格金属膜电阻器的阻值标称值为100 kΩ±2%,即该合格的金属膜电阻器阻值的容差为[98,102] kΩ。

概率容差(probabilistic tolerance limit)是指在给定条件下,对给定的概率 γ 而言,一个物理量 X 以概率 γ 的取值范围[X_L^*,X_U^*],或记为[X_-^*,X_+^*]。

例如,设一个电路的输出电压 U 为正态分布随机变量,均值 $\mu=40$ V,标准偏差 $\sigma=2$ V,则对 γ 为 99.7%而言,U 的取值范围为[$\mu-3\sigma$,$\mu+3\sigma$],即[34,46] V,亦即 $P(U\in[34,46]\ \mathrm{V})=$ 99.7%。

一般产品由多个元部件构成,每一元部件的参数值有一定容差,它取决于设计、工艺及材料等因素;产品使用的环境条件在规定范围内也有一定变化,从而产品的质量特性值必然存在一定的容差,即波动。容差大的设计、工艺、材料在一般情况下的造成产品可靠性不太高且较难维修,故在产品设计、工艺及选材方面应努力减少质量波动,在降低费用的同时,应致力于提高产品的可靠性。这种设计思想称之为“减小波动设计” VRD(variability reduction design)。

很多企业把执行 VRP(variability reduction program)即“减小波动计划”作为产品质量改进计划的一个组成部分。

9.2　健壮设计的基本原理

9.2.1　基本概念与术语

① 静态特性:具有单一目标值的计量特性称为静态特性。目标值是指希望尽可能达到而在工程实际中却未必能够达到的质量特性值。静态特性一般可分为望目特性、望小特性、望大特性及望零特性四种类型。

② 望目特性:存在固定目标值,希望质量特性围绕目标值波动,且波动越小越好,这样的质量特性称为望目特性。例如按照图纸规定 $\phi10$ mm±0.05 mm 加工某种零件,则零件的实际尺寸就是望目特性,其目标值 $m=10$ mm。

③ 望小特性:不取负值,希望质量特性值越小越好(理想值为 0,即望零特性),且波动越小越好,这样的质量特性称为望小特性。例如零件部件摩擦表面的磨损量、测量误差、化学制品的杂质含量或有害物质含量、轴承类机械零件的不圆度及不同轴度等均为望小特性。

④ 望大特性:不取负值,希望质量特性值越大越好(理想值为∞),且波动越小越好,这样的质量特性称为望大特性。例如机械零部件的强度、产品的寿命以及塑料制品的可塑性等均为望大特性。

⑤ 望零特性:可取正值或负值,质量特性值的绝对值越小越好,质量特性值以零为目标值,且希望质量特性的波动越小越好,这样的质量特性称为望零特性。它既不同于望目特性,也不同于望小特性(望小特性不取负值)。例如测量误差属望零特性。

⑥ 动态特性:目标值可变的望目特性,称为动态特性(与此相反,望目特性、望小特性和望大特性,统称为静态特性),是指为了实现变动的目标值,通过发出相应的信号或改变相应的条件而改变输入值,希望系统的输出特性随着输入值的变化而相应地变化,且波动越小越好的质量特性。例如考虑汽车的转弯性能时,方向盘的转向角是信号因素,汽车的实际转弯半径是

动态特性。所谓汽车的转弯性能好，是指转弯半径随着方向盘的转弯角度变化而响应变化，且波动要小。

⑦ 外干扰(外噪声)：由于使用条件及环境条件(如温度、湿度、位置、输入电压、磁场、操作者等)的波动或变化，引起产品质量特性值的波动，称之为外干扰，也称为外噪声。

⑧ 内干扰(内噪声)：产品在贮存或使用过程中，随着时间的推移，发生材料变质等老化、劣化现象，从而引起产品质量特性值的波动，称之为内干扰，也称为内噪声。

⑨ 产品间干扰(产品间噪声)：在相同生产条件下，生产制造出来的一批产品，由于机器、材料、加工方法、操作者、测量误差和生产环境(简称5M1E)等生产条件的微小变化，引起产品质量特性值的波动，称之为产品间干扰，也称为产品间噪声。

⑩ 可控因素：在试验中水平可以人为加以控制的因素，称为可控因素。

⑪ 标示因素：在试验中水平可以指定，但使用时不能加以挑选和控制的因素称为标示因素。

⑫ 误差因素：引起产品质量特性值波动的外干扰、内干扰及产品间干扰统称为误差因素。

⑬ 稳定因素：对信噪比有显著影响的可控因素，称为稳定因素。

⑭ 调整因素：对信噪比无显著影响、但对灵敏度有显著影响的可控因素，称为调整因素。

⑮ 次要因素：对信噪比及灵敏度均无显著影响的可控因素称为次要因素。

⑯ 信号因素：在动态特性的健壮设计中，为实现人变动着的意志或赋予不同目标值而选取的因素，称为信号因素。

⑰ 健壮：指质量特性的波动小、抗干扰能力强。

⑱ 信噪比：健壮设计中用以度量产品质量特性的健壮程度的指标。

⑲ 灵敏度：健壮设计中用以表征质量特性可调整性的指标。

⑳ 健壮设计：以信噪比为指标，以优化健壮为目的的设计方法体系。

㉑ 内设计：在健壮设计中，可控因素与标示因素安排在同一张正交表内，进行试验方案的设计。相应的正交表称为内表(内侧正交表)，所对应的设计称为内设计。

㉒ 外设计：在健壮设计中，将误差因素和信号因素安排在一张正交表内，进行试验方案的设计。相应的正交表称为外表(外侧正交表)，所对应的设计称为外设计。

9.2.2 健壮设计原理

健壮设计是以追求产品质量特性的健壮、抗干扰性为目的的一种新的优化设计方法，其基本原理如下：

① 以信噪比作为健壮指标，信噪比最大的设计方案就是抗干扰性最强、健壮最好的设计方案。

② 以误差因素模拟三种干扰，特别是模拟内干扰、外干扰。

③ 设计分三个阶段进行，即系统设计—参数设计—容差设计，系统设计是基础，参数设计是核心。

④ 在参数设计阶段，先进行信噪比分析，通过优选稳定因素，使设计方案健壮最好。其次，进行灵敏度分析，通过调整因素，来调整设计的系统偏差。

⑤ 以正交表为工具进行内设计、外设计,以此来大幅度地减少试验次数。

⑥ 在容差设计阶段,谋求质量与成本的最佳平衡,以此来合理确定参数的公差范围。

9.2.3　健壮设计基本程序

产品的健壮设计是可以分为三个相继的阶段进行的优化设计方法,其基本程序为系统设计、参数设计及容差设计,即三次设计,如图 9.1 所示。

图 9.1　三次设计程序

① 系统设计:根据专业知识设计产品的初样使产品达到用户所要求的功能。

② 参数设计:优选参数的最佳搭配,使产品健壮最好。

③ 容差设计:选取元部件公差的合理搭配,使质量和成本达到最佳平衡,从而使产品具有竞争能力。

1. 系统设计

系统设计在产品与技术开发中居于重要地位,但该过程主要依靠工程技术人员运用其专业技术支持来完成。

系统设计的主要任务可以归纳为三点:

① 根据用户需求确定产品的功能要求,即质量特性、质量特性目标值及其容差。

② 设计或确定产品的基本结构、零部件形状、材料、参数范围及组装系统。

③ 确定质量特性与元部件参数及其主要影响因素是否存在确定的理论关系或数学模式,即输出与参数之间的解析表达。若存在确定的数学关系,只需要通过计算就可获得分析最佳设计方案的质量特性数据;若不存在确定的数学关系,则可以通过试验获得质量特性数据。这两种情况分别称为可计算性三次设计问题和不可计算性三次设计问题。显然,可计算性的三次设计问题将会极大降低设计成本。

设计人员根据产品所要求的功能,对产品的结构与功能构成进行设计。一般是提出达到同样功能要求的若干个系统设计方案,根据各方案的优缺点,综合权衡最终选定一个方案。

产品要求的功能 Y 与系统设计所确定的组成部分特性 $X_1, X_2, \cdots, X_n$ 存在一定关系:

$$Y = F(X_1, X_2, \cdots, X_n) \tag{9.1}$$

这里,F 在某些情况下是已知的。例如,某些电路的输出与组成部分的电子元件的参数的关系可以用解析式表达,此时,Y 是“可计算的”。但很多产品有非线性部件、有源部件等,故 $F(X_1, X_2, \cdots, X_n)$ 只有粗糙的近似表达式或不能用解析式表达,这时 Y 是不可计算的。某些材料的性能取决于它的杂质及微量元素含量的百分率,这类 $F(X_1, X_2, \cdots, X_n)$ 一般是不能通过理论分析用解析式表达的,最多只能通过大量的试验,将试验结果进行多元分析求出近似关系式。

对静态特性而言,系统设计系指对经过市场研究后纳入企业规划的产品所进行的功能模型系统的设计。

动态特性的系统设计系指对适用于系列产品的通用技术或适用于动态工艺要求的工艺技

术所进行的功能模型系统的设计。

2. 参数设计

参数设计就是应用参数组合与输出质量特性的非线性关系，通过对试验数据的定量统计分析，找出成本最低、稳定性最好的参数组合的过程。确定关键特性参数的值，亦即对 Y 值有一定的要求后，选择恰当的 $X_1, X_2, \cdots, X_n$ 值。理想的情况是对 Y 值进行优化设计。但很多工程技术人员在这一设计阶段下的工夫不深。由于一般情况下，满足 Y 值要求的 $X_1, X_2, \cdots, X_n$ 往往不止一组解，找到一组解不一定很困难，因此不少工程技术人员在找到一组解后就转入第三阶段“容差设计”。

田口的创造性就在于他指出即使 $X_1, X_2, \cdots, X_n$ 有给定的容差，不同组解（$X_1, X_2, \cdots, X_n$）得出的 Y 的容差不一定相同，即得出的 Y 的波动是不一定相同的，因此需要从减少目标值 Y 的波动来优化参数。Y 的波动小了，质量就提高了。或者从另一方面来看，在满足 Y 波动要求的条件下，可以适当放宽某些 X 的容差，亦即使用一些精度要求低一些的组成件，这就可以降低成本。

参数设计是实现低成本、高质量的最有效阶段，是三次设计的核心。参数设计应在系统设计之后进行。

参数设计的基本思想是选择不同的设计方案，即不同的可控因素水平组合，其质量特性均值 μ 和抗干扰能力 σ^2 均不同。参数设计的任务就是利用质量特性与参数组合之间的非线性关系，选择功能性最好的参数组合，使得均值 μ 等于目标值 m，且质量波动 σ^2 最小。

在传统的设计中，一般不进行参数设计，而是根据原理或经验直接确定参数的均值和容差。当产品不能满足用户要求时，常通过提高元部件的质量等级来提高产品质量，其结果是常会造成质量成本的增加。而参数设计就是运用不同的参数组合与输出质量特性之间的非线性关系，通过对试验数据的定量分析，找出成本最低和健壮性最好的参数均值组合的过程。

参数设计的一般方法如下：

① 使用正交表设计不同的备选（试验）方案，常采用 $L_{18}(2^1 \times 3^7)$ 正交表。

② 最佳方案的选择可以通过分析在各种误差因素综合影响下质量特性输出值的信噪比 SN 来描述。用信噪比来衡量各试验方案的健壮性，信噪比（SN 比）最大的设计方案，一般为最优设计方案。

③ 使用低等级的元部件（常使用三级品）或最宽的工艺条件进行参数设计，以获得最佳质量经济性。

3. 容差设计

在参数设计过程中，基本达到了产品成本与质量之间的均衡，实现了采用低等级元部件而输出质量特性和功能性最稳定的目的。如果此时产品的质量特性已经满足了顾客的要求，可以不单独进行容差设计。如果经过参数设计的产品质量特性和功能性仍然不能满足顾客的需求，此时，只有通过选用较高或高等级的元部件来压缩误差因素的波动范围来实现。然而，压缩容差将会造成成本增加的矛盾。解决这一矛盾的方法一般是在总损失最小的原则下进行权衡，采取最佳决策，确定误差因素的最合理容差。

容差设计的主要任务：

① 分析并找出对质量波动影响最大的误差因素作为重新确定容差(即压缩容差)的对象。

② 提出多种(一般两种以上)的容差设计方案,分别计算并比较各种方案质量损失下降费用与成本增加费用,选择总损失最小的容差设计方案。

③ 如果参数设计中经过因素的调整,质量特性均值 μ 与目标值 m 尚存在偏差 Δ($\Delta=\mu-m$),在容差设计过程中可进一步找出与质量特性 Y 呈线性关系的误差因素,通过调整其中心值,使得其均值 μ 等于中心值 m,以减小中心值偏移造成的质量波动。

容差设计是三次设计的最后一个过程,在参数设计完成后进行。参数设计已在成本最低的前提下确定了产品健壮性最优的设计方案,即确定了产品(或工艺)参数的名义值。若经参数设计的质量特性的稳定性仍不满足要求,此时只有压缩误差因素的波动范围来实现。容差压缩势必带来高成本,容差设计就是在参数设计基础上,在总质量损失成本最小的原则下,采取最佳决策确定误差因素的最合理容差的过程。

对给定构造的对象而言,每一组成成分的物理参数有一个可能的选择范围,如何在这容许选择范围内,选定一组组成成分的物理参数值,使对象的输出参数值满足要求,且参数值的信号噪声比 η 最小,这一设计过程称之为"容差设计"。它是"减少波动设计"的一部分。

田口提出了一种规范化的设计程序,通过正交试验,对信号—杂音比及灵敏度进行分析,确定稳定因素及调整因素。利用稳定因素控制稳定性,利用调整因素将产品特性调到目标值。田口的这一方法已成为稳定性或 VRP 设计中的一项重要设计技术。

综上所述,三次设计是通过应用正交设计、方差分析、回归分析、质量损失函数、信噪比及灵敏度等工具进行试验安排和试验设计分析,找出性能和功能最好的参数组合中心值和合理容差的过程。三次设计的目的在于以最低的成本实现产品或技术的最佳功能及性能,实现成本与质量的均衡。

在工程实际设计中可以根据具体情况对三个设计过程进行必要的剪裁。对产品开发而言,一般要进行以上三个阶段设计的全部程序。对技术开发而言,通常不进行容差设计。当产品规划确定后,针对具有确定质量要求的产品再进行容差设计。

9.3　健壮指标定义及计算公式

9.3.1　信噪比

田口认为,任何产品的输出特性总不可能保持不变,而是永远处于不断变化的状态,这种变化称之为波动。引起波动的原因,不外乎内干扰、外干扰及产品间干扰。

产品的健壮性,就是产品抗干扰的能力。抗干扰能力越强,健壮性越好;反之,健壮性越差。

田口先生用信噪比(SN 比或 η)作为度量产品健壮性的指标。所谓 SN 比,即

$$\eta=\frac{\text{信号的功率}}{\text{噪声的功率}}=\frac{P_S}{P_N} \tag{9.2}$$

实际上,信噪比源于通信理论,所谓信噪比大,即信号强而噪声(干扰)小。例如,一套音响

设备，如果音量大而没有杂音，这套音响就是健壮好的产品。

为了对质量进行评价，需要对质量特性值的波动进行分析研究。在各种设计、工艺和试验条件下，如果有若干质量特性值，设输出特性值与目标值之差为 $y_1, y_2, \cdots, y_n$，在质量工程中经常应用的评价指标有：

(1) 全波动(S_T)

$$S_T = y_1^2 + y_2^2 + \cdots + y_n^2 \tag{9.3}$$

(2) 一般评价波动(S_m)

$$S_m = \frac{y_1^2 + y_2^2 + \cdots + y_n^2}{n} \tag{9.4}$$

(3) 误差波动(S_e)

$$S_e = S_T - S_m \tag{9.5}$$

(4) 误差方差(V_e)

$$V_e = \frac{S_e}{n-1} \tag{9.6}$$

(5) 信噪比(η)

$$\eta = \frac{\frac{1}{n}(S_m - S_e)}{V_e} \tag{9.7}$$

(6) 灵敏度(S)

$$S = \frac{1}{n}(S_e - V_e) \tag{9.8}$$

其中，在质量工程中用得较为广泛的质量评价指标是信噪比(SN 比或 η)。不同产品的输出特性，其 SN 比(η)的计算公式也不同。

1. 望目特性信噪比

(1) 定　义

设质量特性 y 的期望值为 μ，方差为 σ^2，则

$$\eta = \frac{\mu^2}{\sigma^2} \tag{9.9}$$

称为期望目特性信噪比。式中，$\mu = E(y)$ 为 y 理论平均(数学期望)；$\sigma^2 = D(y)$ 为 y 的波动方差。

(2) 计算模型

公式(9.9)是一个理论公式，通常 μ, σ^2 真值未知。如果测得质量特性 y 的 n 个数据 $y_1, y_2, \cdots, y_n$，期望特性信噪比 η 的估计方法为

1) 求 σ^2 的估计

$$\sigma^2 = V_e = \frac{1}{n-1}\sum_{i=1}^{n}(y_i - \bar{y})$$

2) 求 μ^2 的估计

$$\mu^2 = (\bar{y})^2 - V_e = \frac{1}{n}\sum_{i=1}^{n}(S_m - V_e)$$

3）求 η 的估计

$$\hat{\eta}=\frac{\hat{\mu}^2}{\sigma^2}=\frac{\frac{1}{n}(S_m-V_e)}{V_e}$$

4）以分贝为单位表示的信噪比（η）

$$\eta=10\lg\frac{\frac{1}{n}(S_m-V_e)}{V_e} \tag{9.10}$$

特别地，如果 $n=2$，上式可以简化为

$$\eta=10\lg\frac{2y_1y_2}{(y_1+y_2)^2}$$

2. 望小特性信噪比

（1）定　义

设质量特性 y 的期望值为 μ，方差为 σ^2，称

$$\eta=\frac{1}{\mu^2+\sigma^2} \tag{9.11}$$

为望小特性信噪比。

（2）计算模型

同样，如果测得质量特性 y 的 n 个数据：$y_1,y_2,\cdots,y_n$，可推导出望小特性信噪比 η 的估计公式模型为

$$\eta=-10\lg\frac{1}{n}\sum_{i=1}^{n}y_i^2 \tag{9.12}$$

3. 望大特性信噪比

设质量特性 y 为望大特性，则 $\frac{1}{y}$ 为望小特性，即经过倒数变换将望大特性转换为为望小特性。如果测得质量特性 y 的 n 个数据 $y_1,y_2,\cdots,y_n$，望大特性信噪比 η 的估计公式为

$$\eta=-10\lg\frac{1}{n}\sum_{i=1}^{n}y_i^2 \tag{9.13}$$

4. 动态特性信噪比

（1）定　义

输出特性 Y 与信号因素 M 存在线性关系

$$Y=\alpha+\beta M+\varepsilon \tag{9.14}$$

式中，ε 服从正态分布 $N(0,\sigma^2)$。

则动态特性的信噪比计算公式为

$$\eta=\frac{\beta^2}{\sigma^2} \tag{9.15}$$

（2）计算方法

设信号因素 M 取 k 个水平 $M_1,M_2,\cdots,M_k$，在 M 的每一水平下进行了 r_0 次试验，试验数

据详见表 9.1 所示。

表 9.1 试验数据表

信号因素水平 \ 重复	1	2	…	r_0	和
M_1	y_{11}	y_{12}	…	y_{1r_0}	T_1
M_2	y_{21}	y_{22}	…	y_{2r_0}	T_2
⋮			⋮		⋮
M_k	y_{k1}	y_{k2}	…	y_{kr_0}	T_k
和					T

1）总波动平方和(S_T)的计算公式为

$$S_T = \sum_{i=1}^{n}\sum_{j=1}^{r_0}(y_i - \bar{y})^2 = \sum_{i=1}^{k}\sum_{j=1}^{r_0} y_{ij}^2 - CT \tag{9.16}$$

式中

$$CT = \frac{1}{kr_0}\Big(\sum_{i=1}^{k}\sum_{j=1}^{r_0} y_{ij}\Big)^2 \tag{9.17}$$

2）有效除数 r 的计算公式为

$$r = r_0\sum_{i=1}^{k}(M_i - \overline{M})^2 \tag{9.18}$$

式中

$$\overline{M} = \frac{1}{k}\sum_{i=1}^{k} M_i \tag{9.19}$$

3）信号因素线性效应引起的波动平方和及自由度的计算公式分别为

$$S_\beta = \frac{1}{r}\Big[\sum_{i=1}^{k}(M_i - \overline{M})T_i\Big]^2 \tag{9.20}$$

$$f_\beta = 1 \tag{9.21}$$

4）误差波动平方和及自由度的计算公式

$$S_e = S_T - S_\beta \tag{9.22}$$

$$f_e = kr_0 - 2 \tag{9.23}$$

5）误差方差 σ^2 的估计计算公式为

$$V_e = \frac{S_e}{f_e} = \frac{S_T - S_\beta}{kr_0 - 2} \tag{9.24}$$

6）动态特性信噪比 η 的计算公式为

$$\eta = 10\lg\frac{\frac{1}{r}(S_\beta - V_e)}{V_e} \tag{9.25}$$

9.3.2 灵敏度

1. 静态特性灵敏度

(1) 定 义

设产品的质量特性 y 的期望值为 μ,则期望值的平方成为静态质量特性的灵敏度。其计算公式为

$$S = \mu^2 \tag{9.26}$$

(2) 计算式

灵敏度 μ^2 的估计公式为

$$S = 10\lg \frac{1}{n}(S_m - V_e) \tag{9.27}$$

式中,S_m,V_e 的含义见式(9.4)和式(9.6)。

2. 动态特性灵敏度

(1) 定 义

输出特性 Y 与信号因素 M 有线性关系 $Y=\alpha+\beta M+\varepsilon$,称

$$S = \beta^2 \tag{9.28}$$

为动态特性的灵敏度。

(2) 计算式

灵敏度的计算公式为

$$\eta = 10\lg \frac{1}{r}(S_\beta - V_e) \tag{9.29}$$

式中,r,S_β及 V_e 含义见式(9.18)、式(9.20)及式(9.6)。

9.4 健壮设计的一般程序

9.4.1 静态特性健壮设计程序

静态特性的健壮设计适用于质量特性为望目、望大或望小特性的场合。其设计程序包括以下主要内容:

① 系统设计;

② 参数设计:

- 制订可控因素水平表;
- 进行内设计;
- 制订内表各编号试验误差因素水平表;
- 进行外设计;

- 获得质量特性数据；
- 计算内表各编号试验的信噪比与灵敏度；
- 内表统计分析；
- 确定最佳健壮设计方案；
- 确定最佳平均水平设计方案；
- 验证试验。

③ 容差设计：

- 制订相应于最佳条件的误差因素水平表；
- 对最佳条件进行外设计并获取试验数据；
- 最佳条件试验数据的方差分析；
- 建立质量损失函数；
- 确定备选容差设计方案；
- 比较各容差设计方案的损失和成本；
- 确定最佳容差设计方案。

9.4.2 动态特性健壮设计的一般程序

动态特性健壮设计方法适用于质量特性为动态特性的场合。其设计的一般程序包括以下主要内容：

① 产品系统设计；
② 研究产品的基本功能与理想功能；
③ 明确信号因素与计算测量特性；
④ 制订可控因素水平表；
⑤ 开展内设计；
⑥ 选定误差因素及水平；
⑦ 对内表各编号试验进行外设计；
⑧ 计算内表各编号试验的信噪比和灵敏度；
⑨ 内表统计分析；
⑩ 确定最佳健壮设计方案；
⑪ 确定最佳平均水平设计方案；
⑫ 验证试验。

9.5 静态特性参数设计实例

9.5.1 静态特性健壮设计的一般过程

在工程实际中，产品和技术的开发活动，一般首先进行产品和技术规划，然后进行动态或静态健壮性产品开发。在实际开发中,动态特性的参数设计占有重要地位。但为了便于深入浅出地学习和掌握健壮性设计的程序和方法,现给出静态特性的参数设计实际案例。

9.5.2 问题的提出

设计一个电感电路,此电路由电阻 R(单位: Ω)和电感 L(单位: H)组成,其原理如图 9.2 所示。

当输入交流电压为 U(单位: V)和电源频率为 f(单位: Hz)时,输出电流强度 y(单位: A)为

$$y=\frac{U}{\sqrt{R^2+(2\pi Lf)^2}} \tag{9.30}$$

至此完成系统设计。该电感电路要求输出电流这一质量特性 y 的目标值 $m=10$ A,属于望目特性,要求输出电流波动越小越好。可见 y 可由式(9.30)直接求出,因此,该实例属于可计算性参数设计问题。

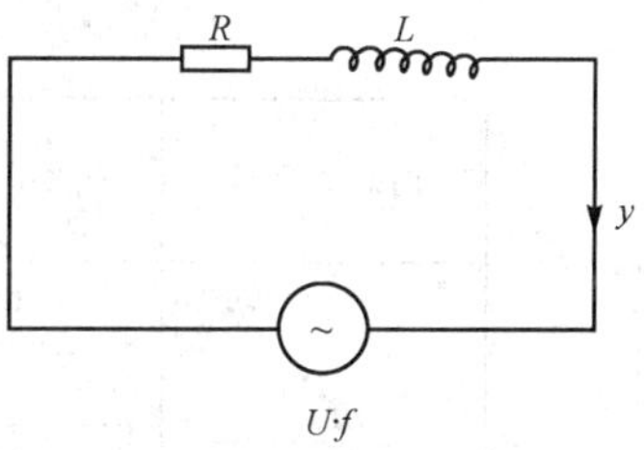

图 9.2 电感电路原理图

9.5.3 参数设计

(1) 制订可控因素水平表

该电路的可控因素是电阻 R 和电感 L,根据电路知识,其初始值由设计人员确定,其因素分别确定三个水平如表 9.2 所列。

(2) 内设计

安排可控因素的正交表称为内表,相应的设计成为内设计。本例选用正交表 $L_9(3^4)$ 作为内表进行内设计。设计方案如表 9.3 所列,内表中的 9 种试验条件即为 9 个备选设计方案。

表 9.2 可控因素初始水平表

因素 / 水平	1	2	3
R/Ω	0.5	5.0	9.5
L/H	0.01	0.02	0.03

表 9.3 内设计方案

序号	R_1/Ω	L_2/H
1	1(0.5)	1(0.01)
2	1	2(0.02)
3	1	3(0.03)
4	2(5.0)	1
5	2	2
6	2	3
7	3(9.5)	1
8	3	2
9	3	3

(3) 制订误差因素水平表

电阻 R、电感 L 作为可控因素时的各水平值,实际上是其名义值。参数设计的目的是优选其名义值的最佳搭配,使其抵抗误差因素干扰的能力最强。在电路的实际设计和生产中,电阻 R、电感 L 的实际值均围绕其名义值波动,即存在误差。电阻 R、电感 L 的误差是造成质量特性 y 波动的影响因素,它们既是可控因素,又是误差因素。误差因素有 4 个,它们是电压 U',频率 f',电阻 R'和电感 L'。根据外界客观环境,电压和频率的水平选为

$$U'_1 = 90\ \text{V}, U'_2 = 100\ \text{V}, U'_3 = 110\ \text{V}$$

$$f'_1 = 50\ \text{Hz}, f'_2 = 55\ \text{Hz}, f'_3 = 60\ \text{Hz}$$

电阻 R' 和电感 L' 采用三级品，波动为±10%，其水平如下：

第二水平＝内表给出的中心值

第一水平＝内表给出的中心值×0.9

第三水平＝内表给出的中心值×1.1

当误差因素均用三水平时，以上 9 个方案的误差因素水平表如表 9.4 所列。

表 9.4　误差因素水平表

内表方案号	水平号	误差因素			
		R'/Ω	L'/H	U'/V	f'/Hz
1	1	0.45	0.009	90	50
	2	0.50	0.010	100	55
	3	0.55	0.011	110	60
2	1	0.45	0.018	90	50
	2	0.50	0.020	100	55
	3	0.55	0.022	110	60
3	1	0.45	0.027	90	50
	2	0.50	0.030	100	55
	3	0.55	0.033	110	60
4	1	4.5	0.009	90	50
	2	5.0	0.010	100	55
	3	5.5	0.011	110	60
5	1	4.5	0.018	90	50
	2	5.0	0.020	100	55
	3	5.5	0.022	110	60
6	1	4.5	0.027	90	50
	2	5.0	0.030	100	55
	3	5.5	0.033	110	60
7	1	8.55	0.009	90	50
	2	9.5	0.010	100	55
	3	11.45	0.011	110	60
8	1	8.55	0.018	90	50
	2	9.5	0.020	100	55
	3	11.45	0.022	110	60
9	1	8.55	0.027	90	50
	2	9.5	0.030	100	55
	3	11.45	0.033	110	60

(4) 外设计

安排误差因素的正交表称为外表，相应的设计称为外设计。外设计的目的是模拟误差因素不同水平搭配对质量特性波动的影响。应用正交表安排和模拟误差因素不同水平搭配的方法称为内外表直积法，因为此时总次数等于内表设计方案数与外表设计方案数的乘积。

内外表设计方案对应一个误差因素水平表，因此，也可相应设计一个外表。选用 $L_9(3^4)$ 正交表进行外设计，采用内外表直积法，其直积方案如表 9.5 所列。

表 9.5　内外设计直积法方案

<table>
<tr><td colspan="2">试验号 k
因素、列号</td><td colspan="3">1　2　3　4　5　6　7　8　9</td></tr>
<tr><td>R′</td><td>1</td><td colspan="3" rowspan="4">L$L_9(3^4)$
外表</td></tr>
<tr><td>L′</td><td>2</td></tr>
<tr><td>U′</td><td>3</td></tr>
<tr><td>F′</td><td>4</td></tr>
<tr><td rowspan="2">试验号 i</td><td>R　L</td><td rowspan="2">η_i/dB</td><td rowspan="2">S_i/dB</td><td rowspan="2">$y_{i1}, y_{i2}, \cdots, y_{i9}$</td></tr>
<tr><td>1　2　3　4</td></tr>
<tr><td>1
2
⋮
9</td><td>$L_9(3^4)$
内表</td><td>η_1
η_2
…
η_9</td><td>S_1
S_2
…
S_9</td><td>$y_{11}, y_{12}, y_{13}, \cdots, y_{19}$
$y_{21}, y_{22}, y_{23}, \cdots, y_{29}$
…
$y_{91}, y_{92}, y_{93}, \cdots, y_{99}$</td></tr>
</table>

(5) 计算质量特性数据

由于电流强度可以计算，故由 $y=\dfrac{U}{\sqrt{R^2+(2\pi Lf)^2}}$ 直接求出质量特性 y。

现以内表第 1 号方案为例说明其计算过程。首先给出第 1 号方案表，如表 9.6 所列。

然后对外表各号方案求质量特性。例如，外表中的第 2 号方案，其电流强度 y_2 为

$$y_2=\frac{U}{\sqrt{R^2+(2\pi Lf)^2}}=\frac{100}{\sqrt{0.45^2+(2\pi\times 55\times 0.01)^2}}\ \text{A}=28.7\ \text{A}$$

表 9.6　第 1 号方案外设计方案

列号因素 / 序号	R'/Ω 1	L'/H 2	U'/V 3	f'/Hz 4	y_i/A
1	1(0.45)	1(0.009)	1(90)	1(50)	31.44
2	1	2(0.010)	2(100)	2(55)	28.70
3	1	3(0.011)	3(110)	3(60)	26.37
4	2(0.50)	1	2	3	29.16
5	9	2	3	1	34.58
6	2	3	1	2	23.47
7	3(0.55)	1	3	9	34.83
8	3	2	2	3	23.62
9	3	3	1	1	28.58

依照上述过程，分别计算出内表中其余 8 个方案的质量特性，如表 9.7 所列。

表 9.7 设计方案质量特性表

内表 \ 外表	y_{i1}	y_{i2}	y_{i3}	y_{i4}	y_{i5}	y_{i6}	y_{i7}	y_{i8}	y_{i9}
1	31.44	28.70	26.37	29.16	34.58	23.47	34.83	23.62	28.58
2	15.87	14.44	13.24	14.70	17.45	11.81	17.62	11.91	14.42
3	11.60	9.64	8.84	9.81	11.66	7.88	11.77	7.95	9.63
4	16.93	17.62	17.98	16.55	18.63	14.33	17.41	13.50	15.40
5	11.45	12.03	11.66	11.86	13.70	9.89	13.25	9.64	11.32
6	9.37	8.85	8.31	8.82	11.31	7.23	11.16	7.16	8.52
7	9.99	11.84	11.58	9.91	11.99	8.80	11.09	8.10	9.09
8	8.78	9.10	9.23	8.57	9.66	7.40	9.05	9.98	7.89
9	7.47	7.44	7.29	7.18	8.22	6.06	7.85	5.84	6.79

(6) 计算信噪比和灵敏度

内表各种设计方案中的 9 个质量特性值均可描述采用该种设计方案时质量特性的波动情况。为了反映各种设计方案的功能性，可利用 9 个数据计算出相应的信噪比 η 和灵敏度 S。

对内表每号方案下得到 9 个质量特性值 $y_{i1}, y_{i2}, \cdots, y_{i9}$，可用下列公式算出 η_i 和 S_i：

$$S_{mi} = \frac{1}{9}(y_{i1} + y_{i2} + \cdots + y_{i9})^2$$

$$U_{ei} = \frac{1}{8}\left(\sum_{j=1}^{9} y_{ij}^2 - S_{mi}\right)$$

$$S_i = 10\lg\frac{1}{9}(S_{mi} - U_{ei})$$

$$\eta_i = 10\lg\frac{\frac{1}{9}(S_{mi} - U_{ei})}{U_{ei}}$$

以内表第 1 号方案为例，计算如下：

$$S_{m1} = \frac{1}{n}\left(\sum_{i=1}^{n} y_i\right)^2 = \frac{1}{n}(31.44 + 28.70 + \cdots + 28.58)\ \mathrm{A} = 7\ 553.95\ \mathrm{A}^2$$

$$U_{e1} = \frac{1}{n-1}\sum_{i=1}^{n}(y_i - \bar{y})^2 = \frac{1}{n-1}\left(\sum_{i=1}^{n} y_i^2 - S_{m1}\right) =$$

$$\frac{1}{8}[(31.44^2 + 28.70^2 + \cdots + 28.58^2) - 7\ 553.95]\ \mathrm{A}^2 = 17.21\ \mathrm{A}^2$$

$$S_1 = 10\lg\frac{1}{n}(S_{m1} - U_e) = 10\lg\frac{1}{9}(7\ 553.95 - 17.21)\ \mathrm{dB} = 29.23\ \mathrm{dB}$$

$$\eta_1 = 10\lg\frac{\frac{1}{n}(S_m - U_e)}{U_e} = 10\lg\frac{\frac{1}{9}(7\ 553.95 - 17.21)}{17.21}\ \mathrm{dB} = 16.87\ \mathrm{dB}$$

依次可计算内表第 2～9 号方案的信噪比 η_i 和灵敏度 S_i。具体计算结果如表 9.8 所列。

(7) 内表的统计分析

对内表进行统计分析，结果如表 9.8 所列。

表 9.8 内表统计分析结果表

序号 i \ 因素列号		R/Ω 1	L/H 2	(e) 3	(e) 4	η_i/dB	S_i/dB
1		1	1	1	1	16.87	29.23
2		1	2	2	2	16.78	23.28
3		1	3	3	3	16.76	19.77
4		2	1	2	3	19.58	24.34
5		2	2	3	1	18.74	21.41
6		2	3	1	2	17.90	18.83
7		3	1	3	2	18.95	19.93
8		3	2	2	3	19.59	18.61
9		3	3	1	1	19.22	17.05
SN 比分析	T_{1j}/dB	50.41	55.40	54.36	54.83	T=164.39 CT=3 002.67 S_T=11.65	
	T_{2j}/dB	56.22	55.11	55.58	53.63		
	T_{3j}/dB	57.76	53.88	54.45	55.93		
	S_j/dB^2	11.32	0.44	0.31	0.89		
灵敏度分析	T_{1j}/dB	72.28	73.50	66.67	67.69	T=192.45 CT=4 115.22 S_T=111.62	
	T_{2j}/dB	64.58	63.30	64.67	62.04		
	T_{3j}/dB	55.59	55.65	61.11	62.72		
	S_j/dB^2	46.52	53.47	5.29	6.34		

1) 信噪比 η 的方差分析

下面对分析计算过程进行简单介绍，结果如表 9.9 所列。

总和 T

$$T = \sum_{i=1}^{n} \eta_i = 16.87 + 16.78 + \cdots + 19.22\ \mathrm{dB} = 164.39\ \mathrm{dB}$$

修正项 CT

$$\mathrm{CT} = \frac{T^2}{n} = \left(\frac{164.39^2}{9}\right)\ \mathrm{dB} = 3\ 002.67\ \mathrm{dB}^2$$

总波动平方和 S_T

$$S_T = \sum_{i=1}^{9} \eta^2 - \mathrm{CT} = [(16.87^2 + \cdots + 19.22^2) - 3\ 002.67]\ \mathrm{dB}^2 = 11.65\ \mathrm{dB}^2$$

自由度 f_T

$$f_T = n - 1 = 9 - 1 = 8$$

各可控因素的波动平方和及自由度

各列波动因素平方和 S_i 和自由度 f_i 的计算公式为

$$S_i = \frac{1}{3}(T_1^2 + T_2^2 + T_3^2) - \mathrm{CT}$$

$$f_i = K_i - 1$$

式中，K_i 为第 i 列水平数。

以第一列为例：

$$S_R = S_1 = \left[\frac{1}{3}(50.41^2 + 56.22^2 + 57.76^2) - 3\ 002.67\right] dB^2 =$$

$$(3\ 012.69 - 3\ 002.67)\ dB^2 = 10.02\ dB^2$$

$$f_R = f_1 = 3 - 1 = 2$$

同样可得

$$S_L = S_2 = \left[\frac{1}{3}(55.41^2 + 55.11^2 + 53.88^2) - 3\ 002.67\right] dB^2 =$$

$$(3\ 003.11 - 3\ 002.67)\ dB^2 = 0.44\ dB^2$$

$$f_L = f_2 = 3 - 1 = 2$$

误差波动平方和 S_e 和自由度 f_e

$$S_e = S_T - (S_R + S_L) = [11.65 - (10.02 + 0.44)]\ dB^2 = 1.19\ dB^2$$

$$f_e = f_T - (f_R + f_L) = 8 - (2 + 2) = 4$$

将上述计算结果填入方差分析表中，见表 9.9，分别计算出 R，L，e 的方差 U_R，U_L，U_e，如 $U_R = \frac{S_R}{f_R} = \frac{10.02}{2} = 5.01$。

由于 $U_L < U_e$，故将 S_L 并入 S_e 中为新误差项($\tilde{e}$)。其波动平方和及自由度为

$$S_{\tilde{e}} = S_e + S_L = (1.19 + 0.44)\ dB^2 = 1.63\ dB^2$$

$$f_{\tilde{e}} = f_e + f_L = 2 + 4 = 6$$

可控因素 R 的 F 值 F_R 为

$$F_R = \frac{U_R}{U_{\tilde{e}}} = \frac{5.01}{0.27} = 18.56$$

由于 $F_R = 18.56 > F_{0.01}(2,6) = 10.92$，因此，因素 R 为高度显著因素。高度显著因素加注 * * 标识。通过方差分析可知，R、L 皆为灵敏度 S 的显著影响因素。

表 9.9 信噪比 η 方差分析表

来 源	S/dB^2	f	U/dB^2	F	S'/dB^2	$\rho/\%$
R	11.02	2	5.01	18.56 * *	9.48	81.4
ΔL	0.44	Δ2	0.22	—		
(e)	1.19	4	0.30			
($\tilde{e}$)	(1.63)	(6)	0.27		2.17	18.6
T	11.65	8			11.65	100

注：$F_{0.01}(2,6) = 10.29$

2) 灵敏度的方差分析

修正项

$$CT = \frac{T^2}{n} = \left(\frac{192.45^2}{9}\right) dB^2 = 4\ 115.22\ dB^2$$

总波动平方和 S_T

$$S_T = \sum_{i=1}^{9} S_i^2 - CT = (4\,226.84 - 3\,002.67)\ \mathrm{dB}^2 = 111.62\ \mathrm{dB}^2$$

$$f_T = 9 - 1 = 8$$

电阻和电感引起的波动平方和 S_R 和 L_R

$$S_R = \left[\frac{1}{3}(72.28^2 + 64.58^2 + 55.59^2) - 4\,115.22\right]\mathrm{dB}^2 = 46.52\ \mathrm{dB}^2$$

$$f_R = 3 - 1 = 2$$

$$S_L = \left[\frac{1}{3}(73.50^2 + 63.30^2 + 55.65^2) - 4\,155.22\right]\mathrm{dB}^2 = 53.47\ \mathrm{dB}^2$$

$$f_L = 3 - 1 = 2$$

误差波动平方和 S_e

$$S_e = S_T - (S_R + S_L) = [111.62 - (46.52 + 53.47)]\ \mathrm{dB}^2 = 11.63\ \mathrm{dB}^2$$

$$f_e = f_T - (f_R + f_L) = 8 - (2 + 2) = 4$$

将上述灵敏度 S 方差分析结果填入方差分析表 9.10 中，进行方差分析。

表 9.10　灵敏度 S 方差分析表

来　源	S/dB^2	f	U/dB^2	F	S'/dB^2	$\rho/\%$
R	46.52	2	23.26		40.70	36.5
L	53.47	2	26.74	7.99*	47.65	42.7
e	11.63	4	2.91	9.19*	23.27	20.8
T	111.62	8			111.62	100

注：$F_{0.05}(2,4)=6.94$，$F_{0.01}(2,4)=18.00$

(8) 可控因素分类

由表 9.9 和表 9.10 两个方差分析表，对可控因素 R，L 进行分类可得因素分类表，如表 9.11所示。

表 9.11　因素分类表

因素类别	信噪比分析	灵敏度分析	因素名称
1	* *	*	稳定因素 R
2	*	/	稳定因素(无)
3	/	*	调整因素 L
4	/	/	次要因素(无)

由表 9.11 可见：电阻 R 为稳定因素，它对信噪比 η 值具有显著影响，即对质量特性的健壮性具有显著影响；电感 L 为调整因素，对质量特性平均水平具有显著影响，即可以通过对因素 L 的调整，使最佳参数设计方案的期望值趋近目标值。

(9) 确定最佳参数设计方案

1) 最优健壮性设计方案

对表 9.8 各号设计方案的信噪比 η 数据进行分析可以看出，电阻 R 为高度显著因素，电感 L 为次要因素，第 8 号设计方案 R_3L_2 的信噪比 η 是 9 个方案中的最大值。由表 9.8 各列各水

平对应数据之和 T_1，T_2，T_3分析，R 的最优水平（η 分析中 T_{i1}最大相应的水平）为 R_3。电感 L 不是稳定因素，原则上可以任选，由表 9.8 也可分析 L 的最优水平为 L_1，因此最优参数水平组合为 R_3L_1，即为第 7 号设计方案。从健壮性来说，可从 R_3L_2方案与 R_3L_1方案中任选其一。

2）最优平均水平设计方案 R_3L_2与 R_3L_1两设计方案电流强度的平均水平分别为

$$\mu_8 = \mu_{R_3L_2} = \left[\frac{1}{9}\times(8.78+9.10+\cdots+7.89)\right]\text{A} = 8.85\ \text{A}$$

$$\mu_7 = \mu_{R_3L_1} = \left[\frac{1}{9}\times(9.99+10.84+\cdots+9.09)\right]\text{A} = 9.93\ \text{A}$$

可见，R_3L_1方案的电流强度均值为 9.93 A，与目标值 10 A 相差甚小，故可不进行均值校正，为此，确定 R_3L_1方案为最优设计方案。

复习思考题

9-1 什么是容差？什么是概率容差？

9-2 什么是容差分析？

9-3 举例说明望小特性、望大特性及望目特性的概念。

9-4 什么是三次设计？各设计主要解决什么问题？

9-5 简述健壮设计的一般程序。

第 10 章　质量控制与统计过程控制

10.1　质量控制概述

10.1.1　质量控制的定义

在质量管理国际标准中质量控制是指质量管理的一部分，致力于满足质量要求。其具体含义如下：

① 质量控制是质量管理的一部分，是指为了达到质量要求所采取的质量控制技术和活动，而不是组织中所有的质量管理活动。

② 质量控制的目标就是确保产品的质量能满足顾客、法律法规等方面所提出的质量要求（如实用性、可靠性、维修性、保障性及安全性等），在于监控过程，使之处于受控状态，即对整个质量环中的所有阶段进行控制，消除导致不满意的原因。也就是说，质量控制的范围涉及产品质量形成的全过程的各个环节。

质量控制内容包括了作业技术和活动，围绕着质量形成的每一个阶段的工作保证质量的实现。质量控制应对影响工作质量的人、机、法、料、环与测（5M1E）进行控制，并对质量活动的成果进行分阶段验证，以便及时发现问题，查明原因，采取相应纠正措施，防止不合格品重复发生。同时，为了使每项质量活动能够真正做好，质量控制必须对于干什么（what），为何干（why），何时干（when），何地干（where）及怎么干（how），即 5W1H 做出规定，并对实际质量活动进行监控。

10.1.2　质量控制的发展

现代质量控制起源于 20 世纪 20 年代。当时美国贝尔电话实验室（Bell telephone laboratory）就成立了以休哈特（W. Shewhart）为学术领导人的过程控制（process control）研究组和以道奇（H. F. Dodge）为学术领导人的产品控制（product contro1）研究组。

经过研究，休哈特提出了过程控制理论以及监控过程的工具—控制图，第一张控制图是休哈特在 1924 年 5 月 16 日提出的不合格品率（p）控制图。而道奇与罗米格（H. G. Romig）则提出了抽样检验理论和抽样检验表。

从质量控制理论的发展史来看，休哈特可称为统计进程控制 SPC（statistical process control）的奠基人。在 20 年代休哈特创建了过程控制理论，通过总结在 1931 年出版一本划时代的名著《工业产品质量的经济控制》（Economic Control of Quality of Manufactured Products, D. van Nostrand&Co.，Inc.，1931）。在该书中休哈特详细论述了控制图的基本原理和方法。

利用这种方法，休哈特区分了由随机原因，即正常原因引起的工序过度偏差和由“可以指明的原因”，即异常原因引起的工序过度偏差。休哈特控制图首次应用“百分比”缺陷的要领检验工序的能力。休哈特这本名著的出版标志着质量管理发展史中统计质量管理时代的开始。

10.1.3 质量控制的基本原则

质量控制职能是按照质量标准衡量质量计划的完成情况并纠正加工过程中的偏差，以确保质量目标的实现。在某些情况下，质量控制职能可能导致确立新的目标、提出新的计划、改变组织机构以及改变人员配备，或在质量管理方法上作出重大的改变等。质量控制职能在很大程度上使质量管理工作成为一个闭环系统。

质量控制职能涉及许多问题，但可归纳为以下一些主要原则：

① 保证实现质量的目标。质量控制的任务是发现偏离质量标准的偏差，并采取措施纠正这些偏差，以确保质量目标的实现。

② 控制要针对未来。质量控制应该尽可能地建立在前馈、而不是在反馈的基础上，以便在质量偏差出现之前就及时察觉并予以防止，防患于未然。

③ 控制的职责要明确。实行质量控制的首要职责应由执行该计划的人员来承担，包括操作人员和管理人员。

④ 质量控制要讲求经济效益。在选用质量控制标准时，要注意用最小的代价来达到控制的目的。功能成本分析，质量成本控制是实现经济效益的有效方法。

⑤ 应尽可能采取直接控制方式。在管理系统内的质量管理人员的素质越高，对质量间接控制的需要也就越少。所以，质量控制的最直接方式就是尽可能保证质量管理人员具有高素质。

⑥ 控制必须反映指标的要求。因此，质量指标越是明确、全面和完整，控制越是能反映指标的要求，质量控制也就越有效。

⑦ 控制必须有适当的组织来保证。组织机构越是明确、全面和完整，设计的质量控制标准越是能反映组织机构中的岗位责任制，质量控制就越有效。

⑧ 控制必须采用适合具体人员的技术和信息。质量控制技术和信息是质量管理人员赖以进行控制的手段。但是，各种控制技术和信息对不同的管理人员有不同的意义和作用。因此，必须根据每个人的具体情况来采用。

⑨ 控制必须有客观的、精确的和适合的标准，用以衡量质量指标的完成情况。

⑩ 控制必须抓住关键点。如何选择质量的关键点，是一种管理艺术。

⑪ 控制必须主要集中于例外情况。就关键点控制来讲，管理人员必须观察质量关键点上所发生偏差的大小。

⑫ 控制必须灵活。不能把控制工作死板地同某个无用的标准联系在一起，使标准控制成为束缚职工的“囚牢”或“围墙”，而应按“适用性”要求保持一定的灵活性，以便在整个标准失策或突然改变时，予以纠正。当发现偏离于计划的误差以后，必须采取行动，通过适当的计划、组织、协调和指挥工作来予以纠正，才能保证质量控制是正确而有效的。

10.2　过程能力分析

10.2.1　过程质量控制的概念

产品开发过程是由一系列工序组成的，每道工序又称为一个过程，工序是保证产品质量的最基本环节。工序是指一个（或一组）工人在一个工作位置上（如一台机床或一个装配位置上）对一个（或若干个）劳动对象连续完成的各项生产活动的总和。也就是工序是在开发过程中质量特性发生变化的加工单位，是各类工序质量影响因素对产品质量综合施加作用的过程。这些因素，特别是主要因素发生变化，就会直接影响产品质量的稳定，为此必须控制好这些因素和条件。

工序质量决定了产品质量的好坏，要想进行质量控制就必须进行工序质量控制。若工序发生异常，就必须能够迅速找出原因，并加以排除，以保持工序的稳定性。在产品研制和生产中，工序质量控制是质量控制活动的主要内容。

10.2.2　过程能力分析

工序能力也称为过程能力，一般是指在稳定的标准状态下的过程波动范围的大小，或过程固有波动范围的大小，即指工序处于稳定状态下的实际加工能力。它是衡量工序质量的一种标志。

① 工序处于稳定状态，是指工序的分布状态不随时间的变化而变化，或称工序处于受控状态。

② 工序处于标准状态，是指设备、材料、工艺、环境与测量均处于标准作业条件，人员的操作也是正确的。

③ 工序的实际加工能力是指工序质量特性的分散（或波动）有多大。加工能力强或弱的区分关键是质量特性的分布范围大小，或集中程度。由于均方差 σ 是描述随机变量分散的数字特征，而且，当产品质量特性服从正态分布 $N(\mu,\sigma_2)$ 时，以 3σ 原则确定其分布范围（$\mu\pm3\sigma$），处于该范围外的产品仅占产品总数的 0.27%。因此，人们常以 6σ 描述工序的实际加工能力。实践证明：用这样的分散范围表示工序能力既能保证产品的质量要求，又能具有较好的经济性。

工序能力分析就是考虑工序中人的操作、设备、材料、工艺、测量工具与方法以及环境即 5M1E 对工序质量指标要求的适合程度。工序能力分析是质量管理的一项重要的技术基础工作。它有助于掌握各道工序的质量保证能力，为产品设计、工艺、工装设计、设备的维修、调整、更新及改造提供必要的资料和依据。

影响工序质量的因素 5M1E 是指：

① 人（man）——与工序直接有关的操作人员、辅助人员的质量意识和操作技术水平；

② 设备（machine）——包括设备的精度、工装的精度及其合理性、刀具参数的合理性等；

③ 材料(material)——包括原材料、半成品与外协件的质量及其适用性;

④ 方法(method)——包括工艺方法及规范、操作规程的合理性;

⑤ 检测(measure)——测量方法及测量精度的适应性;

⑥ 环境(environment)——生产环境及劳动条件的适应性。

通过过程能力分析对过程进行调研与试验,应用因果图与排列图等方法找出影响该过程产品质量的关键质量因素,并制定出标准进行控制。其目的是为了应用SPC(统计过程控制)、SPA(统计过程分析)及SPD(统计过程控制与诊断)的科学方法对过程进行控制与诊断,从而达到提高与保证产品质量的目的。这是过程质量控制的核心。

10.2.3 过程能力指数

1. 过程能力

过程能力也称为工序能力,一般是指在稳定状态下过程波动范围的大小,或过程固有波动范围的大小。即指工序处于稳定状态下的实际加工能力。它是衡量工序质量的一种标志。

对加工工序的工序能力进行分析,可随时掌握制造过程中各工序质量的保证能力,从而为保证提高产品质量提供必要的信息和依据。

对于任何生产过程,产品质量特性值的波动总是存在的。实践经验表明,工序能力越高,产品质量特性值的波动就越小;工序能力越低,产品质量特性值的波动就越大。因此,可用产品质量特性值波动的大小来描述工序能力的高低。通常,将工序能力记作 B。当生产过程稳定,产品的技术标准为双侧时,工序能力为

$$B = 6\sigma \tag{10.1}$$

式中,σ 为产品质量特性值的标准差。B 也称为加工精度。B 越大,工序能力就越低;B 越小,工序能力就越高。

当生产过程稳定时,大多数产品的质量特性值服从正态分布 $N(\mu,\sigma_2)$,其中 μ 是期望值,σ 为标准差。由正态分布理论可知,在 $\mu\pm3\sigma$ 的范围内包括了99.73%的合格品。也就是说,选用 6σ 来描述工序能力时,工序具有保证生产99.73%合格品的能力。如果用 4σ 来描述工序能力,那么工序具有保证生产95.45%合格品的能力,此时合格品率较低。采用 8σ 来描述工序能力时,工序具有保证生产99.994%的合格品的能力。此时合格品率虽有提高,但相对于 6σ 时提高的比例很小。从经济角度来看,效果不好。因此,为了兼顾质量与经济两方面的要求,常用 6σ 来描述工序能力。如图10.1所示,反映了过程能力及对过程的要求。

图10.1中的①、②和③分别表示三个不同的过程。如果将过程的标称值和规格限均标在过程输出质量特性的分布图上,并且考虑过程的分布中心 μ(或倒钟形的对称轴)与规格要求的标称值(目标值)重合时,此时会看到过程①的波动相对于规格要求来说很小,有较强的满足过程要求的能力;过程②的波动也在规格要求范围内,但波动范围已经占满了规程界限,过程一旦出现失控的情况,就会使波动超出规程界限的范围,出现不良质量;过程③的波动已超出了公差要求,也就是说,过程③的固有波动已超出了过程要求的范围,即使过程处于稳定状态也不能满足规格要求,因此过程根本就不具备满足要求的能力。

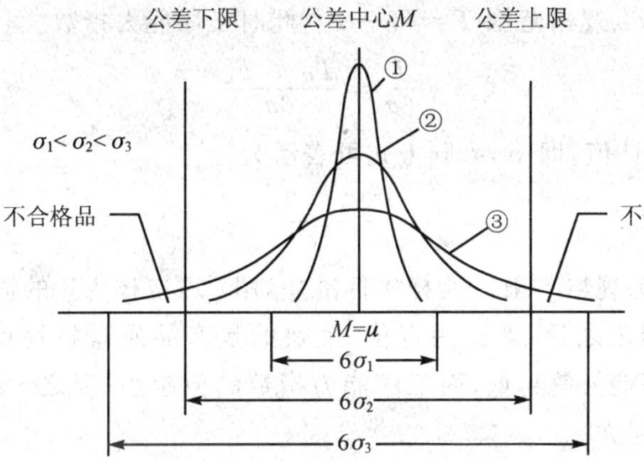

图 10.1　过程能力与过程要求

2. 工序能力指数

工序能力 B 仅与标准差 σ 有关，而与产品的技术要求无关。因此，它没有反映出工序对技术要求的满足程度。事实上，工序能力只表示一种工序固有的实际加工能力，它与产品的技术要求无关。为了能够反映和衡量工序能力满足技术要求的程度，有必要引进一个新的指标，这就是通常所说的工序能力指数。

工序能力指数是衡量工序能力对产品规格要求满足程度的数量值，一般定义工序能力指数用 C_P 或 C_{PK} 表示。通常以规格范围 T 与工序能力 B 的比值来表示。用公式表示如下：

$$C_P=\frac{T}{B}=\frac{T_U-T_L}{6\sigma}\tag{10.2}$$

式中，T_U 为规格上限；T_L 为规格下限。

工序能力指数的值越大，说明工序能力越能满足技术要求，产品质量越有保证。

工序能力与工序能力指数是两个完全不同的概念。工序能力是工序具有的实际加工能力，而工序能力指数是指工序能力对规格要求满足的程度。工序能力强并不等于对规格要求的满足程度高，相反，工序能力弱并不等于对规格要求的满足程度低。当质量特性服从正态分布，而且其分布中心与规格中心 T_m 重合时，一定的工序能力指数将与一定的不合格品率相对应。因此，工序能力指数越大，说明工序能力的贮备越充足，质量保证能力越强，潜力越大，不合格品率越低。但这并不意味着加工精度和技术水平越高。

3. 工序能力指数的计算

下面分别介绍计量值和计数值质量指标的工序能力指数的计算方法。

(1) 双侧规格界限，分布中心无偏移

双侧规格界限是指既具有规格上限要求，又有规格下限要求的情况。分布中心无偏移是指规格中心 M 与质量特征分布中心重合。

假设产品质量特性值服从均值为μ标准差为σ的正态分布，产品质量特性值的标准上限为T_U，标准下限为T_L，那么规格范围$T=T_U-T_L$，此时工序能力指数

$$C_P=\frac{T}{6\sigma}=\frac{T_U-T_L}{6\sigma} \tag{10.3}$$

如果用s可以作为σ的估计值，即$s\approx\sigma$，则上式可表示为

$$C_P=\frac{T_P-T_L}{6s} \tag{10.4}$$

式中，T_U为规格上限；T_L为规格下限；s为样本标准差，用s可以作为σ的估计值。

当产品的规格范围确定之后，T就为定值，反映的是产品质量特性值的波动大小。s越大，波动就越大，因而工序能力就越低，而工序能力指数的值越小；反之s越小，工序能力就越高，而工序能力指数的值越大。

过程能力指数C_p的大小与过程潜在的产生不合格品的数量之间是一一对应的。根据C_p的大小，可以计算出该过程潜在的输出不合格品率p。

$$p=2[1-\phi(3C_P)] \tag{10.5}$$

通常用查表的方法获得C_p与不合格品率p的对应关系。常用的C_p与p的关系见表10.1所示，表中R为偏移系数。

表10.1 过程能力指数C_p对应的不合格品率表

C_p \ $p\%$ \ k	0.04	0.12	0.20	0.28	0.40
0.50	13.4	13.99	15.10	17.75	20.19
0.60	7.26	7.85	9.03	10.81	14.59
0.70	3.64	4.16	5.24	7.89	10.55
0.80	1.69	2.09	2.94	4.31	7.53
0.90	0.73	1.00	1.60	2.62	5.27
1.00	0.29	0.45	0.84	1.55	3.59
1.10	0.11	0.20	0.42	0.84	2.39
1.20	0.04	0.08	0.20	0.48	1.54
1.30	0.01	0.03	0.09	0.25	0.96
1.40	0.00	0.01	0.04	0.13	0.59

(2) 双侧公差，分布中心有偏移

如果产品仍具有双侧技术规格要求，但质量特性分布中心$\overline{x}$已偏离标准中心M，由于偏差的存在，使过程能力的大小与公差范围的比较不再是简单的比值关系，要考虑到分布中心与公差中心的偏离程度。在这种情况下，可以用过程能力指数C_{pk}来表征过程满足要求的能力。

分布中心偏移量为

$$\varepsilon=|M-\overline{x}|$$

偏移系数

$$k=\frac{\left|\frac{1}{2}(T_U-T_L)-\bar{x}\right|}{\frac{1}{2}(T_U-T_L)}$$

工序能力指数 C_{pk} 的计算公式

$$C_{pk}=(1-k)C_p=(1-k)\frac{T_U-T_L}{6s} \tag{10.6}$$

或

$$C_{pk}=\frac{T-2\varepsilon}{6s} \tag{10.7}$$

k 值的大小，反映了 $\bar{x}$ 偏离 M 的程度。由(10.6)式可知，$k\geqslant 0$，并且规定，当 $k\geqslant 1$ 时，$C_{pk}=0$。

相应的不合格品率 p 为：

$$p=2-\left[\phi(3C_{pk})+\phi(3C_{pk}+\frac{2\varepsilon}{s})\right] \tag{10.8}$$

(3) 单侧公差

在许多场合下，产品的质量特性只规定了单侧规格要求，如日光灯的寿命、钢丝的抗拉强度等，希望它们的值越大越好，所以技术标准往往只规定了标准下限 T_L。而机械产品中的形位公差、产品的光洁度等，希望它们的值越小越好，因而技术标准中只规定了标准上限 T_U。

① 只有标准下限时，过程能力指数用 C_{pU} 表示，其计算公式如下：

$$C_{pU}=\frac{T_U-\bar{x}}{3s} \tag{10.9}$$

相应的不合格品率 p 为

$$p=1-\phi(3C_{pU}) \tag{10.10}$$

② 只有标准上限时，过程能力指数用 C_{pL} 表示，其计算公式如下：

$$C_{pL}=\frac{T_L-\bar{x}}{3s} \tag{10.11}$$

相应的不合格品率 p 为

$$p=1-\phi(3C_{pL}) \tag{10.12}$$

4. 工序能力评价及采取纠正措施

过程能力分析仅适用于处于受控状态的过程，因此，只有在受控状态的过程才能计算过程能力指数。计算过程能力指数的目的在于对过程能力进行评价及对过程采取相应的处置措施。

一般过程能力评价方法及相应采取的措施详见表 10.2。

表 10.2 同样适用于 C_{pk}、C_{pU} 和 C_{pL} 的评价。对过程能力的评定是说明过程能力满足规格要求的程度。

影响过程能力的因素是 5M1E 等，但从公式(10.7)来看，提高 C_{pk} 值有三个途径：减小 ε 和 s，增大 T。因此，要提高 C_{pk} 值，应主要围绕 ε、σ 和 T 做工作。

表 10.2 工序能力标准评价及措施

加工等级	C_P 或 C_{PK}	不合格品率 p/%	工序能力判断	分析与措施
世界级	$C_p=2.0$	$p=0.000018$	过程能力过高	对于关键的装配特性、关键性能、影响产品寿命和可靠性的关键过程，应努力达到该过程能力水平
特级	$1.67<C_p<2.0$	$0.000018<p<0.00006$	工序能力过于充足	具有较高的过程能力，对于关键过程应达到此水平。对于非关键过程可以通过缩小产品的关键或主要项目的公差范围，降低对原材料或机械设备的要求，放宽波动幅度，放宽检查，以提高效率、降低成本
Ⅰ级	$1.33<C_p<1.67$	$0.00006<p<0.006$	工序能力充分	对于非关键或重要过程，可放宽波动幅度；降低对原材料的要求；简化质量检验，采用抽样检验或减少检验频次
Ⅱ级	$1.0<C_p<1.33$	$0.006<p<0.27$	工序能力尚可	必须用诸如控制图或其他方法对过程进行控制和监督，以便及时发现异常波动
Ⅲ级	$0.67<C_p<1.0$	$0.27<p<4.55$	工序能力不足	分析波动大的原因，制定措施加以改进。或加强质量检验，100%检验或增加检验频次
Ⅳ级	$C_p<0.67$	$p>4.55$	工序能力严重不足	一般应停止继续加工，找出原因，改进工艺，提高 C_P 值，否则 100%检验，剔除不合格品

注：p 为不合格品百分率。

5. 过程能力分析的用途

① 工艺验证：工艺验证就是通过工艺实施，验证设计的可行性和合理性。它是联系设计和制造的纽带。在工艺验证中，通过工序能力调查，可以达到：

- 选择既可实现设计质量、经济又合理的设备、工艺、原料与技术；
- 确认适宜的工序能力，并确定与之相适应的工艺规程、技术标准、作业指导书及管理对象与方法等；
- 对设计的合理性进行验证，并提出修改设计的依据。

② 工艺诊断：工序质量水平需要提高、生产过程不稳定以及工序质量水平显著下降等场合，都必须进行工序能力调查。它可为工艺诊断提供可靠的资料和依据。

③ 技术经济分析：如对比不同加工过程的工序能力、质量水平和经济性；从适宜的工序能力出发确定经济合理的设备维修与保养标准；为技术改造、设备更新提供经济合理的工序能力依据等。

④ 对比分析：用于设备鉴定、调试、工艺方法、操作方法对比以及技术考核等。

⑤ 为工序控制、检查方式、产品说明书和质量体系等提供资料。

10.2.4 过程能力调查

1. 过程能力调查的一般程序

过程能力是保证和提高产品质量的重要因素，过程能力分析是过程能力调查的一项工作，所以，在过程能力分析之前，应首先进行过程能力调查。了解和掌握过程能力是控制产品质量的必要手段，通过过程能力调查后能判断过程是否处于受控（稳定）状态下运行，只有在受控状态下的过程，才能进行过程能力分析。

了解和掌握过程能力的活动称为过程能力调查。过程能力调查是一项技术性很强的细致的工作，一定要按照程序进行。过程能力调查的一般程序如图 10.2 所示。

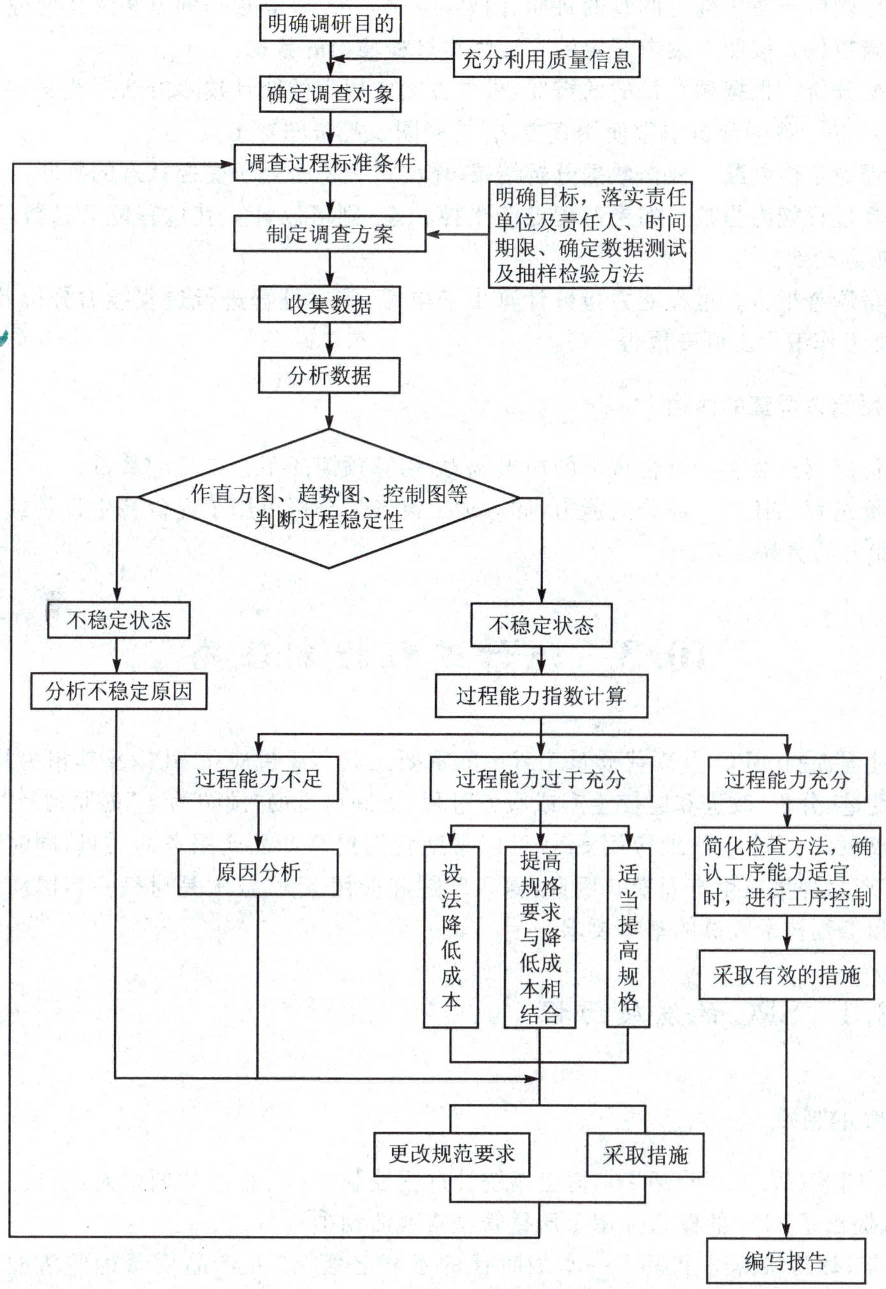

图 10.2　过程能力调查程序

① 明确目的。过程能力调查的目的主要包括：通过调查掌握过程能力满足质量要求的

程度，掌握质量波动情况，据此判断过程是否受控；了解质量波动及其原因之间的关系，针对原因采取纠正措施以提高过程能力指数。

② 确定调查对象。具体确定过程的特性，也就是确定进行过程能力分析的质量特性值。

③ 调查过程标准条件。确定调查过程的5M1E等，提出明确要求，并做出具体规定，是过程规范化及处于管理状态。

④ 制订调研方案。确定调查的日期、内容、组成人员、收集数据的方法及其处理工具等。

⑤ 收集数据。按照方案中规定的方法收集过程输出的数据。

⑥ 数据分析。根据调查目的的需要，采取方案中规定的统计技术方法对收集到的数据进行统计、分析等。数据分析中常使用直方图、控制图及趋势图等工具。

⑦ 过程稳定性判断。根据数据分析结果，作出过程是否处于受控状态的判断。

⑧ 计算过程能力指数。如果过程处于受控状态，则可以计算其过程能力指数，否则不能计算过程能力指数。

⑨ 编写调查报告。过程能力指数计算出来以后，应对过程进行过程能力分析及评价，并对整个调查工作编写出调查报告。

2. 过程能力调查的用途

① 评价过程连续生产符合规范的输出能力，估算预期的不合格品的数量。

② 评价过程的任何一部分的能力，如对加工设备的分析可用于评价特定设备或估算其对整个过程能力的贡献。

10.3 统计过程控制理论

统计过程控制(SPC)是现代质量工程中的重要工具。通过应用SPC及其相关技术，可以更有效地度量、分析、改进和监控生产或服务过程，更好地贯彻“预防为主”的原则及“将质量建造到产品或服务中”。有效地应用SPC可以帮助我们提高产品或服务的质量，同时降低生产成本，缩短产品开发或生产周期。因此，深入掌握和应用SPC技术是对每一名国防科技工业质量管理和工程技术人员的基本要求。

10.3.1 SPC的发展历程

1. SPC的创始

美国休哈特(W. A. Shewhart)博士是统计过程控制(SPC)技术的创始人，早在20世纪20年代，他就提出了SPC的概念并用于质量管理实践活动中。

1931年，休哈特博士出版了一本划时代的不朽名著《工业产品质量的经济控制》(Economic Control of Quality of Manufactured Products)。该书在它出版半个世纪以后的1980年仍在美国再版，足见该书的学术价值。休哈特这本名著的出版标志着质量管理发展史中统计质量管理时代的开始。

统计控制理论及控制图理论，对 20 世纪 30～40 年代的美国工业界产生了一定的影响，特别是在第二次世界大战期间，美国军方在军需物资的采购中积极推行休哈特方法，促进了 SPC 在工业界的应用。但是，虽然 SPC 始创于美国，而真正发挥作用和取得成果却是在日本。第二次世界大战后，美国人发现自己处于无可匹敌的地位，拥有世界上唯一未受重大战火破坏的工业体系而又面对战后出现的巨大消费品市场。在繁荣兴旺的卖方市场上，企业不再关注质量。20 世纪 50～80 年代，SPC 的应用逐渐从美国工业中消失了。在这种情况下，美国著名质量管理专家戴明博士将 SPC 的概念引入日本，指导日本的企业实实在在开展 SPC 技术的研究和应用，并取得成果，经过二十几年的努力，使战后的日本跃居世界质量与生产力的领先地位。日本携其高质量低成本的产品夺走了大批的国际市场，甚至在美国国内，大量的消费者成了日本轿车、家用电器和电子产品的忠实用户。在日本强有力的竞争之下，质量再次成为人们关注的焦点，SPC 在西方工业发达国家再次兴起。

2. 统计过程控制的发展

统计过程控制自从创始以来，已经过了三个发展阶段。

(1) 第一阶段为 SPC

自从 SPC 创始以来，它用统计的观点科学地区分出生产过程中产品质量的偶然波动与异常波动，指出过程的波动是导致质量问题的原因，而过程的波动又具有统计规律。利用这种统计规律性，可以预测过程质量的发展趋势，对过程的异常及时警告，通过控制和减小波动，发现改进机会，以便人们采取措施，消除异常，恢复过程的稳定，从而达到有效地提高产品和服务质量的目的。因此，SPC 作为一种科学手段，在现代质量管理中占有重要的地位。SPC 技术已成为“世界级”企业基本的质量管理的基本要素。如美国波音公司等也把应用 SPC 作为推进产品质量改进的一个重要手段，90 年代初期，波音公司就提出了 AQS 标准，要求供应商应用 SPC 等先进质量工程方法，以提高产品质量。在 ISO 9000 等国际质量管理标准中，也强调应用 SPC 技术。我国 GB/z 19027 中给出了统计技术在质量管理体系中的指南。由此可见，应用 SPC 等先进质量管理技术也已成为质量体系建设的不可缺少的部分。

(2) 第二个阶段为 SPD

SPD 是英文 statistical process diagnosis 的字首简称，即统计过程诊断。1982 年我国张公绪教授提出两种质量诊断理论，突破了传统的美国休哈特质量控制理论，开辟了统计质量诊断的新方向。1996 年张公绪教授又提出两种质量多元诊断理论解决了多工序、多指标系统的质量控制与诊断问题。SPD 已进入实用性阶段，我国仍然居于领先地位。

(3) 第三个阶段为 SPA

SPA 是英文是 statistical process adjustment 的字首简称。SPA 是 SPD 的进一步发展，也是统计过程控制理论的第三个发展阶段。这方面国外刚刚起步，他们称之为 ASPC(algorithmic statistical process control，算法的统计过程控制)，目前尚无实用性的成果，正在研究之中。

3. 统计过程控制的应用

统计过程控制是指用统计学的方法和技术对过程进行分析和控制。统计过程控制技术是指那些可以用于过程分析与控制的数理统计技术与方法。

如果以医生为病人看病为比喻，对于 SPC，SPD 和 SPA 我们可以这样理解，SPC 就相当于医生诊断病人是否有病;SPD 相当于诊断出若有病,应能诊断出是什么病;SPA 则可以理解为医生诊断出病人有病并能确诊是什么病,还要能够进行治疗(调整)。

SPC,SPD 及 SPA 强调全过程的预防原则。它们可以主要为以下几个方面的质量管理及工程技术人员所应用:

① 生产第一线的操作者。可用 SPC 方法改进他们的工作。

② 管理干部。可用 SPC 方法消除在生产部门与质量管理部门间的传统的矛盾。

③ 领导干部。可用 SPC 方法控制产品质量,减少返工与浪费,提高生产率,最终增加经济效益。

4. 统计过程控制的特点

通过对 SPC 的理论研究和应用总结,可以发现统计过程控制具有以下几个显著的特点:

① SPC 是全系统、全过程的,强调从整个系统看问题。

② SPC 强调用科学方法(主要是统计技术,尤其是控制图理论)来保证全过程预防原则的实现。

③ SPC 不仅用于生产过程,而且可用于服务过程和一切管理过程。

10.3.2 质量的统计规律性

质量的统计观点是现代质量管理的基本观点之一。若推行这样的观点就是现代的质量管理,否则即传统的质量管理。

质量变异是有规律性的,但它不是通常的确定性现象的确定性规律,而是随机现象的统计规律。所谓确定性现象就是在一定条件下,必然发生的或不可能发生的事件。

质量问题,经常遇到的却是随机现象,即在一定条件下事件可能发生也可能不发生的现象。

质量的统计观点包括如下内容:

$$\text{质量的统计观点}\begin{cases}\text{质量具有变异性}\\ \text{质量的变异具有统计规律性}\end{cases}$$

SPC 是识别和控制过程波动的科学方法。

1. 质量具有变异性

随着科学技术的不断进步,特别是大规模机械化、自动化生产的情况,人们的日常观念中常常存在一种误解:现在由机器来进行生产,生产出的产品应该是一样的。经过一百多年的实践,随着测量理论与测量工具的进步,人类才终于认识到:尽管是机器生产,但产品质量仍然具有变异性。也就是说,在生产实践中,即使 5M1E 等条件相同,生产出来一批产品的质量特性的实际值并不完全一样,总是存在差异,这就是质量特性的波动。

2. 质量波动影响因素分析

影响质量波动的因素主要来源有 5M1E。但从对质量影响的大小来分,质量因素可分为偶然因素(简称偶因)与异常因素(简称异因)两类。

(1) 偶然因素

偶因引起质量的偶然波动(简称偶波),是对生产过程一直起作用的因素。如材料成分、规格、硬度等的微小变化;设备的微小震动;刃具的正常磨损;夹具的弹性变型及微小松动;工人操作的微小不均匀性等。

偶波是不可避免的,但对质量的影响微小,一般来说,并不超出工序规格范围。偶波在技术上也是难以测量、难以避免的,在经济上并不值得消除。由偶然因素造成的质量特性值分布状态不随时间的变化而变化。由偶然因素造成的质量波动称为正常的波动,这种波动一般通过公差加以反映,此时的工序处于稳定状态或受控状态。

(2) 异常因素

异因引起质量的异常波动(简称异波),是在一定时间内对生产过程起作用的因素。如材料成分、规格及硬度的显著变化;设备、工夹具安装、调整不当或损坏;刃具的过渡磨损;工人违反操作规程等。

异波对质量的影响大,在技术上是易于识别、测量,且采取措施不难消除。异波的影响在经济上是必须消除的。由异常因素造成的质量特性值分布状态随时间的变化可能发生各种变化。故在过程中异波及造成异波的异因是关注的对象,一旦发生,就应该尽快找出,采取措施加以消除,并纳入标准,保证它不再出现。也就是说,由异常因素造成的波动称为不正常的波动,此时的过程处于不稳定状态或非受控状态,对这样的过程必须严加控制。

3. 质量波动具有统计规律性

如果一个过程只受随机因素的影响,也就是说过程处于受控状态或稳定状态,那么这个过程的波动是有规律可循的。通常可以用概率与统计学的方法来描述这个规律。

对于随机现象通常应用分布来描述,分布可以反映出:变异的幅度有多大,出现这么大幅度变异的概率有多大,这就是统计规律。对于计量特性值,如长度、重量、时间、强度、纯度及成分等连续性数据,最常见的是正态分布。这就是在 SPC 中最常用的概率分布曲线,它描述过程输出质量特性波动中最常用的数学模型——正态概率分布曲线。

通常的正态分布曲线如图 10.3 所示。

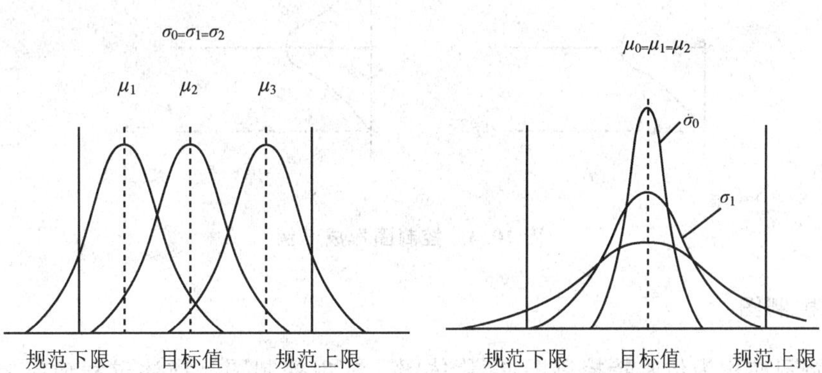

图 10.3　正态分布曲线

描述一个正态分布需要两个基本参数:表示分布中心位置的特征数 μ 和表示分布分散程度的特征数 σ。正态分布的两个参数均值(μ)与标准差(σ)是相互独立的。事实上,不论均值

(μ)如何变化都不会改变曲线的形状，即不会改变标准差(σ)；反之，不论正态分布的形状，即标准差(σ)如何变化，也决不会影响数据的分布中心，即均值。可以用 μ 和 σ 来刻画分布的中心和分散程度，以及与顾客要求的偏离程度。

10.3.3 统计过程控制的基本原理

1. 控制图的基本概念

通过过程能力分析及过程能力指数的计算方法，可以看出，使过程保持稳定是十分重要的。过程不稳定，过程的潜力发挥不出来，或过程不能保持在良好的运行状态，即使应用好的技术方法、好的设备及好的材料等等，也不能生产出好的产品。为了使过程稳定，可以应用控制图来识别和控制过程不稳定因素。

控制图(control chart)是基于“预防为主”的思想，主要被控制对象超出控制界限，即造成质量波动，就要分析其影响因素，找到主要原因，加以改进，防止大量不合格品发生造成更大的损失。

控制图是对生产、制造与服务过程中的产品、服务质量状况进行统计分析和及时控制的统计图形工具，是对过程统计受控状态的一种识别、监测和预测的工具。控制图也成为 SPC 图，即统计过程控制图。

2. 控制图的形成

通过对正态分布曲线分析发现，如果将该曲线按顺时针方向转 90°，就得到图 10.4(a)所示的图形。由于图中数值上小下大不符合人们的思维习惯，故再将图上下翻转 180°，就得到图 10.4 中的(b)所示的图形。通过对正态分布曲线的这种处理实际上就得到了一张控制图，具体说是一张单值(x)控制图。

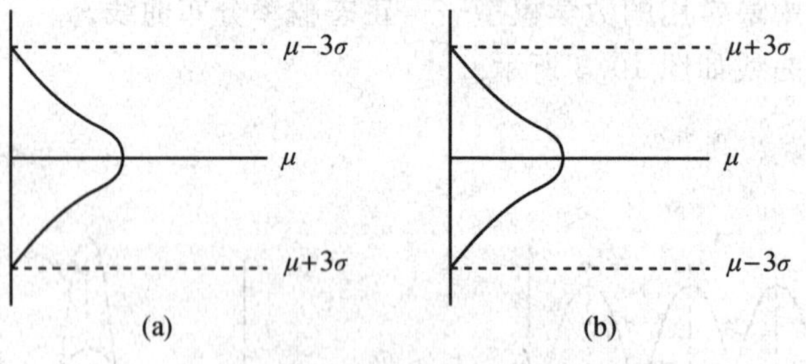

图 10.4 控制图形成示例

3. 常规控制图

常规控制图亦称为休哈特控制图，简称休图。常规控制图是描述过程输出质量特性波动状况的坐标图。它是利用计数值(如不合格品率)或计量值(如平均值和极差)评估和控制过程的一类控制图。该图一般横坐标表示时间或样本序号，纵坐标表示质量特性的实测值或经过计算的实测值的统计量。该图通常包含有三条平行于横轴的直线：中间的一条实线叫中心线，用符号 CL(center line)表示；上面的一条虚线称为上控制界限线，或简称控制上限，用符号 UCL(upper control limit)表示；下面的一条虚线称为下控制界限线，或称控制下限，用符号 LCL(lower control limit)表示。控制上限和控制下限统称为控制限。控制限和中心线的数值也常常统称为控制图参数。

控制图的基本构成如图 10.5 所示。

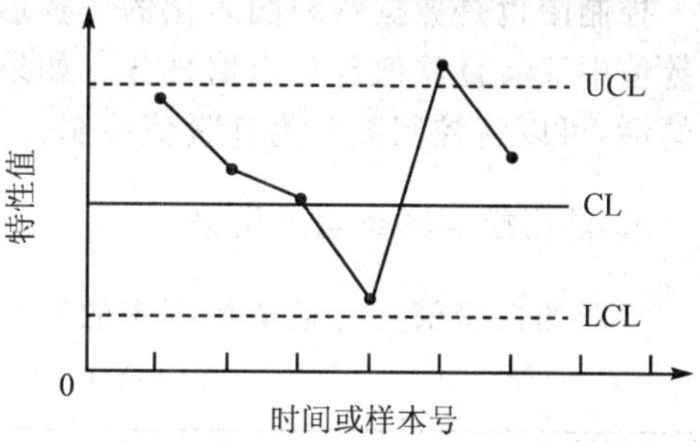

图 10.5　控制图的基本构成

控制图的构成可以简单描述如下。

① 以随时间推移而变动着的样品号为横坐标，以质量特性值或其统计量为纵坐标的平面坐标系；

② 三条具有统计意义的控制线：中心线 CL、上控制线 UCL 和下控制线 LCL；

③ 一条质量特性值或其统计量的波动曲线。

4. 控制图的原理

正态分布有一个事实在质量控制时经常要用到，即不论 μ 与 σ 如何取值，落在$[\mu-3\sigma, \mu+3\sigma]$范围内的概率为 99.73%。这是经过严格计算得到的精确值，即落在$[\mu-3\sigma, \mu+3\sigma]$范围外的概率为 1−99.73%=0.27%，而落在大于 $\mu+3\sigma$ 一侧的概率为 0.27%/2=0.135%≈0.1%。休哈特就是根据正态分布的这一性质构造了休哈特控制图。

10.3.4　控制图的类型及用途

1. 按照控制图的用途分类

如果按控制图的用途来分，可分为分析用控制图与控制用控制图。

分析用控制图主要用来调查分析过程出现了哪些失控状态，在受控状态下，过程满足质量要求的能力如何，以及用于计算控制图参数等。分析用控制图主要有以下用途：

① 分析过程是否处于统计控制状态。若经分析后，过程处于统计控制状态且满足质量要求，则把分析用控制图转化为控制用控制图；若经分析后，过程处于统计失控状态，则应查找过程失控的异常原因，并加以消除，去掉异常数据点，重新计算中心线和控制界限。若异常数据点比例过大，则应改进过程，重新收集数据，根据新的数据重新计算中心线和控制界限，直到过程达到统计控制状态。

② 用于调查和分析过程能力。过程处于统计控制状态后，计算过程能力，判断过程是否满足质量要求，若不满足，则改进过程，提高过程的质量保证能力，使之满足要求。

③ 控制用控制图由分析用控制图转化而成，它用于对过程进行连续监控。按照确定的抽样间隔和样本大小抽取样本，计算统计量数值并在控制图上描点，判断过程是否异常。控制用控制图在使用一段时间后，应根据实际情况对中心线和控制界限进行修改。

2. 按照质量特性的数据类型分类

控制图也是数据资料图表化的一种形式。而质量控制用的数据，有计量值与计数值之分，计数值中又有计件值与计点值之分。如果按控制图所测量和监控的质量特性的数据类型来划分的话，可以将控制图分为计量值控制图与计数值控制图。

3. 常用控制图类型及用途

常用的计量值及计数值控制图的种类及用途如表 10.3 所列。

表 10.3 控制图的类型及用途

控制图分类	控制图名称	代表符号用	用　途	理论依据
计量值控制图	平均值与极差控制图	$\overline{X}-R$ 图	利用样本平均值与极差，分析与控制工序的集中趋势(μ)与高中心趋势即波动(σ)。例如，可以取长度、重量、时间、温度、压力、纯度、阻值等计算质量特性值的工序质量控制，均可使用此控制图	正态分布
	中位数与极差控制图	$\widetilde{X}-R$ 图	同于 $\widetilde{X}-R$ 图，只是把 $\overline{X}$ 代之以 $\widetilde{X}$（中位数）	正态分布
	平均值与标准偏差控制图	$\widetilde{X}-S$ 图	同于 $\overline{X}-R$ 图，只是把 R 代之以 S（标准偏差）	正态分布
	单值与移动极差控制图	$X-R_s$ 图	主要用于小批生产的工序控制，检验费用高、产品加工周期长、短期不易取得大量数据的工序控制，控制对象为连续体、均匀体的工序控制，试验与检验系破坏性的工序控制	正态分布
	带警戒限的均值控制图	$\overline{X}$	在标准偏差 σ 一直受控条件下，用于控制过程（工序）均值	正态分布
计件值控制图	不良品数控制图	P_n 图	利用样本的不良品数，分析与控制工序的不良品数	二项分布
	不良品率控制图	P 图	利用样本的不良品率，分析与控制工序的不良品率	二项分布
计点值控制图	缺陷数控制图	C 图	利用样本的缺陷数，分析与控制工序的缺陷数。例如，铸件、锻件、油漆件、电镀件等表面的砂眼、氧化坑、色斑、麻点、气泡以及收音机电路中焊接不良等缺陷数，均可运用此图进行控制	泊松分布
	单位缺陷数控制图	U 图	利用样本的单位缺陷数，分析与控制工序的单位缺陷数。其他同缺陷数控制图	泊松分布
计数累计和控制图	不良品累计和控制图	P_n 图	用于是控制不良品数	二项分布
	缺陷数累计和控制图	C 图	用于是控制缺陷数	泊松分布

10.3.5　控制图的作用

1. 控制图的作用

控制图的基本功能，是用样本数推断过程状态，以预防过程失控和产生不良品。也就是利用控制图来评估和监控过程的正常波动和异常波动。其主要作用如下：

(1) 过程控制

计量控制图用来查明过程中心或过程波动的变化，并采取纠正措施，以保持或恢复过程稳定性，使过程经常处于控制状态，以防止产生不良品。

(2) 过程能力分析

如果过程处于稳定状态，从控制图获得的数据可随后用于评估过程能力。

(3) 测量分析

通过综合反映测量系统固有变异的控制限，控制图能用于查明过程或产品的变异。

(4) 因果分析

过程事件和控制图形态之间的相关性有助于判断可查明重要原因并策划有效措施，实现改进。

(5) 持续改进

控制图用于监控并识别过程变差的原因，以有利于减少过程变差。

2. 控制图的预防作用

控制图是贯彻预防原则的统计过程控制 SPC 理论的重要工具，可直接控制过程。使用控制图的张数在某种意义上反映了管理现代化、科学化的程度。因为，控制图越多，受控制的因素就越多，进而质量越有保障；控制图越多，参与科学控制的人员就越多，组织的质量意识就越强。

① 应用控制图对生产过程进行监控，若出现图 10.6 所示的上升倾向，则显然过程有问题，故异因一发生，即可发现，于是可及时采取措施加以消除，这就是预防。

② 更经常的是控制图上点子突然出界，显示过程异常。

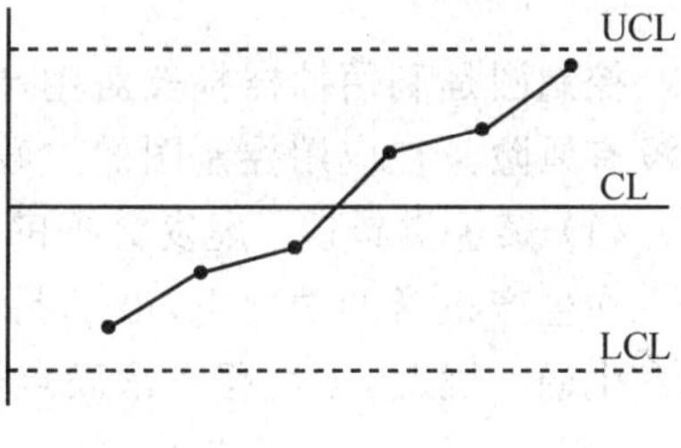

图 10.6　控制图中点子出现某种倾向

利用控制图发现过程处于异常状态，只完成了统计过程控制 SPC 的第一步，进而要对过程进行调整。“查出异因，采取措施，验证有效，纳入文件，实施预防”。因为，对过程进行调整的目的是将消除异因的措施“纳入文件”，以保证同样的异常原因不再出现，可起到预防的作用。预防是对同样的异因再次出现进行预防。每消灭一个异因，对此异因而言，也就起到了预防作用。

10.3.6 控制图监控的统计学理论解释

以加工螺栓为例，为了控制加工螺栓的质量，设每隔1小时随机抽取一个车好的螺栓，测量其直径，将测量结果描点在图10.7中，并用直线段将点子连接，以便观察点子的变化趋势。由图10.7所示可看出，前三个点子都在控制界限内，但第四个点子却超出了UCL，为了醒目，把它用小圆圈圈起来，表示第四个螺栓的直径过分粗了，应引起注意。

现在对这第四个点子应做什么判断呢？摆在面前的是两种可能：

① 若过程正常，即分布不变，则点子超过UCL的概率只有1.35‰。

② 若过程异常，譬如设异常原因为车刀磨损，则随着车刀的磨损，加工的螺栓将逐渐变粗，μ逐渐增大，于是分布曲线上移，点子超过UCL的概率将大为增加，可能为1.35‰的几十、几百倍。

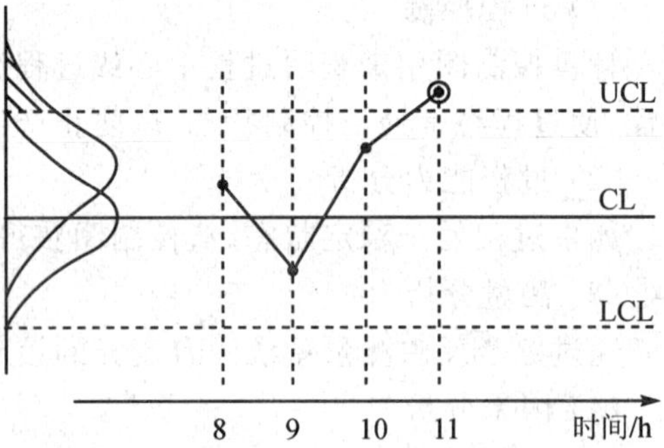

图10.7 螺栓加工控制图

现在第四个点子已经超出UCL，问题是在上述两种情况中，应该判断是哪种情况造成的？由于情况②发生的可能性要比情况①大几十、几百倍，故按照常理，认为上述异常是由情况②造成的，于是得出结论：点出界就判异，并把它作为一条判异准则来使用。

根据统计学小概率事件原理：小概率事件实际上不发生，若发生即判断异常。

10.3.7 两类错误与3σ准则

1. 两类错误

控制图是利用抽样检查对生产过程进行监控的过程。因而，既是抽样检查的过程就不可能没有风险。在应用控制图的过程中，就不可避免地要面对两种错误。

(1) 第Ⅰ类错误：虚发警报的错误（虚警）

在生产正常的情况下，由于偶然原因造成点子出界的概率虽然很小，但总还不是绝对不可能发生的。因此，当过程正常而点子偶然超出控制界外时，根据点出界就判异的原则，判断过程处于异常，于是就犯了第Ⅰ类错误，亦称为虚发警报的错误。通常将犯第一种错误的概率记为α，如图10.8所示。

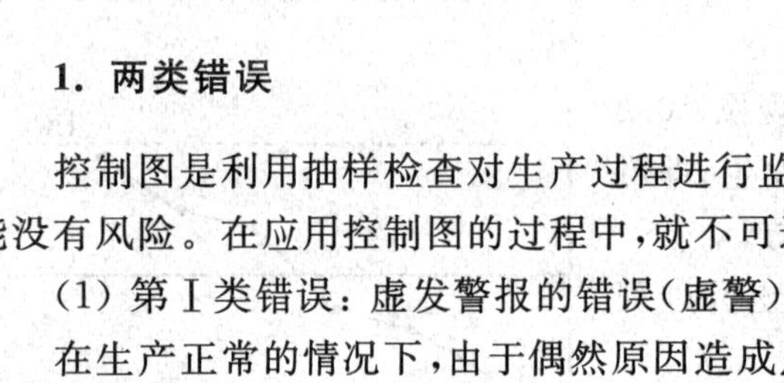

图10.8 虚警及漏警错误

(2) 第Ⅱ类错误：漏发警报的错误（漏警）

过程已经出现了异常，产品的质量已经偏离了典型分布，但仍会有部分产品，其质量特性值的数值大小会位于控制界内。如果抽取到这样的产品，点子就会落在控制界内，而不能判断过程出现了异常，这样就犯了第Ⅱ类种错误，即漏发警报的错误。通常犯第Ⅱ类错误的概率记为β，如图 10.8 所示。

(3) 减小两类错误的方法

休哈特提出的常规控制图共有三根控制线，中心线 CL 居中，UCL 与 LCL 平行，并关于 CL 对称，故变动的只有 UCL 与 LCL 二者之间的间距。两种错误是不可避免的。通过改变间距而对两类错误的影响可以描述如下：

$$\left.\begin{array}{l}\text{间距增大} \rightarrow \alpha\text{ 减小}, \beta\text{ 增大} \\ \text{间距增大} \rightarrow \alpha\text{ 增大}, \beta\text{ 减小}\end{array}\right\}\text{故错误不可避免}$$

根据使两种错误造成的总损失最小这一点来确定控制图的最优间距。这样根据“点出界就判异”作出判断，即使有时判断错误，虚发警报，但从长远来看仍是经济的。当然，这个最优间距是随着产品不同、产地不同等引起的成本变化而变化，不存在放之四海而皆准的控制图最优间距。经验证明休哈特所提出的 3σ 方式较好。

2. 3σ 准则

① 利用 3σ 方式构造的常规控制图的控制界限为

$$\mathrm{UCL}=\mu+3\sigma, \quad \mathrm{CL}=\mu, \quad \mathrm{LCL}=\mu-3\sigma$$

其中，μ，σ 为统计量的总体参数。

② 这是常规控制图的公式，具体应用时需要经过下列两个步骤：

a) 将 3σ 方式的公式具体化到所用的具体控制图；

b) 对总体参数进行估计。

③ 使用 3σ 方式的注意事项：

a) 总体参数与样本参数不能混为一谈。总体包括过去已制成的产品、现在正在制造的产品以及未来将要制造的产品的全体。而样本只是过去已制成产品的一部分。故总体参数的数值是不可能精确知道的，只能通过以往已知的数据来加以估计，而样本参数的数值则是已知的。

b) 规格界限不能用作控制界限。规格界限是区分合格与不合格的科学界限，控制界限则是区分偶波与异波的科学界限，二者完全是两码事，不能混为一谈。

常规控制图的设计思想是先定 α，再看 β。

① 按照 3σ 方式确定 UCL、LCL 就等于确定了虚发警报的概率 $\alpha=0.27\%$。

② 通常的统计假设检验一般采用 $\alpha=1\%$，5%，10% 三档，但休哈特为了增强使用者的信心，把常规控制图的 α 取得特别小(若想把常规控制图的 α 取为零是不可能的，事实上，若 α 取为零，则 UCL 与 LCL 之间的间隔将为无穷大，从而 β 为 1，必然发生漏报)，但这样 β 就大，故在休哈特提出常规控制图以后，人们又在判异准则“点出界就判异”的基础上，为常规控制图增加了判异准则：“界内点排列不随机判异”。

10.3.8　控制图的观察判断与分析

对于过程的控制，重要的是要对控制图进行观察和分析，从中提取有关质量、工序状态的信息。通过对控制图的观察和分析发现异常，尽快查明原因，立即采取措施，排除异常，使过程迅速恢复到受控状态，从而使控制图发挥有效的作用，达到预防的目的。

1. 过程稳态

① 稳态，也称统计控制状态（state in control），即过程中只有偶因没有异因的状态。

② 稳态是生产追求的目标，因为在稳态下，有下列优势：

a）对产品的质量有完全的把握（通常，控制图的控制界限都在规格界限之内，故至少有99.73%的产品是合格品）。

b）生产也是最经济的。偶因和异因都可以造成不合格品，但由偶因造成的不合格品极少（稳态下只有2.7‰），不合格品主要由异因造成。故在稳态下所产生的不合格品最少，生产最经济。

c）过程的质量变异最小。

③ 通过对过程不断进行循环调整，稳态总是可以达到的每循环一次就消灭一个异因。由于异因只有有限个，故从理论上，经过有限次循环后，就可以消灭全部异因，而达到稳态。

④ 推行SPC实现全过程的预防。一道工序达到稳态称为稳定工序，道道工序都达到稳态称为全稳生产线，统计过程控制SPC之所以能够保证实现全过程的预防靠的就是全稳生产线。

⑤ 统计过程控制SPC理论是运用统计方法对过程进行控制，既然其目的是"控制"，就要以某个标准作为基准来管理未来，常常选择稳态作为标准。稳态是统计过程控制SPC理论中的重要概念。

2. 过程稳态判别原则

过程是否处于稳定状态，必须同时满足以下两条原则：

① 点子必须全部在控制界限内。如果点子随机排列并呈现下列情况之一，则可判断过程处于稳态：

a）连续25个点，落在控制界限外的点数为0。

b）连续35个点，落在控制界限外的点数小于等于1。

c）连续100个点，落在控制界限外的点数小于等于2。

② 在控制界限内的点子的排列没有缺陷。

对于①中的b）和c）两条，虽然能够判断过程处于稳态，但毕竟有点子超出了控制界限，仍需查明原因，予以处置。

3. 过程失控模式

控制图上点子的分布情况反映了过程的状态。如果点子落在控制界限外，过程就处于失控状态，这是一条最基本的准则。但很多时候，点子虽然全部在控制界限内，但排列却呈现出某些异常，这时过程也可能是失控状态。一般的，当过程受控时，大约2/3的点应落在控制限的中间区域（$\pm 1\sigma$之间）内，其他1/3的点落在其余的三分之二区域内。根据控制图原理和长期的生产实践经验，人们总结出以下的控制图失控模式，用于判断过程是否处于控制状态。有时为方便判断，需要把$\pm 2\sigma$线和$\pm 1\sigma$线绘制到控制图上，$\pm 2\sigma$线也称警戒限，$\pm 1\sigma$间的区域称为中心区。以下针对典型的过程失控模式具体分析。

（1）超限状态

一点或多点落在控制限外，表明过程出现了较大的异常波动。反映在控制图上点子的排列形式如图 10.9 所示。

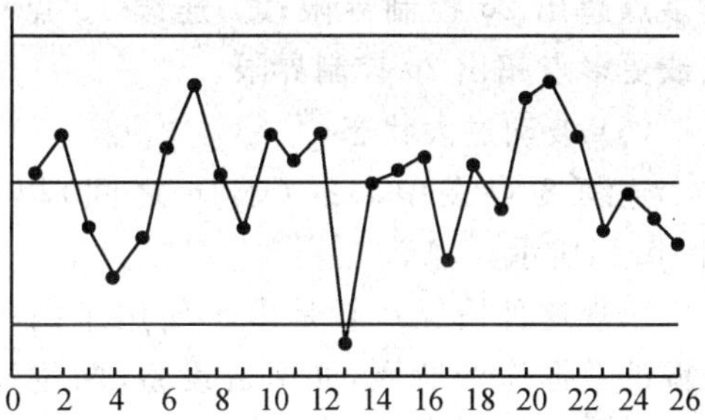

图 10.9　超限状态

（2）偏移状态

点子在控制图上中心线一侧多次出现，表明过程均值可能发生偏移，如图 10.10 所示。

（3）层状分布状态

点子集中在中心线附近（$\pm 1\sigma$ 之间），连续 15 点均落在中线区内，如图 10.11 所示。

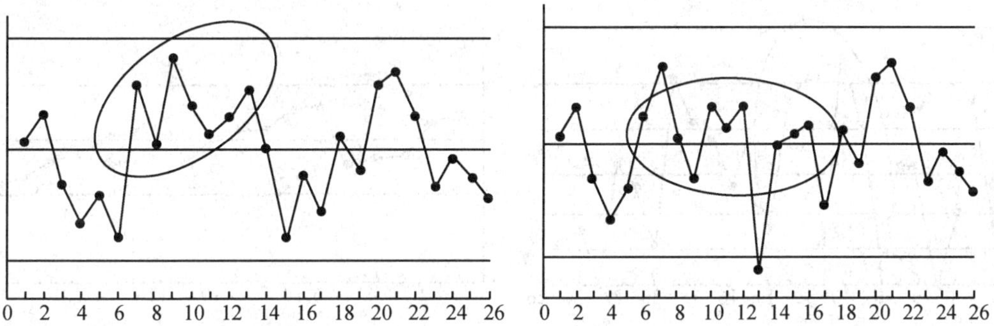

图 10.10　偏移状态

发生这种情况似乎表明过程方差非常小，看来应当是好事情，但一般来说点子呈现层状分布可能是由于以下原因所致：① 测量数据不准确，没能准确反映数据的波动；② 数据分层不当；③ 控制图使用太久而没有加以修改，以致失去了控制作用。

（4）趋势分布状态

点子出现连续上升或连续下降趋势的“倾向”，如图 10.12 所示。

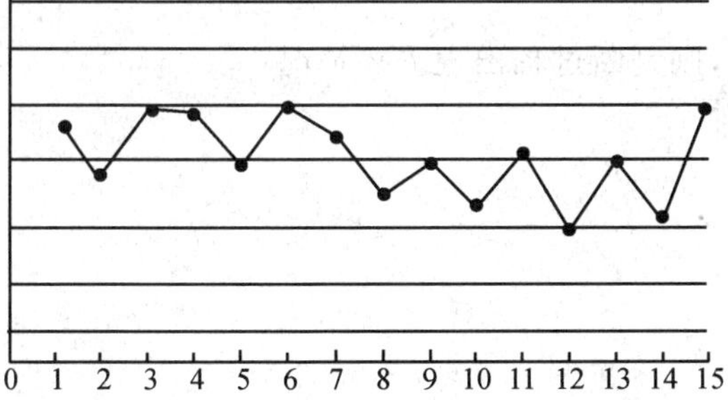

图 10.11　层状分布状态

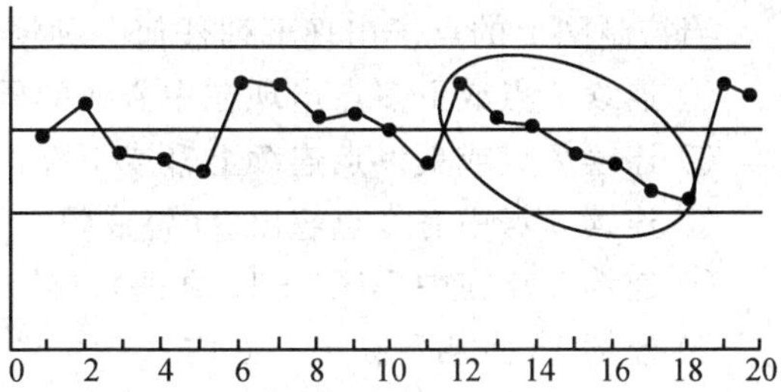

图 10.12　趋势分布状态

连续 7 点或更多点连续上升或下降，表明过程均值在逐渐增大或逐渐减小，这一般是由于过程存在某种具有变化趋势的因素所致，如刀具磨损、材料或溶液失效及设备老化等。

（5）临界状态

点子出现在控制界限附近，如图 10.13 所示。

这种情况主要包括：① 连续 3 点中有 2 个点超出 2σ 控制界限；② 连续 7 点中有 3 点或

更多点超出 2σ 控制界限；③ 连续 10 点中有 4 点或更多点超出 2σ 控制界限。

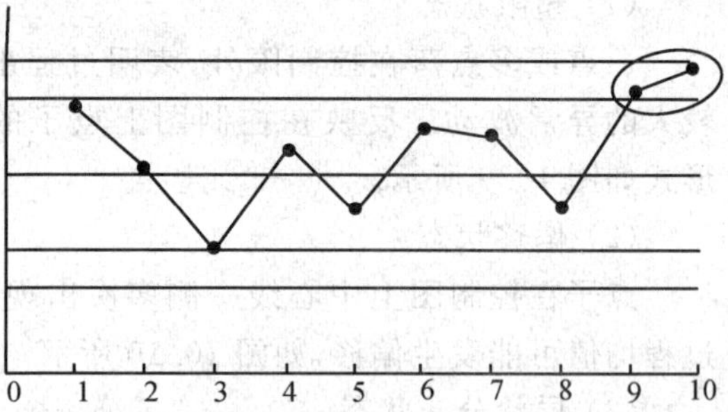

图 10.13 临界状态

(6) 波动过大状态

连续 8 点在中心线(±1σ 之间)以外，如图 10.14所示。

出现这种情况一般是由于使用了两种不同来源的数据作图所致，如两台设备、两位操作者所生产的数据，此时应将两种数据分层作图。

(7) 周期性排列

点子呈现周期性排列，包括阶段的周期性及波动的周期性，如图 10.15 所示。

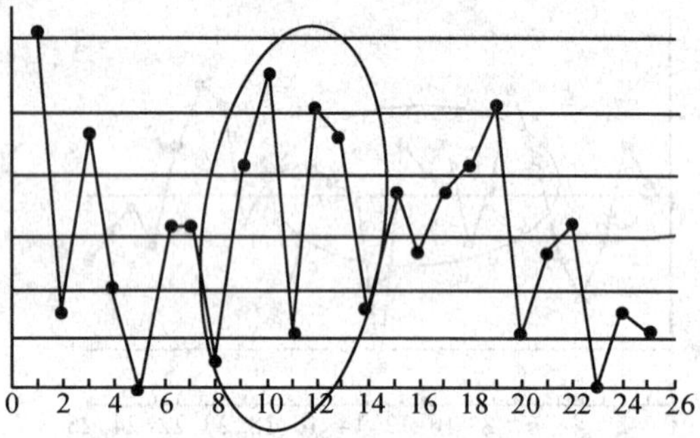

图 10.14 波动过大状态

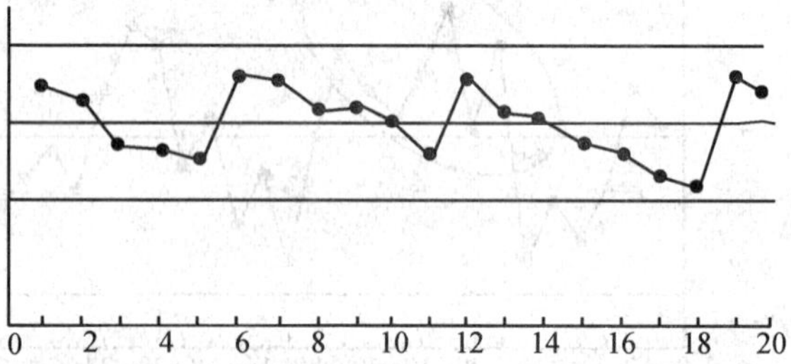

图 10.15 周期性排列

(8) 其他非随机性状态

点子呈现其他明显的非随机性，主要包括点子分布具有明显的趋势、数据点分布在整个控制区域限内以及样本数据分布有规律等。

4. 失稳判别准则

以上的失控模式太过繁杂，不易掌握，通过对以上各个失控模式的总结归纳，推荐使用以下简单易用控制图判别规则。

当控制图上的点子出现下列任何一种情况时，则判断过程出现失控情况：

① 连续 7 点或更多点出现在中心线的同一侧；

② 连续 7 点或更多点连续上升或下降；

③ 连续 3 点中有 2 点超出 2σ 警戒限；

④ 连续 8 点在中心区(±1σ 之间)以外；

⑤ 连续 15 点均落在中心区内；

⑥ 点子排列呈现周期性。

10.3.9 统计过程控制的应用程序

1. 教育培训

教育和培训是开展质量工程活动的基础工作。因此，在工程中应用 SPC 技术，必须就概率论与数理统计和 SPC 的基础知识及理论等内容对工程技术人员及管理干部等进行培训。培训的主要应用应该包括以下几个方面：

① 正态分布等统计基本知识及质量管理七种工具，其中特别是要对控制图理论格外深入学习；

② 开展 SPC 的重要性及意义；

③ SPC 实施步骤；

④ 如何制订过程控制网图，如何制订过程控制标准等。

2. 确定控制对象

所谓确定控制对象主要指确定过程控制的关键变量，即关键质量因素。具体又分为以下两点：

① 可以应用因果图等统计工具，就影响工序质量的 5M1E 因素，对组织的每道工序都要进行分析，找出对最终产品影响最大的变量，即关键变量(可用排列图)。如美国 LTV 钢铁公司共确定了大约 20000 个关键变量。

② 找出关键变量后，列出过程控制网图。所谓过程控制网图即在图中按工艺流程顺序将每道工序的关键变量列出。

3. 制订或完善规格标准

具体可分为以下两点：

① 对确定的每一个关键变量进行具体分析；

② 对每个关键变量建立过程控制标准，并填写过程控制标准表。常用过程控制标准表如表 10.4 所列。

表 10.4　常用过程控制标准表

车　间		控制点		控制因素		文件号		日　期	
控制内容									
控制理由									
过程标准									
测量规定									
数据传递流程									
控制图	是否制订		控制图		制订人		批准人		
	控制图		类型		制订日期		批准日期		
纠正措施									
操作程序									
审核程序									
制订人		审核人		审批日期					

本项工作较为困难及繁琐，需要工程技术人员结合自己的具体工作开展深入及细致的分析工作。

4. 编制控制标准手册

编制控制标准手册,在各部门落实。将具有立法性质的有关过程控制标准的文件编制成明确易懂、便于操作的手册,供各道工序使用。如美国 LTV 钢铁公司共编了 600 本上述手册。

5. 过程监控

应用控制图对过程进行监控。其主要目的是发现标准手册编制及使用中的问题并持续改进。若发现问题,则须对上述控制标准手册进行修订和完善。

6. 过程诊断并采取措施

对过程进行诊断并采取措施解决问题。该应用中应注意以下问题:

① 可以运用传统的质量管理常用工具进行分析。

② 可以应用诊断理论,如两种质量诊断理论和两种质量多元诊断理论,进行分析和诊断。

③ 在诊断后的纠正过程中有可能引出新的关键质量因素,即反馈到以上各步骤,重新进行分析。

通过上述 SPC 的实施程序可以发现,该过程也是一个持续改进的过程,符合全面质量管理的 PDCA 的工作程序。

复习思考题

10-1 什么是质量控制?质量控制的基本原则有哪些?

10-2 什么是工序?什么是工序能力?如何进行工序能力分析?

10-3 产品质量的统计观点主要包括哪些内容?有何重要意义?

10-4 控制图的原理是什么?使用简洁的语言加以叙述。

10-5 控制图是如何实现预防原则的?

10-6 控制图有哪些种类?

10-7 简述如何应用控制图对过程失稳进行判别?

10-8 简述控制图有哪些判稳原则?

第11章　质量检验与抽样检验技术

11.1　质量检验概述

质量检验是保证产品质量的主要手段之一，企业的检验部门负责产品的检验工作，是企业质量管理的一个重要组成部分。质量检验是质量管理学发展的初级阶段，即使在全面质量管理阶段，实现质量控制也必须严格履行检验职能。就是说实现全面质量管理并不意味着可以削弱或取消质量检验，相反，应当给予足够的重视和加强，尤其是对于军工产品来说必须严格进行质量检验。可见，质量检验仍然是现代质量管理中的一个不可或缺的重要组成部分。

11.1.1　质量检验的概念

检验或检查是用测量、检验、试验、测定或其他方法，将需检验的产品的特征值与标准值对比的一个过程。质量检验就是对产品的一个或多个特性进行的诸如测量、检查、试验或度量，并将结果与规定要求进行比较，以确定每项特性合格情况所进行的活动。也就是说质量检验是借助于某种手段和方法，对产品和质量特性进行测定，并将测得的结果同规定的产品质量标准进行比较，从而评定该产品是否合格；或与产品批的质量判定基准(检验方案)进行比较，以判定该批产品是否合格。可以说，检验是检测、比较和判断的总称。符合规定的要求称为合格，不符合规定的要求称为不合格。

质量检验的工作内容主要包括：

① 明确产品的质量特性，并对其规格要求进行必要的说明；

② 明确质量特性的计量单位和方法；

③ 明确产品或产品批的比较基准；

④ 选择适当的测量工具或装置，规定检验的程序；

⑤ 进行实际的测量，必要时对测量结果进行换算；

⑥ 与基准进行比较以做出是否合格的判断。

11.1.2　质量检验的作用

质量检验的目的概括地说主要有两个方面：一方面是对顾客(包括下道工序)实行质量保证，这是属于验收性质的检验；另一方面是判断工序或生产过程是否正常，这是属于监控性质的检验。具体地说，包括以下几个方面：

① 做出符合性判断，区分合格品与不合格品，或区分合格批或不合格批。区分合格与不合格通常可以采用全检或抽样检验两种方式。

② 实行质量控制。就是通过在生产过程中实行抽查，判断工序是否正常，发出警报，以便采取措施。这类检验通常用于工序控制点，结合控制图进行。其特点是，这类检验的直接目的不是判断产品或产品批是否合格，而是用来作为评定工序生产状态是否正常的反馈信息。

③ 提供重要的信息，以便企业更好地加强质量管理，更有效地做好经营决策工作。质量检验的结果是企业信息系统中最重要的信息源，它综合地反映了企业的技术水平和管理水平，既全面地反映了产品质量，也综合反映了各部门的工作质量，更是企业经济效益好坏的根本。

④ 增强企业全体职工的质量意识，切实树立质量第一的思想。只有通过检验，才能使全体职工了解企业产品的质量状况并发现问题，进而通过同其他企业优质产品的对比，激发职工对质量好坏的荣辱感和提高产品质量的紧迫感。国外有些企业认为，如果检验不能增强职工的质量意识，就失去了质量检验的意义。

11.1.3 质量检验的职能

为了达到上述质量检验的目的，必须严格履行质量检验的职能。质量检验的职能概括地说，就是在正确鉴别的基础上，通过判定，把住产品质量的一系列“关口”，通过信息反馈，达到采取纠正措施、防止问题再发生的目的，从而保证产品的质量，促进产品质量的提高。具体地说，质量检验的职能主要有以下三项：

(1) 鉴别的职能

正确地鉴别产品质量是检验活动的基本职能。检验活动的过程实质上是进行鉴别的过程。检验是依据产品质量标准，按照规定的鉴别程序和方法，对受检验产品的质量特性进行度量，并将度量结果与产品标准进行比较，对被检验产品的合格与否做出判定。这就是质量检验的鉴别职能。

(2) 把关的职能

在正确鉴别产品质量的前提下，检验活动还应具有对不合格品进行控制的职能。在检验过程中，一旦发现原材料、毛坯、半成品、零件、部件或成品不能满足要求时，应对不合格品进行标记，进行隔离，防止在做出适当处理之前被误用，从而实现不合格的原材料不投产，不合格的毛坯不加工，不合格的零件不转序，不合格的部件不装配，不合格的产品不出厂。通过对产品质量形成全过程的检验，层层把关，保证产品的符合性、适用性质量，这就是质量检验的把关作用。

(3) 报告的职能

企业的质量检验工作，应在鉴别、把关的基础上认真履行报告的职能。检验活动过程中及时进行信息反馈，采取纠正措施等均是检验报告职能的一部分。但检验报告职能的主题是通过检验活动，系统地收集、积累、整理和分析大量的质量信息，根据需要形成质量报告或报表，定期或及时地向企业领导或有关部门报告企业产品的质量状况、动态和趋势，为进行有关质量决策提供依据。这就是质量检验的报告职能。

11.1.4 质量检验的分类

对于不同的检验对象，在不同的情况下可以采用不同的检验方式。合理选择检验方式，不仅可以正确地反映质量情况，还能减少检验费用，缩短检验周期。选择的原则是既要保证检验质量，又要便利生产，还要尽可能地节约检验工作量，提高检验活动的经济性和对质量保证的有效性。

质量检验方式可以按照不同的分类方式进行分类：

(1) 按照产品研制阶段分类

按照不同的产品研制阶段，可分为预先检验、中间检验、完工检验和包装分发检验四类。

① 预先检验是指加工车间在加工之前，对投入的原材料、毛坯及半成品等的检验或试验，如原材料进厂检验、采购检验和进货检验。

② 中间检验是指对企业内部加工过程中各工序的检验，其目的是防止出现成批的不合格品，做到不合格的半成品不转序。

③ 完工检验(也称最终检验)是指产品在车间完成全部工序后的成品检验或试验。最终检验包括精度、安全性及外观形状等全部质量特性的检验。

④ 包装分发检验是指产品出厂前必须进行规定的包装及成品装箱，通过检验后，才能向顾客分发。

(2) 按照场所分类

按照检验的场所不同进行分类，可以分为固定检验和流动检验两类：

① 固定检验就是在厂区或车间内设立一个或各级固定的检验站，工人把加工完的产品依次送到检验站检验。

② 流动检验是指检验工人主动到工作地或生产设备旁边去进行检验，如巡回检验。为了加强对生产的服务，许多先进的检验组织都广泛实行流动检验。但有些检验只能采取固定检验。

(3) 按照预防性分类

按照检验的预防性不同，可以分为首件检验和统计检验两类。

① 首件检验是指对改变加工对象或改变生产条件后生产出来的头几件产品进行检验，通过这种检验，防止成批报废。

② 统计检验是指运用数理统计和概率论原理对产品进行抽验。

(4) 按照检验方法分类

按照检验方法不同，可以分为全数检验和抽样检验两类。

① 全数检验是指逐件对全部产品进行检验。它通常用于下述情况：a) 检验是非破坏性的；b) 单个个体单项检验费用较少；c) 检验的特定项目是产品的关键项目；d) 能用自动化方法检验的产品。

② 抽样检验就是根据制订的抽样方案，从一批交验产品中随机抽取若干件样品进行检验，根据检验结果，与批质量标准进行比较，以确定整批产品是否合格。抽样检验可以大大减少检验的工作量，只要正确地运行这种方法，就可以有效地判断产品质量。

11.1.5 质量检验计划和实施

1. 质量检验计划的内容

质量检验计划一般有两种含义。一种含义是对企业质量检验活动的总体安排；另一种含义是指对某一具体质量检验活动的具体安排。

对企业质量检验活动的总体安排，通常称为质量检验规划，其主要内容包括以下几方面。

① 检验项目：根据标准(规格)要求确定检验项目。

② 检验方式：主要包括自检、专检、定点检验和巡回检验等。

③ 检验站的设置：主要根据工艺流程的安排，设置检验站。

④ 检验方法与手段：主要包括理化试验、计量测量和感官检验等。

⑤ 检验数量：从既要保证质量，又要考虑经济性角度，综合权衡决定抽检或100%全数检验。

⑥ 检验标准：这是判断质量的依据，既包括依据设计规定进行技术上的判断，又包括依据市场倾向、顾客爱好等进行外观上的判断。

⑦ 检验组织：包括质量检验机构的设置、人员的配备等。

⑧ 检验信息：主要是如何收集、传递、整理、分析及反馈质量信息。

对某一具体质量检验活动的具体安排而言，主要包括制定质量检验指导书、工序质量检验指导书、进厂质量检验指导书以及成品质量检验指导书等。用这些指导书来具体指导各类质量检验活动的开展。

2. 质量检验计划的实施

质量检验计划的实施，就是在质量检验计划指导下开展从进货物品开始，直至产品出厂等一系列质量检验活动。

(1) 进货检验

进货检验又称收货检验、入厂检验，或称外购物品质量验证，是指对采购进厂的原材料、辅料、外购件、外协件及配套件等入库前的接收检验。它包括首批进货检验和批量正常进货检验两类。

1) 首批进货检验

首批进货检验又可分首件样品检验和市场采购货品检验两种类型。

① 首件样品检验。是指企业对已经选定或准备选定的合同供货单位，第一次提供的一件或一批样品进行的鉴定性检验。这类检验工作内容较多，要求比较严格。其工作程序一般为：

a) 核对供货协议或检验委托书。

b) 理解采购质量文件要求与验收判定标准。

c) 核对到货提供的质量证明文件(包括合格凭证、检验数据记录及有关检验试验方法的说明资料等)。

d) 按有关制度规定邀集参加检验活动的有关部门或人员。

e) 实施测量或试验，整理记录，比较判定，做出判定结论。

f) 与供方提供的质量证明文件进行比较，指出不一致的事项与差异，进行分析形成资料。

g) 撰写首批样品检验报告。检验报告中说明样品检验判定结果，做出合格与否、验收还是拒收的结论，阐明供方质量证明文件的符合程度或水平、供货与质量证明文件的缺陷或不足、样品检验的总评价与有关建议以及报告的责任签署等。

② 市场采购货品检验。企业临时从市场采购的货品，永远是首批进货，因无合同关系或合作关系，也不需要顾及今后，所以这种进货检验，重点是质量(规格)的符合程度，以验证所进

的货确能保证满足使用要求。

2）批量正常进货检验

批量正常进货是指与企业具有合作或合同关系的供货单位，按购销合同的规定，连续性的后续进货。对这种供货方式的进厂检验，首先应重视供方的质量证明文件，并在此基础上实施核对性的检查。

批量正常进货检验，通常可根据货品的不同情况，从下列检验方式方法中进行选择。

① 分类检验法。也称 A,B,C 分类检验法，就是把外购货品按其质量特性的重要性以及可能发生缺陷的严重性，分为 A,B,C 三类。A 类是最重要的，应施行严格的全项检查；B 类是较重要的，抽检必要的质量特性；C 类是一般的、可以凭供货质量证明文件验收。

② 接收抽样检验。对数量较大的正常批量进货，一般是根据供需双方商定的检验水平与抽样检验方案，以可接收水平 AQL 值为基准，实行接收抽样检验。所谓 AQL 值，是指可以接受的质量水平，就是产品批的合格水平。它被看做是可以接受的过程平均和不可接受的过程平均的分界限。当供方提供的产品批的过程平均优于 AQL 值时，抽样方案可以很高的概率接收产品批。确定 AQL 值的方法很多，可参阅有关抽样检验论著，这里不作赘述。

必须指出，进货检验应在货品入库或投产前进行，有关部门应及时向检验部门提供外购货品的图样、技术协议、验收文件以及供应厂的质量保证书，或由供应厂检验部门签发的合格证及合格标记，以便进货检验人员进行核对。进货检验一般可集中在进货检验站进行。对于大量进货或体积庞大的货物，也可在使用地点进行检验。对关键和主要的外购货品，可根据需要派出检验人员常驻供应厂或到各供应厂进行巡回检验。但必须注意，即使与供应厂检验过的接收批和收货批相同，进货时仍需进行规定的抽样检验，不能用供应厂的接收检验来代替进货检验。对单件小批生产的重要件，由主机厂派人在供应厂进行接收检验。但必须对供应厂进行资格认证，签署质量保证书。

(2) 工序间检验

工序间的质量检验包括首件检验、巡回检验、末件检验和完工检验。

1）首件检验

首件是指每个生产班次刚开始加工的第一个工件，或加工过程中因换人、换料、换活以及换工装、调整机床等改变工序条件后加工的第一个工件。有些产品首件可以规定为头几件。

对于首件，操作者必须进行认真的自检，合格后送检验人员专检。检验人员检验合格后，要做出首件合格的标识并打上检验人员的责任标志。同时，检验人员还应做好首件检验的记录。

如果操作者缺乏对首件的检测手段时，应在首件加工完毕后，及时找检验人员检验。不论何种情况，首件未经检验合格，不得继续加工或作业。检验人员要对首件的错检、漏检，或未按规定正确判断首件的质量所造成的后果负责。

2）巡回检验

巡回检验是指检验人员在生产现场对制造工序巡回地进行质量检验。这种检验应按质量检验指导书规定的检验频次和数量进行，并做好记录。巡回检验的重点应放在工序质量控制点，检验人员应把检验结果标在控制图上。

巡回检验对检验人员有更高的要求，主要包括以下方面：

① 要求检验人员在检验活动过程中全面考虑产品图样、工艺和标准（规范）对质量特性的

综合约束，不仅要衡量标准的符合性，还要注意过程的符合性，对过程的因素要予以特别的关注。

② 要求检验人员增强责任心和服务观念，在巡回检验活动中，既要当好检验员把好质量关，又要发挥质量宣传员和技术辅导员的作用，帮助操作员过好质量关。

③ 要热情帮助青工或技术水平低的工人掌握操作方法和保证质量的要领；发现不合格时要帮助操作者分析造成不合格的原因，并采取有效措施解决；发现工序异常时要帮助操作工人进行分析调整，以确保工序的质量。

④ 巡回检验活动是在检验员和操作者当面场合进行的，因此要求检验员要出以公心、坚持原则和不讲情面。对忽视质量、掩盖缺陷、以次充好和弄虚作假等现象，要敢管、敢说并认真把关。当然，要讲究工作方法，做到既完成任务，又搞好工检关系。

3）末件检验

末件检验是指依靠模具或专用工装加工并主要靠模具、工装保证质量的零件加工场合，当批量加工完成后，对加工的最后一件或几件进行检查验证的活动。它是由检验人员和操作工人共同进行的，检验合格后工检双方应在"末件检验卡"上签字，并把卡片和末件实物（大件可以只要卡片）拴在工装上返回工装库。

4）完工检验

完工检验是最终检验之一，它是对全部加工活动结束的半成品或完工的产品、零件进行的综合性和核对性的检验活动。完工检验应按照产品图样等有关规范，认真仔细地实施。其工作重点主要有以下几项：

① 核对加工件的全部加工程序是否全部完成，存不存在漏序、跳序。在批量的完工件中，有无尚未加工或不同规格的零件混入。如存在上述现象，要分析产生的原因，采取纠正措施。必要时应提出防止再发生的措施建议。

② 核对被检物的主要质量特性值是否真正符合标准要求。

③ 复核被检物的外观，特别要注意零件的倒角、毛刺、磕碰及划伤等方面的问题。

④ 被检物应有的标识、标志是否齐全。

（3）成品验证

成品验证是指对最终加工完成的成品进行的验证。质量管理有关标准中对成品质量的验证方式做了如下的规定，可在以下两种方法中选其中的一种或同时采用这两种方法进行成品验证：① 筛选、全检、分批抽样和连续抽样等验收检验方法。② 定期或连续地从成品批中抽取样品，进行产品质量审核。

成品验证的具体工作可分以下两个方面进行。

1）成品验收检验和试验

成品验收检验和试验是指在产品的零件、部件均经完工检验，已组装成产品（或大型成套产品完成各部套的生产）后，以验收为目的的产品检验和试验活动，它是产品出厂前的最后一道质量防线和关口。为此，必须做到以下几条：

① 按照产品技术标准或制造验收技术条件规定的出厂验收标准，逐条逐项地进行检验和试验。

② 对于有关产品安全性、可靠性要求的项目，除按产品技术标准规定的检测项目进行检测外，还要按照国家或上级管理部门制定的规范中规定的检验项目、程序和方法进行验证。

③ 严格实施产品的外观质量检验。

④ 产品使用的外协配套件，随产品供应的附件、备件，应纳入成品验收检验与试验的范围并认真实施。

⑤ 产品的质量证明文件、随机技术文件，应纳入成品验收检验的范围，认真进行核对和验收。

⑥ 产品的包装物与包装质量，应纳入成品验收检验与试验的范围并认真实施。

⑦ 成品验收检验与试验的记录和报告应齐全、准确，并应建立产品质量档案。

2）成品质量审核

在合同环境下，企业向顾客提供具有质量保证要求的产品时，除自行完成产品的验收检验与试验外，一般还须进行成品质量审核，以此进行产品质量的验证。这种质量审核应由顾客在购货合同的质量保证要求中提出，按规定的条款进行，有顾客或顾客指定的第三方代表参加。

必须指出，企业自己进行的产品质量审核，主要是为了寻求质量改进的依据，虽属产品质量验证活动，但不是成品验收检验的活动，不属于这里所说的成品质量验证的范畴。

(4) 不合格品的控制和纠正措施

1）不合格品的控制

不合格是指"不满足规定的要求"。对不合格品的控制通常包括标识、隔离、评审、处置、采取措施和防止再发生，这是质量体系中重要的要素。其质量职能覆盖了不合格品控制的全过程。

2）不合格品的纠正措施

纠正措施是为了排除问题再发生的可能性，或把问题再发生的可能性减少到最低限度，消除产生不合格的原因而采取的措施，其中包括对不合格品的处置。

11.2　生产过程质量检验

保证产品的质量符合经批准的设计、工艺文件以及合同所提要求，是企业生产及其质量管理的目标和依据。

11.2.1　生产操作的质量检验

进行生产操作必须符合下列要求：

① 工艺文件、作业指导书和质量保证文件符合设计和合同要求。设计和工艺文件、作业指导书和质量控制文件必须文文相符，完整清晰，并保证文本是现行有效的。数控、程控车床加工用的软件在投入使用前，应有充分的测试及运行检验，经测试检验合格后才能使用。

② 生产、试验设备和工艺装备经验定合格。现场生产使用的生产、试验设备，工艺装备和检测器具，必须按规定进行周期检定，检定合格的给予标识，才能用于生产、试验和检验。验定不合格的给予"禁用"标识，有禁用标识或已超过检定有效日期的生产试验设备、工艺装备和检测器具不得使用。

③ 原材料、元器件、在制品、成件必须经检验(包括按规定进行抽样检验)合格，才能流入

下一工序。外购原材料、元器件和成件必须经入厂检验(包括筛选)合格,并给予检验证书或合格检验印章等标识,才可投入加工、组装。在制品必须有上道工序的检验(包括按规定进行抽样检验)合格证件,才可进入下道工序。

④ 生产环境应符合规定要求。

⑤ 生产操作人员必须考核上岗。生产操作人员的技术水平必须满足工艺文件规定的要求。生产操作人员必须先进行岗位专业技术知识及操作技能的培训,具有经考核合格的资格证书后才能上岗。在操作前,有责任掌握有关工艺技术文件,核查其他生产条件,确认符合要求后才能开始操作。

生产现场的检验人员对上述五条要求负有监督控制的责任和权限。

11.2.2 外协件和外购器材的质量检验

外购器材(和外协件)是指形成产品所直接使用的非承制单位自制的器材,包括外购的原材料、元器件、生产辅助材料、成件、设备以及外单位协作的毛坯、零部(组)件等等。

外购器件(和外协件)必须符合技术文件的要求。对外购器件(和外协件)的质量检验的目的是实际检查供货单位的产品质量是否符合技术文件的要求;防止不符合质量要求的器材(原材料、元器件及外购成品件)进入本身的生产过程,以维护和确保产品质量。

根据责、权与利统一的原则,承制单位对最终产品质量负完全责任。因此,由于选用、保管及加工不当而造成器材的质量问题导致的经济损失应由承制单位负责。

承制单位对器材供应单位应有质量保证的要求。根据外购器材质量特性的重要程度,承制单位对器材供应单位的质量保证要求一般可分为三类:

① 提供合格证明。

② 提供具有合格的检验系统的证明。

③ 提供具有合格的质保体系的证明。承制单位有权对供应单位的质保体系的规定进行考查、监督。这种考查可以委托第三方进行。

11.2.3 外购器材保证的质量检验

(1) 器材入库的检验

企业应当制定外购器材保管制度,以满足器材的质量保证要求。经入厂检验合格的器材,按物资器材管理制度入库;未经入厂验收合格的器材或质量不合格的器材不得入库。器材存放的库房或场地的环境要求应合乎质量保证要求。对器材应按质量保证要求进行定期检查及制订维护保养措施(例如,充氮、油封等等)。有些器材有保管期要求(例如,有些电子元器件的保管期为五年,有些零部件如橡胶件、塑料件、油漆和油膏等的保管期更短),这些器材入库时就必须登记,加以保管期标志,按规定期限从库房或场地剔出、隔离或报废,等候处理。器材的领料、发放要有完备的批准领发手续,领发的记录必须保存,以防万一发生混料、错料时可以根据记录跟踪采取有效的补救措施。器材出库发放应有质量检查人员审核,并有合格标记或合格证件。

器材入库的原则是:经验收合格的器材,按物资管理制度办理入库手续;未经质量验收和不合格的器材，不得入库。

入库的质量检验包括以下内容：

① 器材的质量证明文件齐全。

② 器材的名称、牌号、型号、规格、件号、炉（批）号及数量等与质量证明文件符合。

③ 器材的包装、配套、封印及备件完备、齐全，其外观质量符合有关技术文件的规定。

④ 器材的油封期、保管期（库存期）、校验期和储存期符合有关规定的要求。

⑤ 按规定需进行几何尺寸、理化性能、电气参数测试和无损检测的器材，由器材部门根据文件规定送检或抽样送检。

⑥ 电子元器件需 100％进行筛选，由器材部门按规定送检测部门。筛选严格程度由技术文件确定。检测部门发出测试数据报告及筛选合格证。

⑦ 经质量验收判为不合格的器材，应做出明显标记，严格隔离。由检验单位提出质量不合格报告。需退货时由器材部门负责退货。

⑧ 有明确退货、索赔期（例如，很多进口器材有三个月期限）的器材的质量验收，应在退货、索赔期内完成。

⑨ 对质量验收判为合格的器材，填写专门的器材入库登记表后，办理入库手续。企业也可以对某些关键器材做补充规定。

（2）筛选质量检验

筛选是一种通过质量检验剔除不合格或有可能早期失效产品的方法。筛选检验包括在规定环境条件下的目视检查、实体尺寸测量与功能测量等，某些功能测量是在强应力下进行的。电子元器件的筛选是保证质量的主要技术之一。效果较好的一些筛选方法如下：

① 内部目视检查；

② 高温储存；

③ 温度循环；

④ 热冲击；

⑤ 随机振动；

⑥ 粗检漏；

⑦ X 射线；

⑧ 细检漏；

⑨ 颗粒碰撞噪声测试仪（PIND）检测。

“老练”是一种让产品在应力下工作一段时间以稳定其特性的老方法。

11.2.4 工序质量检验

生产和检验原材料、零部件及整机的具体阶段叫工序。企业应确定直接影响产品质量的生产和安装工序（如存在安装工序时），制订计划，保证这些工序处于受控状态，即：

① 若没有作业指导书就不能保证质量时，则应对生产和安装方法制订作业指导书。

② 使用符合要求的生产和安装设备，提供符合规定的工作环境。

③ 在生产和安装过程中对产品的主要特性和关键工序进行监控。

④ 需要时，对工装和设备进行鉴定。

⑤ 工艺的评定准则应尽可能用文字或代表性的样品加以监控。

⑥ 符合有关标准、规范(当然包括法规性文件)和质量计划。

工序质量检查的目的是防止出现成批的不合格品,避免不合格品流入下工序。为此,企业的检验部门应:

① 对工序进行监督控制(例如对工序能力指数的抽查等),使工序固有能力符合生产操作加工要求,以保证加工结果质量符合规定要求。

② 按抽样计划或规定程序进行检验。

③ 未经检验或检验不合格的不能流入下工序。

④ 对不合格品给以标识。

工序质量检验的具体要求是:

① 生产现场必须符合技术文件中 4M1E 的各项要求。

② 必须按现场有效的图纸、技术文件、工艺文件和产品验收标准样件进行工序质量检验。

③ 检验完毕后按规定填写检验记录。

④ 按规定填写质量控制卡或工艺流程卡,在留名栏内签字或盖章。

⑤ 对批次管理进行监督,即分批投料、分批加工、分批转工序、分批入库、分批组装及分批出厂。

⑥ 监督生产现场的工艺纪律。

⑦ 对不合格品做出标识,并严格隔离。

⑧ 产品工序间周转运输时要采取防止碰伤损坏的有效措施。关键件、重要件及关键工序的质量检验。对于关键件(特性)和对产品质量起决定性作用的工序即关键工序,应当编制专门的质量控制程序,进行重点控制。关键件、重要件是在研制阶段的初期确定的。关、重件的特性取决于某些工序,这就出现了关键工序。关键工序由工艺部门选定。

对关键件、重要件及关键工序的重点控制包括:

① 百分之百的检验。

② 对工序质量采用统计过程控制。

③ 有详细的质量记录,保证出现质量问题后的可追溯性。

④ 严格对不合格品的处理、隔离。

⑤ 清晰醒目的质量标识。

⑥ 对关键工序限额发料,发料及用料数应相符。

⑦ 实行严格的批次管理。

11.2.5 成品质量检验

成品质量检验的目的是为了保证不合格品不入库或不出厂,它是产品到顾客手中之前的最终检验。因此,这是把住产品质量的最后一关。

成品检验包括:

① 完工零件的质量检验。

② 部件、组件和分机的质量检验。

③ 整机、整个系统的质量检验。

在具备下述条件下开始成品检验：

① 有明确的检验依据。

② 在成品检验前的所有工序都已完成。各项质量检验包括检测、试验和检验都已合格通过。

③ 符合批次质量管理及检验要求。

④ 暴露、发现的质量问题都已按规定处理完毕，有书面通过依据。

⑤ 成品按规定有完整的所需要的质量记录、质量信息及质量标记。

⑥ 成品检验所需的“人、机、料、法与环”条件齐备、合格。

在成品检验过程中，要注意：

① 必须按质量检验依据对完工产品进行质量检验，一丝不苟。

② 当发现成品有批次质量问题时，若定为批次不合格会导致较大经济损失，但是必须坚持原则，该拒收的还是要拒收，然后采取必要措施。

③ 通过成品检验合格，并加上成品检验合格质量标志的成品才容许入库或出厂交付。

11.2.6　批生产质量检验

质量管理的重要任务之一是防止出现质量问题，这就需要采取一系列相应措施。实行批次管理就是有效措施之一。

1. 产品批次质量检验管理

产品的检验一般应按批次进行。在一致条件下生产或按规定方式汇总起来的一定数量的个体，称为一批。一批中包含的个体数量，称为批量。一次交付的个体集合称为交付批。注意交付批与批是两个不同的概念。批与交付批不一定是一致的。一个交付批可以由一批、两批、多批或一批的一部分组成。

在一致条件下生产并提交检验的一定数量的个体称为检验批。对检验批来说，前提是在一致条件下生产。

产品批次质量检验管理是指从外购器材（原材料、元器件及成件等）入厂、投入生产开始，直至零、组及部件加工到产品出厂交付的全过程以批为中心的检验管理。其目的是在出现产品质量问题时，可以迅速查清原因，按迹追踪，便于采取纠正或补救措施。

产品批次质量检验管理的主要内容是：

① 建立、执行并监督批次质量检验管理制度。

② 批生产的全过程要分清批次（炉号）、数量；原始质量记录完整，质量情况清楚。

③ 要分批投料、分批加工、分批转工序、分批组装、分批入库及分批交付。

④ 产品的年、批、序号及炉（批）号应标记清晰，与原始记录一致。按规定进行炉（批）号编号的传递。

⑤ 转批使用时还必须对质量进行复检。

⑥ 投入生产的原材料、元器件及成件应在其有效的保管、贮存期间。生产中使用的工装、设备与计量器具等应在有效期内。生产操作人员应考核合格上岗。

2. 不合格管理

不合格指不满足规定的要求，意为一种或多种质量特性偏离了规定的要求或不具备这些特性。不满足规定要求的产品称为不合格品。

质量检验人员应当按照技术文件规定检验产品，做出合格或不合格的结论。质量检验部门应按有关规定处理不合格品。质量保证体系应找出不合格品产生的原因，查清责任，落实纠正措施，并且验明纠正措施的后果。

不合格管理，是指检验人员按图纸、技术文件检验产品后发现的不合格品，按规定由审理组织查明(明确可原样超差代用、返修或废品)后，进行处理。

承制单位要制定不合格品管理制度，建立不合格审理组织，明确有关工作人员的职权。制订不合格品处理程序，并监督按处理程序办事。

当不合格品审查机构判为原不合格产品可超差代用时，审理机构办理超差代用文件。容许超差代用的产品算可用于生产的产品，但在合格证上应注明属于超差代用。

当质量检验人员根据质量检验依据判为不合格品后，责任单位(人员)确认为不合格，且无法返修或经济上不值得返修，则审理组织判为废品，办理报废手续，填写报废单。

11.3 抽样检验基本概念

11.3.1 抽样检验概述

1. 基本概念

检验分为全数检验和抽样检验。

全数检验是将一批产品中的全部产品逐个进行检验，并判定为合格品或不合格品的活动过程，对合格产品接收，对不合格的产品拒收。

抽样检验是根据事先制订的抽样方案，从一批产品中随机抽取一部分作为样品，以这部分样品的检验结果，对整批产品质量合格与否做出判定，合格则整批产品被接收，不合格则整批产品被拒收。抽样检验是推断性统计技术的具体应用。通常，把这里的“一批产品”称为总体，或叫批量，习惯用符号 N 表示；把抽出来检验的“这部分产品”称为样本，用符号 n 表示；把样本中的每一个产品称为样品。

抽样检验的对象是一批产品而不是每个产品。经过抽样检验判断为合格的批，不等于批中的每个产品都合格；经过抽样检验判为不合格的批，也不等于批中每个产品都不合格。

全数检验和抽样检验其对象、目的、适用范围及实施要求等方面均有不同。表 11.1 从以上各方面对全数检验和抽样检验进行了对比。

表 11.1　全数检验与抽样检验的对比

项　目	全数检验	抽样检验
对象与目的	• 检验对象是每件产品 • 目的是判定每件产品是否合格	• 对象是一批产品 • 目的是判定整批产品是否合格
适用范围	• 产品质量要求特别高,经检验合格的产品中不允许存在不合格品 • 单件小批产品 • 检验费用低的产品 • 检验项目少的产品 • 只能检验非破坏性的项目	• 经检验合格的产品中允许存在少量符合抽样方案规定的不合格品 • 批量大、数量多的产品 • 检验费用高的产品 • 检验项目多的产品 • 非破坏性与破坏性项目均可检验 • 对布、电线和铁水等连续体只能用抽样检验
实施要求	• 无	• 合理组成检验批 • 采用科学适用的抽样方案 • 从批中随机抽取样本
不合格品处理	• 订货方将不合格品退给供货方返修后再交检	• 订货方将不合格批退给供货方,迫使供货方加强质量管理 • 进行筛选,返修后重新交检
综合评价	• 能保证产品质量 • 检验费用高 • 主要适用于单件小批产品或关键复 • 杂产品的成品检验	• 可将不合格品与误判控制在允许范围内 • 保证产品质量 • 检验费用低 • 特别适用于大批量或检验费用较高的产品

2. 基本术语

(1) 批、批量与样本、样本量

汇集在一起的一定数量的某种产品、材料或服务,称之为"批"。

这里所说的"批"是指检验批,检验批可以由几个投产批或投产批的一部分组成。批分连续批和孤立批。批量指批中产品的数量。样本指取自一个批并且提供有关该批的信息的一个或一组产品。样本中产品的数量称为样本量。

在同一生产过程中连续生产的一系列批,只要 5M1E 基本相同,一般说来可定为连续批。连续批的统计特征是:现时的抽样检验结果包含有前后一些批的有关被检质量特性的有用信息。不能定为连续批的批可定为孤立批。例如,单个批、少数的几个批,一系列质量信息相互独立的交验批等。

(2) 单位产品

可单独描述或考察的事物。例如一个有形的实体,一定量的材料,一项服务,一次活动或一个过程,一个组织或个人,或者是上述各项的任意组合。

单位产品是构成"批"的每个基本单位。有些单位产品可自然划分,如一台机床、一架飞机、一辆装甲车与一辆坦克等;有时必须人为划分,如一尺电线、一平方米布料及 10 克尼龙纤维等。

(3) 不合格品

不满足规范的要求。

① 在某些情况下，规范与使用方要求一致；在另外一些情况下可能不一致，或更严、或更宽、或不完全知道，或者不了解两者间的准确关系。

② 通常按照不合格的严重程度进行分类。也就是按质量特性不符合规定的严重程度，不合格可分如下几类。

A 类：认为最关注的一种类型的不合格，在验收抽样中将给这种类型的不合格指定一个很小的接收质量限(AQL)值。通常指单位产品极重要的质量特性不符合规定或单位产品的质量特性极严重地不符合规定。

B 类：认为关注程度比 A 类稍低的一种类型的不合格。如果存在第三类(C 类)不合格，可以给 B 类不合格指定比 A 类不合格小但比 C 类不合格大的 AQL 值。B 类不合格通常指单位产品重要的质量特性不符合规定或单位产品的质量特性严重不符合规定。

C 类：指单位产品一般的质量特性不符合规定或单位产品的质量特性轻微不符合规定。

有些标准中将不合格称为缺陷。A 类、B 类和 C 类不合格分别称为致命、严重及轻微缺陷并给出具体的定义，应仔细理解有关概念。

(4) 不合格品

具有一个或多个不合格的产品称为不合格品。不合格品通常用不合格的严重程度来分类。

A 类：有一个或一个以上 A 类不合格，同时还可能包含 B 类和(或)C 类不合格的产品。

B 类：有一个或一个以上 B 类不合格，同时还可能尚有 C 类不合格，但不包含 A 类不合格的产品。

C 类：有一个或一个以上 C 类不合格，但不包括 A 类、B 类不合格的产品。

(5) 抽样方案

所使用的样本量和有关批接受准则的组合。如一次抽样方案是由样本量、接收数和拒收数的组合。二次抽样方案是由两个样本量，第一样本的接收数和拒收数及联合样本的接收数与拒收数的组合。抽样方案不包括如何抽出样本的规则。

(6) 接收质量限

当一个连续系列批被提交验收抽样时，可允许的最差过程平均质量水平。一般可用接收上界 p_0 与拒收下界 p_1($0<p_0<p_1<1$)来描述。

① 接收上界 p_0 即优质标准。当批的不合格品率 $p\leqslant p_0$ 时，批应判为合格并被使用方以高概率接收，因此，p_0 又称为合格批不合格品率上限值；

② 拒收下界 p_1 即劣质标准。当批的不合格品率 $p\geqslant p_1$ 时，批应判为不合格并被使用方以高概率拒收，因此，p_1 又称为不合格批不合格品率下限值。

③ p_1/p_0 反映了抽检方案鉴别能力的好坏。p_1/p_0 越趋近 1，方案的鉴别能力越强；p_1/p_0 值越大，方案的鉴别能力越弱；$p_1/p_0=1$ 的抽检方案不存在，只有全数检查才能实现 $p_1/p_0=1$。

(7) 两类风险 α 与 β

第Ⅰ类风险(生产方风险)α：由于抽样检验的随机性，将本来合格的批，误判为拒收的可能性，称之为第Ⅰ类风险或生产方风险，并以 α 表示，α 越大，生产方的损失越大。

第Ⅱ类风险(使用方风险)β：由于抽样检验的随机性，将本来不合格的批，误判为接收的可能性，称之为第Ⅱ类风险或使用方风险，并以 β 表示，β 越大，使用方的损失越大。

一般 α,β 越小的抽检方案越好。在制定抽检方案时，必须严格控制 α,β。α,β 一般取值为 $\alpha=1\%,5\%,10\%$；$\beta=5\%,10\%,20\%$。一个合理的抽样检验方案，应有 $\alpha\leqslant5\%,\beta\leqslant10\%$。

11.3.2　抽样检验的分类

随着抽样检验的理论及应用技术的发展，形成了多种各具特色的抽样检验方法，也就是说抽样方案有很多种。根据不同的分类方式对抽样检验进行分类，其类型也各不相同。

1. 按照目的分类

按抽样检验的目的大致分为不互斥的两大领域：验收抽样和调查抽样。

(1) 验收抽样检验

这种检验是基于选取批的样本结果，作出接收或拒收该批产品的决定。属于这种抽样检验的有预防抽样检验和监督抽样检验。

1) 预防抽样检验

这是半成品或成品在生产过程中使用的抽样检验，以及时发现质量问题，防止批量不合格品发生的抽样检验。控制图就属于这种抽样检验。

2) 监督抽样检验

由经有关部门认可的监督检验机构或执法部门独立对产品(商品)进行的、决定监督总体是否通过的抽样检验，以保护消费者权益。监督总体是被监督的产品的集合。

(2) 调查抽样检验

调查抽样检验是估计总体的某个参数或多个特性值，或估计这些特性在总体中是如何分布的枚举研究或分析研究的抽样检验。

2. 按照产品质量特性分类

(1) 计量抽样检验

对样本中的每一个产品的质量特性进行测量，然后计算测量结果与预先规定的判别准则比较，判定交验批产品是否接收的抽样检验。

(2) 计数抽样检验

把样本中的每一个产品经过检查分为合格品或不合格品，根据不合格品的个数与预先规定的判别准则比较，判定交验批产品是否接收的抽样检验。

① 计件抽样检查：以不合格件数作为产品批质量特性指标。

② 计点抽样检查：以缺陷数作为产品批质量特性指标。

3. 按照抽样方案的确定原理分类

抽样方案是规定样本量和有关接收准则的一个具体方案。根据抽样方案是否调整，可将抽样检验分为调整型抽样检验和非调整型抽样检验。

(1) 调整型抽样检验

按照预先确定的转移规则，根据检验中一系列批产品质量的变化情况，适当地调整抽样方案的一种抽样检验方式，称为调整型抽样检验。这种抽样检验的优点是能充分利用一系列批产品质量的历史信息。

(2) 非调整型抽样检验

在抽样检验中不允许调整抽样方案的一种抽样检验方式，称为非调整型抽样检验。

4. 按照抽样的程序分类

在一个最简单的抽样方案中，通常要确定两个参数：一个是抽取的样本量 n，另一个是对样本进行检查时，判断批合格与否的合格判数(又称接收数) C。通常 $[n,C]$ 表示一个抽样方案。确定了数据 n 和 C 后，就可以进行抽样检验，并判断批是否合格。

批质量的判定过程是从批量 N 中随机抽取样本量为 n 的一个样本，检验测量样本中的全部产品，记录检验中的不合格品数 d。如果 $d \leqslant C$，则认为该批产品的质量合格，予以接收；如果 $d > C$，则认为该批产品质量不合格，予以拒收。

在批质量检验过程中，从批量 N 中随机抽取的样本次数不同，抽样的方式也不一样，如果按照抽样次数进行分类，可分为一次抽样、二次抽样和多次抽样。

(1) 一次抽样检验

根据从批产品中一次抽取的样本的检验结果，决定是否接收该批产品的抽样检验方法，称为一次抽样检验。

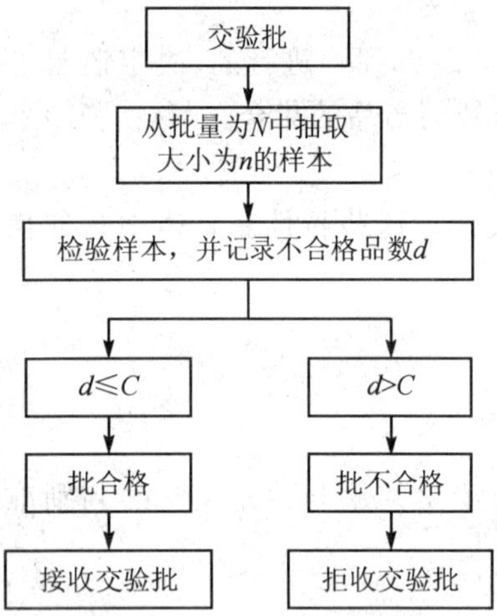

图 11.1 一次抽样方案程序图

一次抽样方案是指从批量 N 中只抽取 1 个样本，检验这个样本后，就可以做出该批产品是否合格的判断。其抽检程序如图 11.1 所示。

(2) 二次抽样检验

首先从批产品中随机抽取样本量为 n_1 的第一样本，根据检验结果，或决定接收或拒收该批产品，或决定再抽取样本量为 n_2 的第二样本，再根据全部样本的检验结果决定接收或拒收该批产品的抽样检验方法，称为二次抽样检验。

二次抽样检验，它是从批量 N 中最多抽检两个样本之后，就可以做出批质量合格与否的判断。其抽检程序是：首先，从 N 中抽取含量为 n_1 的第 1 个样本。如果在这个样本中的不合格品数 d_1 不超过第 1 个合格判断数 C_1，即 $d_1 \leqslant C_1$，则判断该批合格，予以接收；如果在此样本中的不合格品数 d_1 等于或大于第 1 个不合格判断数 $R_1(R_1 > C_1)$，即 $d_1 \geqslant R_1$，则判断该批不合格，予以拒收；如果在此样本中不合格品数 d_1 超过 C_1，但未超过 R_1，即 $C_1 < d_1 < R_1$，则继续抽取含量为 n_2 的第 2 个样本，设其中不合格品数为 d_2。如果 $d_1 + d_2 \leqslant C_2$，仍判断该批合格；如果 $d_1 + d_2 \geqslant R_2$，则判断该批不合格。其抽检程序如图 11.2 所示。

(3) 多次抽样检验

抽样至多 k 次 $(k \geqslant 3)$。每次样本量分别为 $n_1, n_2, \cdots, n_k$，在第 i 次 $(1 \leqslant i \leqslant k-1)$ 抽取样本后，根据样本累积结果做出接收该批产品或拒收该批产品或抽取下一样本的决定。在第 k 次抽取样本后必须做出接收或拒收该批产品的决定。

多次抽样检验中，常用的是五次抽样。

多次抽样检验的程序如图 11.3 所示。

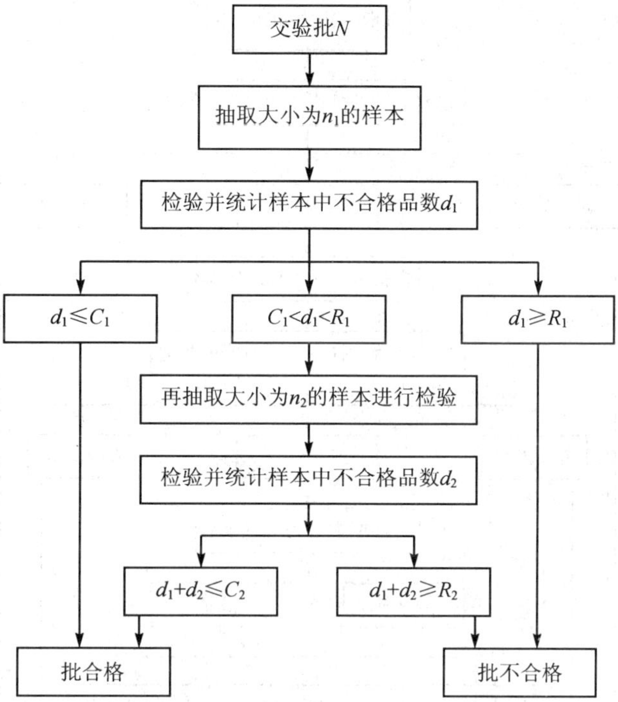

图 11.2　一次抽样方案程序图

5. 按照获得样本的方法分类

(1) 有意抽样

抽样时，抽样者从交验批产品中抽取自己认为需要的样品的抽样方法，例如，只抽取质量好的产品，或专门抽取质量差的产品。

对批产品的总体质量水平很清楚时，用这种抽样方法能达到预期目的。但是，这种方法不符合统计技术和概率论，往往不能客观地评价批产品的总体质量水平。所以，在抽样检验中，不提倡采用有意抽样方法。

(2) 随机抽样

抽样时，使批产品中的每一个产品被抽取的概率均相等的抽样方法。

1) 简单随机抽样法

从包含 N 个抽样单元的总体中按不放回抽样抽取 n 个单元，若任何 n 个单元被抽出的概率均相等，即等于 $1/\binom{N}{n}$，则称这种抽样方法为简单随机抽样法。简单随机抽样可以用以下的逐个抽取单元的方法进行：第一个样本单元从总体中所有 N 个抽样单元中随机抽取，第二个样本单元从剩下的 $N-1$ 个抽样单元中随机抽取，依此类推。这样得到的样本称为简单随机样本。

2) 分层随机抽样法

将待抽样的总体分割成互不重叠的子总体(层)，在每层中独立地按给定样本量进行的抽

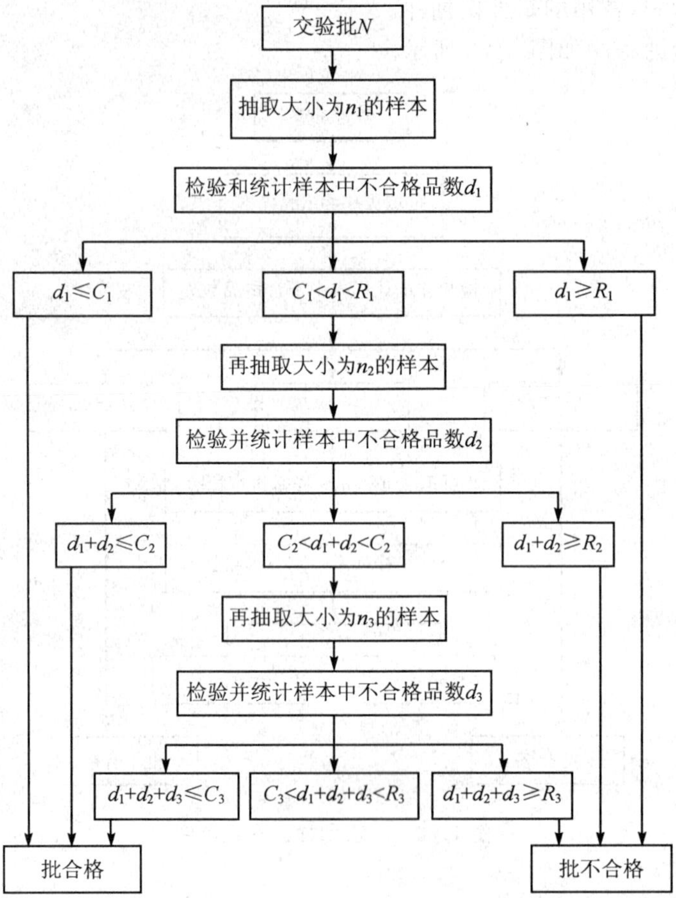

图 11.3 多次抽样方案程序图

样方法,即将待抽的一批产品分成若干层(堆、筐与捆等均视为层),同一层内的产品质量要均匀,然后采用简单随机抽样法从每层内分别抽取一些样品,将它们混合在一起,组成一个样本的抽样方法,称为分层随机抽样法。使用这种方法时,每层至少需抽取一个抽样单元。

(3) 周期系统随机抽样法

将待抽样的一批产品逐件排列在一起,抽样时每隔一定间隔抽取样品的方法,称为周期系统随机抽样法。这种方法适用于体积比较大的产品。

(4) 分段随机抽样法

这是周期系统抽样法和简单随机抽样法相结合的抽样方法。例如,有 10 000 件产品,分装在 50 箱内,每箱 200 件,现抽取 100 件作为样本。此时,可先从 50 箱中抽出 10 箱,再从 10 箱中每箱抽出 10 件产品混合成一个样本。具体做法是,第一步把 50 箱从 1～50 编号,采用周期系统抽样法从 50 箱中抽出 10 箱;第二步是采用简单随机抽样法从 10 箱中的每一个箱内抽取 10 件产品,将它们混成一个样本。像这样的抽样方法,称为分段随机抽样法。在抽样检验中,一定要克服有意抽样的习惯而采用随机抽样法,以获得有代表性的样本,使得正确反映批产品的总体质量水平。如果不严格按随机抽样法的要求进行抽样,有可能使样本失去代表性,对总体做出错误的判定,造成不应有的损失。

(5) 概率抽样

从包含有 N 个抽样单元的总体中抽取样本量为 n 的样本，若每个可能样本都有一个事先确定的被抽出的概率，则称这种抽样方法为概率抽样。

(6) 整群抽样

将总体分成若干互不重叠的群，每个群由若干个体组成。从总体中抽取若干个群，抽出的群中所有的个体组成样本，这种抽样方法称为整群抽样。

(7) 多级抽样

一种分级抽取样本的抽样方法，第一级抽样是从总体中抽取初级抽样单元，以后每级抽样是在上一级抽样单元中抽取次一级的抽样单元，这种抽样方法称为多级抽样，又称为多阶抽样。

所谓初级样本是在多级抽样的第一级，从总体中抽取的由初级抽样单元组成的样本，又称为一级样本。二级样本是在多级抽样的第二级，从初级样本中抽取的由二级抽样单元组成的样本。

末级样本是在多级抽样的最后一级，从上一级样本中抽取的由最小抽样单元组成的样本。

(8) 散料抽样

散料抽样是指对成批而不易区分抽样单元的散装材料的抽样，例如对一批散装煤或散装水泥的抽样。

从散料样本中用缩分器等方法取得一个或几个子样本的过程，称为样本缩分。

缩分样本是在散料抽样情形下，用样本缩分方法获得的每个子样本。

份样是从大量的散装材料或连续材料中一次抽取的一定数量的材料。

集样是从散料中抽取的若干份样的混合样本。

子样本是把一个样本当作总体，从中抽取的样本。

(9) 放回抽样

每个被抽到并经过观测(检验)后的抽样单元，在抽取下一个抽样单元前都必须放回总体中去，这种抽样方法称为放回抽样。

(10) 不放回抽样

从总体中一次同时抽取所需个数的抽样单元，或者逐个抽取且已抽取到的单元不放回到总体中去，这种抽样方法称为不放回抽样。

所谓抽样单元是为抽样目的，将总体划分成由个体组成的有限多个部分，每一部分称为一个抽样单元。一个抽样单元可以包含一个或多个个体。对于散装材料或连续材料进行抽样时，抽样单元定义为具有确定边界的一定量的材料(例如一定容器或包装的材料)，或对特定时刻或时间区间内取自流水线上的一定数量的材料，例如一瓶油、一袋水泥等。

6. 按照其他方式分类

(1) 序贯抽样检验

每次从批产品中抽取一个或一组产品，检验后按某一确定规则做出接收该批产品或拒收该批产品或检验另一个或另一组产品的决定的抽样方法，称为序贯抽样检验。

(2) 连续抽样检验

对一个个产品的连续流(产品流)的抽样检验，称为连续抽样检验，包括：

① 根据逐个检验产品的结果决定接收还是拒收；

② 根据观测到的产品质量，使用100％检验或抽样检验。质量好时使用一个或多个不同的抽检比率；质量差时使用100％检验。

（3）单水平连续抽样检验

对产品流的一种抽样检验。根据观测到的产品质量，使用100％检验或具有一个固定抽检比率的抽样检验，称为单水平连续抽样检验。

（4）多水平连续抽样检验

对产品流的一种抽样检验。根据观测的产品质量，使用100％检验或具有两个或多个抽检比率的抽样检验，称为多水平连续抽样检验。

（5）链式抽样检验

利用本批和规定数目的前面若干批产品的累积抽样结果，做出接收或拒收决定的抽样检验，称为链式抽样检验。

（6）跳批抽样检验

对一系列批产品，当规定数目批产品的抽样结果符合规定的准则时，该系列中的其后一些批产品不经检验即可接收的抽样检验，称为跳批抽样检验。

11.4 抽样检验的基本原理

11.4.1 基本原理

在抽样检验前，首先要确定批产品不合格品率的标准值 p_0，然后将交验批的检验出来的实际的不合格品率 p，与它比较：若 $p \leqslant p_0$，则认为该批产品质量合格，予以接收该批产品；若 $p > p_0$，则认为该批产品质量不合格，予以拒收该批产品。

现以一次抽样方案来简单介绍抽样检验的原理。一次抽样方案是从一批待交验的产品 N 中随机抽取 n 个产品作为样本（例如从100个产品中随机抽3个产品），规定最高允许的接收数 Ac 或 C 和拒收数 Re，检验完 n 个产品后发现其中有 d 个不合格品，判定准则为：

当 $d \leqslant \mathrm{Ac}$ 时，判定该批产品合格，予以接收该批产品（N）；

当 $d \geqslant \mathrm{Re}$ 时，判定该批产品不合格，予以拒收该批产品（N）。

接收数 Ac 或 C 又称为合格判定数，是在计数抽样中，合格批的样本中允许的不合格或不合格品的最大数目。

拒收数 Re 又称为不合格判定数，是在计数抽样中，不合格批的样本中不允许的不合格或不合格品的最小数目。

上述抽样方案可写成：[n,C]。

根据抽样方案[n,C]，可以将交验批判为合格而被接收的概率称为批合格概率 P_a，或称为接收概率，它是批不合格概率 P 的函数，一般计为 $L(P)$。因此，$L(P)$ 又成为抽样方案[n,C]的抽检特性函数。

接收概率是当使用一个确定的抽样方案时，具有给定质量水平的批或过程被接收的概率。

拒收概率是指批或过程被拒收的概率。批接收概率的计算方法因抽样方案不同而不同，计数一次抽样方案的批接收概率 $L(P)$，可以用二项分布、泊松分布和超几何分布计算。

11.4.2　批接收概率及其计算方法

(1) 超几何分布

在批量不大，不放回的抽样检验中，样本中不合格品出现的概率符合超几何分布。由于批量为 N，不合格品率为 p，批中不合格品的总数为 $M=Np$，批中合格品总数为 $N-M$。

设一批产品的批量为 N，不合格品率为 p，随机抽取大小为 n 的样本，求其中不合格品数恰为 d 的概率 $P(d)$。

$$P(d)=\frac{C_M^d C_{N-M}^{n-d}}{C_N^n} \tag{11.1}$$

当 d 取不同的值 0,1,2,…时，$P(0)$，$P(1)$，$P(2)$…均按式(11.1)计算。

式(11.1)所定义的离散型概率分布叫“超几何分布”。即用组合公式直接计算出来的概率，它的分布数列称为超几何分布。超几何分布适用不放回抽样，这与实际工作中的抽样是一样的。

[例 11.1]　设有一批产品，$N=1000$ 件，$P=1\%$，$n=150$，$C=1$，求该批产品的接收概率 $L(P)$。

[解]

$$L(P)=L(1\%)=\sum_{d=0}^{1}\frac{C_{10}^d C_{1000-10}^{150-d}}{C_{1000}^{150}}=\frac{C_{10}^0 C_{1000-10}^{150-0}}{C_{1000}^{150}}+\frac{C_{10}^1 C_{1000-10}^{150-1}}{C_{1000}^{150}}=\frac{990!850!}{840!1000!}+$$
$$\frac{10\times150\times850!990!}{841!1000!}=0.348\ 3$$

该结果表示，当采用抽样方案(150,1)验收时，每 100 批具有这种质量的产品中，约有 54 批被判为合格批而被接收。

(2) 二项分布

用超几何分布公式计算 $P(d)$从理论上讲是准确的，但计算麻烦，尤其当 N 和 M 都相当大时，计算更繁杂了。

因此在一般情况下，当 N 很大时(实际上 $N\geqslant10n$ 即可)可以把“不放回”抽样看成“放回”抽样。因为当 N 相当大时，从中抽取少量样本，并不会改变不合格品率 p。这样，每次抽样中不合格品出现的概率与其他次抽样无关，是互相独立的。这样可用二项分布代替超几何分布。

二项分布计算不合格品率为 p，样本大小为 n，恰有 d 个不合格品的概率公式 $P(d)$为

$$P(d)=C_n^d p^d(1-p)^{n-d}\quad(d=0,1,2,\cdots) \tag{11.2}$$

显见，二项分布只有 n 和 p 两个参数，计算也简便些。由于参数中不包含 N，故可按二项分布公式预先制成二项分布表，以供查用。

理论和实践证明：当 $n\leqslant0.1N$ 时，用二项分布来代替超几何分布是足够准确的，且 n/N 越小越准确。

[例 11.2]　某批量 $N=3000$ 的产品提交检查，已知批产品的不合格品率 $p=1\%$，若用方案(30,1)去验收时，该批产品被判定为合格批的概率是多少？

[解]

$$L(p)=L(1\%)=\sum_{d}^{C}C_n^d p^d(1-p)^{n-d}=\sum_{d=0}^{1}C_{30}^0 0.01^0(1-0.01)^{30-1}=$$

$$C_{30}^0\times 0.01^0\times 0.99^{30}+C_{30}^1\times 0.01^1\times 0.99^{29}=0.739\,9+0.224\,2=0.964\,1$$

(3) 泊松分布

当 N 很大时，二项分布的计算也相当麻烦，在一定条件下，二项分布可由泊松分布来近似。若随机变量 X 的概率分布为

$$P(X=d)=\frac{\lambda^d}{d!}e^{-\lambda}\quad (x=0,1,2,\cdots)\tag{11.3}$$

其中 λ 是一个固定的正数，则称 X 遵从参数为 λ 的泊松分布。简记为 $X\sim\pi(\lambda)$。

理论和实践证明，当 $N\geqslant 10n$，$\lambda=np\leqslant 10$，$p\leqslant 0.1$ 时，在计数抽样检查中可用泊松分布来近似代替二项分布进行概率计算，即

$$P(d)=C_n^d p^d(1-p)^{n-d}=\frac{(np)^d}{d!}e^{-np}\quad (d=0,1,2,\cdots)\tag{11.4}$$

[例 11.3] 计算送检批的不合格品率 $p=5\%$ 时：① 一次抽样方案(100,10,0)的批接收概率？② 一次抽样方案(100,10,1)的批接收概率？

[解]

① 解法一（用二项分布）

$$L(p)=C_n^d p^d(1-p)^{n-d}=C_{10}^0 0.05^0(1-0.05)^{10}=0.598\,7$$

解法二（用泊松分布）

因 $p=0.05<0.1$，$\lambda=Np=10\times 0.05=0.5<10$，故可用泊松分布。

$$L(p)=\frac{(np)^d}{d!}e^{-np}=\frac{0.5^0}{0!}e^{-0.5}=0.606\,5$$

解法三（用计算精确的超几何分布）

$$L(p)=\frac{C_{Np}^r C_{N-Np}^{n-r}}{C_N^n}=\frac{C_5^0 C_{95}^{10}}{C_{100}^{10}}=0.583\,76$$

② 解法一（用二项分布）

$$L(p)=P_{(0)}+P_{(1)}=C_{10}^0 0.05^0(1-0.05)^{10}+C_{10}^1 0.05^1(1-0.05)^9=0.913\,8$$

解法二（用泊松分布）

$$L(p)=P_{(0)}+P_{(1)}==\frac{0.5^0}{0!}e^{-0.5}+\frac{0.5^1}{1!}e^{-0.5}=0.909\,8$$

11.4.3 抽样检验的基本事实

① 提交抽检的产品批，不合格品率越小，接收的概率越大；不合格品率越大，被接收概率越小。

② 抽检时没有发现不合格品，并不证明这批产品就肯定没有不合格品。从表 11.2 看出，当送检批的不合格品率为 1%时，抽 50 件产品，在抽检的 100 次中，也会有 60 次左右在 50 件中没有一个不合格品。表 11.2 中的数据是按二项分布算得的。

表 11.2　不同 p 值抽不到不合格品的概率

不合格品率 p/%	未抽到不合格品的概率	不合格品率 p/%	未抽到不合格品的概率
0.1	0.951	3	0.218
0.5	0.778	4	0.13
1	0.605	5	0.77
2	0.364		

表 11.2 给出了对于一个批量较大的产品批，不同抽检情况所对应的实际不合格品率的估计。由表 11.2 数据可知，即使抽检 100 件都未发现不合格品，仍有 95% 的把握说这批产品的不合格品率不大于 2.9%。表 11.3 中的数据也是按二项分布算得的。

表 11.3　不同抽检情况不同置信度的不合格品率

置信度	抽检情况			
	抽 30 件全为正品	抽 50 件全为正品	抽 100 件全为正品	抽 500 件全为正品
	不合格品率 p(小于等于)/%			
95%	9.5	5.8	2.9	0.6
99%	18.2	8.8	8.5	0.92

③ 予以接收的产品批，不是指该产品批的不合格品率一定为零，而是指不合格品率不超过某一规定值。

11.5　抽样检验方案

11.5.1　计数标准型一次抽样方案

规定样本量和有关接受准则的一个具体方案叫抽样方案。其中最简单的是一次抽样检验方案。

根据从批产品中一次抽取的样本的检验结果，决定是否接收该批产品的抽样检验方法，称为一次抽样检验。

1. 基本概念

(1) 接收上界 p_0 与拒收下界 p_1

设交验批的不合格品率为 p，则当 $p \leqslant p_0$ 时，交验批为合格批，应予接收。故称 p_0 为接收上界，亦称之为可接收的不合格品率。而当 $p \geqslant p_1$ 时，交验批为不合格批，应予拒收。故称 p_1 为拒收下界，或称之为允许的极限不合格品率。

(2) 一次抽样方案[n,C]

一次抽样方案(n,C)由样本大小 n 和合格判定数 C 组成,其实施程序如图 11.1 所示。

(3) 灵敏度 p_1/p_0

p_1/p_0称之为抽样方案的灵敏度,反映了抽样方案的鉴别能力。p_1/p_0越接近于 1,抽样方案的灵敏度越高,鉴别能力越强,但随之样本大小 n 越大。

若要求 $p_1/p_0=1$,则势必导致 n 无限大,也即只能全检,而不存在灵敏度为 1 的抽样方案。

(4) OC 函数及 OC 曲线

OC 函数亦称为操作特性函数,它表明不合格品率为 p 的交验批被抽样方案[n,C]判为接收的可能性,其计算公式如 11.5 式所示。

$$L(P)=P_a(p)=P(d\leqslant A)=\sum_{d=0}^{A}C_n^d p^d(1-p)^{n-d} \tag{11.5}$$

OC 函数具有如下性质:

1) $P_a(0)=1$,当交验批没有不合格品时,应被百分之百的接收。

2) $P_a(1)=0$,当交验批全部为不合格品时,应被百分之百的拒收。

3) $P_a(p)$为 p 的减函数,当交验批的不合格品率变大时,被接收的概率应相应减小。

由给定的抽样方案所确定的批合格概率 P_a,与批不合格品概率 p 之间的关系曲线称抽查特性曲线,也称 OC 曲线。它的纵坐标为接收概率 P_a,横坐标为批不合格率 p(国标中横坐标为 p/AQL)。OC 曲线非常直观地表达了抽样方案[n,C]的抽样特性,直观地反映了一个抽样方案对于批质量的分辨力、判断力。OC 曲线上的每点都是由不同的 P_a 和 p 组成的。OC 曲线不但便于比较方案的优劣,而且可以在曲线上直接查出接收概率。不同的抽样方案其 OC 曲线也不同,从而影响 P_a 的大小。

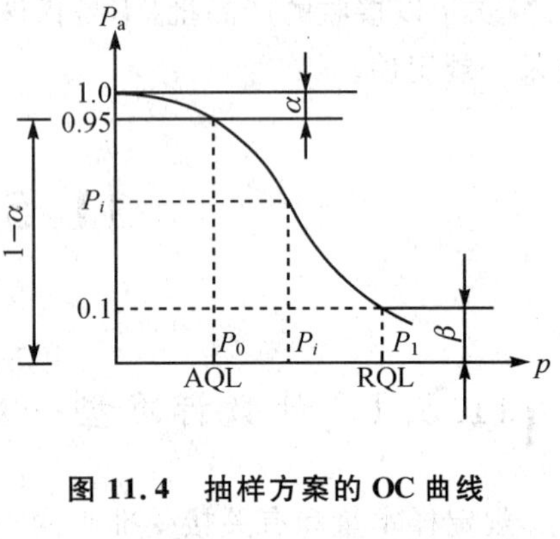

图 11.4 抽样方案的 OC 曲线

一个比较理想抽样方案的 OC 曲线如图 11.4 所示。由图可知,当产品质量较好时(即 p<AQL)能以高概率接收产品,当质量变坏时,接收概率迅速下降;当质量坏到某一规定指标时(即 RQL,RQL 为不合格质量水平)能以高概率拒收。

2. 抽样方案的确定方法

标准型抽样方案是在预先限制两类风险 α 和 β 的前提下确定的,也即要求:

$p\leqslant p_0$ 时,$P_a(p)\geqslant 1-\alpha$;

$p\geqslant p_0$ 时,$P_a(p)\leqslant\beta$。

据 OC 函数 $P_a(p)$的递减性,上述要求等价于[n,C]满足下述方程组

$$\begin{cases}\sum_{d=0}^{A} C_n^d p_0^d (1-p_0)^{n-d} = 1-\alpha \\ \sum_{d=0}^{A} C_n^d p_1^d (1-p_1)^{n-d} = \beta\end{cases}$$

于是，只要预先给定 α,β 的大小，并可由式(7.5)求得计数标准型一次方案$[n,C]$。

3. 一次抽样方案的制订程序

一次抽样方案的制订程序一般如下：

① 规定单位产品的质量特性。
② 规定质量特性不合格的分类与不合格品的判断准则。
③ 双方商定 p_0，p_1 与 α,β 的大小。
④ 组成交验批。
⑤ 检索抽样方案$[n,C]$。
⑥ 随机抽取大小为 n 的样本。
⑦ 检查样本，并记录样本中的不合格品数 d。
⑧ 交验批的判断。若 $d \leqslant C$ 接收交验批，若 $d > C$ 拒收交验批。
⑨ 交验批的处置。

11.5.2　计数调整型抽样方案

1. 基本概念

(1) 可接收质量水平 AQL

可接收质量水平 AQL 是对于连续批系列，为了进行抽样检验，认为满意的过程平均的最低质量水平。

应注意的是 AQL 不是对某一批产品或某一个抽样方案的描述，而是生产方和使用方商定的“过程平均”不合格品率的上限，AQL 亦称之为合格质量水平。

通常采用如下几种方法确定 AQL：

1) 按使用方要求确定 AQL

使用方根据技术要求和经济承受能力，提出满意的过程平均不合格品率上限，即 AQL 值。

2) 根据不合格的类别确定 AQL

致命或严重不合格会导致生命安全或重大经济损失，其 AQL 应小；相反，一般或轻微不合格的 AQL 应大一些。

例如：美国海军部规定，致命不合格的 AQL=0.1%，轻微不合格的 AQL=2.5%。

3) 根据生产方能力的最大值来确定

统计生产方的过程平均不合格品率 $\bar{p}$，并将其适当放大，确定一个上限 AQL。

值得注意的是，AQL 不应取为过程平均不合格品率 $\bar{p}$，否则将会导致 $\alpha \approx 50\%$，即几乎近一半的交验批会被拒收。

4）双方协商确定AQL

既考虑使用方的技术要求和财力，又兼顾生产方能够达到的实际质量水平，根据需要与可能、利益与成本求其平衡点，协商取得共识，确定AQL。

相应国家标准中，AQL共分26个等级，前16个等级，即AQL从0.010%到10%适用于交验批质量指标为不合格品率的情况，所有26个等级均适用于交验批质量指标为每百单位产品平均缺陷数的情况。

(2) 检查水平

反映批量 N 与样本大小 n 之间关系的指标为检查水平。相应国家标准把检查水平分为7个等级，依次为：S—1，S—2，S—3，S—4，Ⅰ，Ⅱ，Ⅲ。检查水平从低向高选取，抽样比例 n/N 从小到大变化。

S—1～S—4为特殊检查水平，适用于军品检验或破坏性检验、检验费用高、检验时间特别长的场合。

Ⅰ，Ⅱ，Ⅲ为一般检查水平，适用于一般民品的检验，且常选用一般检查水平Ⅱ。

(3) 样本大小字码

为简化抽样表，在调整型抽样方案中，样本大小 n 用一组字码表示，而字码的检索取决于批量 N 和检查水平的等级。在应用中，样本大小字码可查相应的国家标准。GB 2828—2003的样大小字码如表11.4所列。

表11.4 计数调整型抽样字码表(GB 2828—2003)

批量范围	特殊检查水平				一般检查水平		
	S—1	S—2	S—3	S—4	Ⅰ	Ⅱ	Ⅲ
2～8	A	A	A	A	A	A	B
9～15	A	A	A	A	A	B	C
16～25	A	A	B	B	B	C	D
26～50	A	B	B	C	C	D	E
51～90	B	B	C	C	C	E	F
91～150	B	B	C	D	D	F	G
151～280	B	C	D	E	E	G	H
281～500	B	C	D	E	F	H	J
501～1 200	C	C	E	F	G	J	K
1 201～3 200	C	D	E	G	H	K	L
3 201～10 000	C	D	F	G	J	L	M
10 001～35 000	C	D	F	H	K	M	N
35 001～150 000	D	E	G	J	L	N	P
150 001～500 000	D	E	G	J	M	P	Q
≥500 001	D	E	H	K	N	Q	R

(4) 转移规则

调整型抽样方案根据连续交验批的产品质量及时调整方案的宽严。当交验批的质量水平处于 AQL 时，采用正常方案；当交验批质量稳定提高时，采用放宽方案；而当交验批质量明显下降时，则采用加严方案。正是通过调整方案的宽严来刺激生产方主动、积极地不断改进质量。GB 2828—2003 中的转移规则如图 11.5 所示。

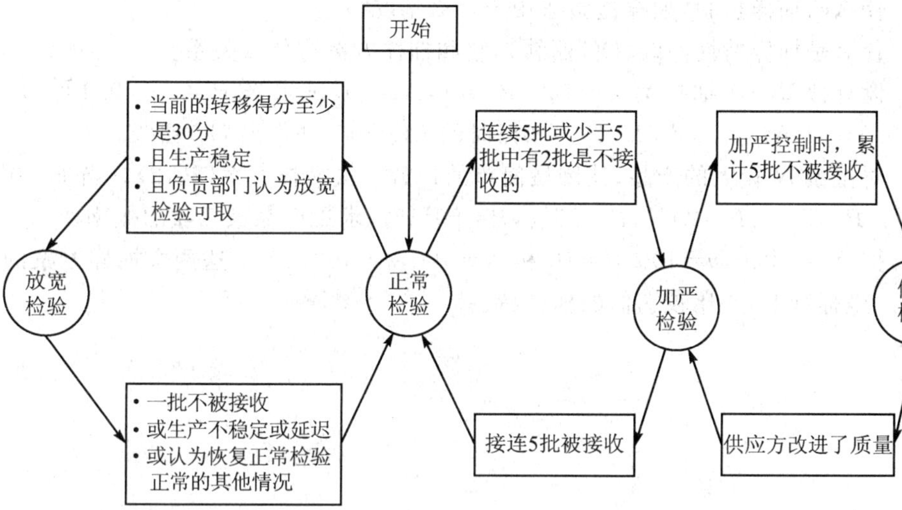

图 11.5 调整型抽样方案的转移规则

2. 一次抽样方案的制订程序

计数调整性抽样方案制订的一般程序如下：

① 规定单位产品的质量特性；

② 规定质量特性不合格的分类与不合格品的判断准则；

③ 规定可接收质量水平 AQL；

④ 规定检查水平；

⑤ 规定批量 N，并组成交验批；

⑥ 规定抽样的次数；

⑦ 检索样本大小字码；

⑧ 检索正常方案；

⑨ 检索加严方案；

⑩ 检索放宽方案；

⑪ 查取放宽检查界限数；

⑫ 制订调整型抽样方案组；

⑬ 规定抽样方案的宽严(一般从正常方案开始)；

⑭ 抽取样本；

⑮ 交验批的判断；

⑯ 交验批的处置；

⑰ 按转移规则确定下一次抽样方案的宽严。

复习思考题

11－1 试述质量检验的含义及衡量产品质量的方法。

11－2 什么叫抽样检验，抽样检验适用于什么情况？

11－3 什么是抽样特性曲线（OC 曲线），它和抽样方案有什么关系？

11－4 设计数型一次抽样为 $n=125$，Re＝1，Ac＝0，试求当 $P=0\%$，0.1%，0.2%，0.3%，0.4%，0.5%，1.0%，1.5%，2.0%，5.0%时的 $L(P)$值，并作出 OC 曲线。

11－5 对批量 N 较大的产品，使用最简单的计数一次抽样方案(20,2)。当 $P=0\%$，$P=5\%$，$P=10\%$，$P=15\%$，$P=20\%$，$P=25\%$，$P=50\%$时，求批产品被接收的概率。

11－6 把 $N=1\ 000$，$n=100$，$C=10$ 和 $N=100$，$n=100$，$C=1$ 这两个抽样方案的 OC 曲线绘制在同一坐标纸上，并比较它们的抽样特性。

参考文献

[1] 张公绪. 现代质量管理学[M]. 北京：中国财政经济出版社,1999.

[2] 张公绪,孙静. 质量工程师手册[M]. 北京：企业管理出版社,2003.

[3] 孙静. 接近零不合格过程的质量控制[M]. 北京：清华大学出版社,2001.

[4] 韩之俊,许前. 质量管理[M]. 北京：科学出版社,2003.

[5] 马国柱. 现代质量管理理论与实务[M]. 北京：机械工业出版社,1999.

[6] 梁国明. ISO 9000 族标准常用统计技术方法 43 种[M]. 北京：中国标准出版社,2004.

[7]《健壮设计手册》编委会. 健壮设计手册[M]. 北京：国防工业出版社,2002.

[8] 周朝琦,侯龙文. 质量管理创新[M]. 北京：经济管理出版社,2000.

[9] 张根保,刘英. 质量管理与可靠性[M]. 北京：中国科学技术出版社,2001.

[10] 刘慧罗. 质量管理学[M]. 西安：西北工业大学出版社,1992.

[11] 柴邦衡. ISO9001：2000 质量管理体系文件[M]. 北京：机械工业出版社,2000.

[12] 柴邦衡. ISO9000 质量保证体系[M]. 北京：机械工业出版社,2000.

[13] 柴邦衡. ISO9000 质量管理体系[M]. 北京：机械工业出版社, 2001.

[14] 伍爱. 质量管理学(第二版)[M]. 北京：暨南大学出版社,2002.

[15] 蒋家东. 质量技术工具箱[M]. 北京：北京中航科创质量技术开发中心,1999.

[16] 蒋家东,张进明. 六西格玛战略的理论与实践[M]. 北京：中国航空工业第二集团公司质量监督部,2003.

[17] 刘广第. 质量管理学[M]. 北京：清华大学出版社(第二版),2003.

[18] 孙静. 接近零不合格过程的质量控制[M]. 北京：清华大学出版社,2001.

[19] 熊光楞. 并行工程理论与实践[M]. 北京：清华大学出版社,2001.

[20] 嵇国光. 2000 版 ISO9000 族标准质量管理体系内部审核培训教材[M]. 北京：中国标准出版社,2001.

[21] 陈国铭. 统计质量控制使用指南 100 例[M]. 北京：中国石油出版社,2002.

[22] 栾恩杰,高志强,马恒儒,等. 国防科技工业领导干部质量与可靠性培训教材(试用). 北京：国防科学技术工业委员会科技与质量司,2002.

[23] 张国栋,肖桃李. 2003 年全国质量专业技术人员职业资格考试复习题解[M]. 北京：机械工业出版社,2003.

[24] 杨跃进. 六西格玛管理成功导入的线路图[M]. 北京：中国计量出版社,2003.

[25] 杨跃进. 统计过程控制技术[M]. 北京：国防科学技术工业委员会科技与质量司,2002.

[26] 杨为民. 可靠性维修性保障性总论[M]. 北京：国防工业出版社,1995.

[27] 扈延光. 型号质量与可靠性信息系统建设的系统工程方法研究[J]. 质量与可靠性,2006(1).

[28] 中国人民解放军总装备部电子信息基础部. GJB 2001A—2001 质量管理体系要求[S]. 北京：总装备部军标出版发行部,2001.

[29] 国防科技工业质量与可靠性研究中心. GJB/Z 9000A—2001 质量管理体系 基础和术语[S]. 北京：国防科学技术工业委员会,2001.

[30] 国防科技工业质量与可靠性研究中心. GJB/Z 9001A—2001 质量管理体系　要求[S]. 北京：国防科学技术工业委员会,2001.

[31] 国防科技工业质量与可靠性研究中心. GJB/Z 9004A—2001 质量管理体系　业绩改进指南[S]. 北京：国防科学技术工业委员会,2001.

[32] 国防科技工业质量与可靠性研究中心. GJB/Z 9000 系列　质量管理体系国家军用标准解释纲要[S]. 北京：国防科技术质量与可靠性研究中心,2001.

[33] 总装备部技术基础管理中心. GJB 450A—2004　装备可靠性通用要求[S]. 北京：国防科工委军标出版发行部,2004.

[34] 总装备部技术基础管理中心. GJB 1686—1993　装备质量与可靠性信息管理要求[S]. 北京：国防科工委军标出版发行部,1993.

[35] 中国人民解放军总参谋部. GJBz 20490—98　武器装备订购与质量监督信息管理规范[S]. 北京：中国人民解放军总参谋部,1998.

[36] 航空工业总公司. GJB 630A—98　飞机质量与可靠性信息分类与编码要求[S]. 北京：国防科工委军标出版发行部,1998.

[37] 航空航天工业部. GJB 841—90　故障报告、分析及纠正措施系统[S]. 北京：国防科技技术工业委员会,1990.

[38] 薛华成. 管理信息系统. 北京：清华大学出版社,1999.

[39] 张维明,戴长华. 信息系统原理与工程[M]. 北京：电子工业出版社,2004.

[40] 汪应洛. 系统工程[M]. 北京：机械工业出版社,2003.

[41] 唐晓芬. 六西格玛核心教程[M]. 北京：中国标出版社,2002.

[42] BENJAMIN S BLANCHARD,WOLTER J FABRYCKY. 系统工程与分析[M]. 北京：清华大学出版社,2002.

[43] [美] PANDE P S,NEWMAN R P,CAVANAGH R R. 6σ 管理法追求卓越的阶梯[M]. 刘合光,译. 北京：机械工业出版社,2001.

[44] [美] THOMAS PYZDEK. 六西格玛(6σ)手册[M]. 孙静,译. 北京：清华大学出版社,2002.

[45] [美] 爱德华兹·戴明. 戴明论质量管理[M]. 钟汉清,戴久永,译. 海口：海南出版社,2003.

[46] [美] KEKI R BHOTE,ADI K BHOTE. 世界级质量管理工具(第 2 版)[M]. 遇今,石柱,译. 北京：中国人民大学出版社,2004.

[47] [美] JILL A ROSSITER. 全面质量管理[M]. 李晓光,译. 北京：中国人民大学出版社,1999.

[48] [美] LENNART SANDHOLM. 全面质量管理[M]. 王晓生,译. 北京：中国经济出版社,1998.

[49] 华庆升. “并行工程”在型号中的应用[J]. 质量与可靠性,2004(6).